통신 및 전자파 시스템

윤광렬 著

계명대학교 출판부

통신 및 전자파 시스템

윤 광 렬

차 례

통신 및 전자파 시스템

제 1 장

아날로그 통신이론

1.1 통신이론의 기초
1.2 통신 신호의 해석
1.3 진폭변조
1.4 각변조
1.5 통신 방식

제1장 아날로그 통신이론

1.1 통신이론의 기초

1.1.1 송·수화기의 구조

어떻게 음성(공기의 진동)을 전기 신호로 바꿀까?

※ 전자유도(유도 기전력)의 법칙을 이용 - 磁場에서 코일이 진동(회전)함으로서 전기가 발생

※ 자장 : 磁氣가 움직이는 공간

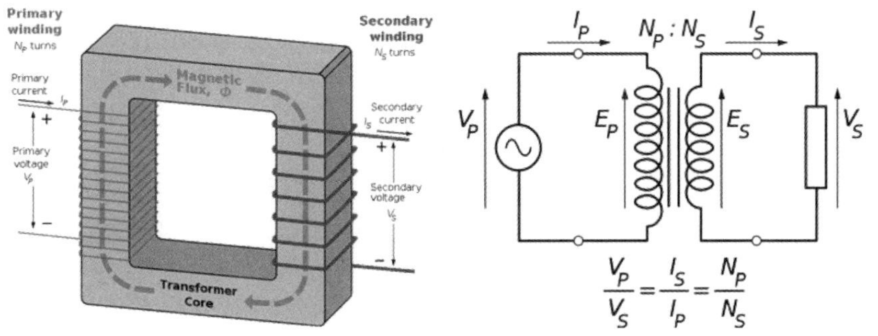

[그림 1.1] 변압기의 원리

변압기의 원리도 전자기 유도이다. 1차 코일(Primary winding)에 교류를 흘리면 전자기유도로 2차 코일(Secondary winding)에도 교류가 흐르게 된다. 이상적인 변압기에서 1차 코일과 2차 코일의 감은 수(N), 전압(V), 전류(I)의 관계는 위의 그림과 같다.

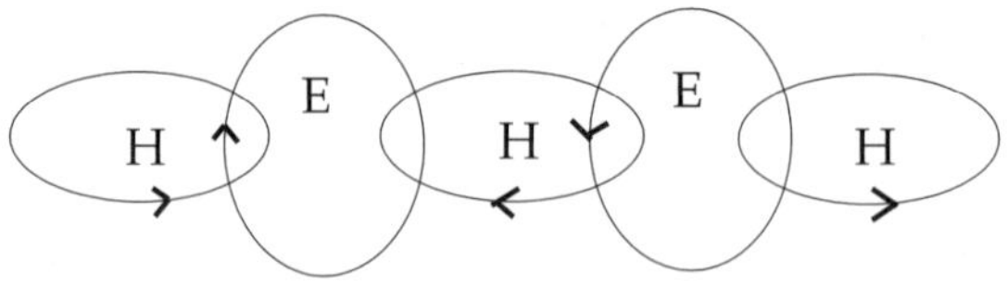

[그림 1.2] 전계와 자계의 발생과 전파의 전달

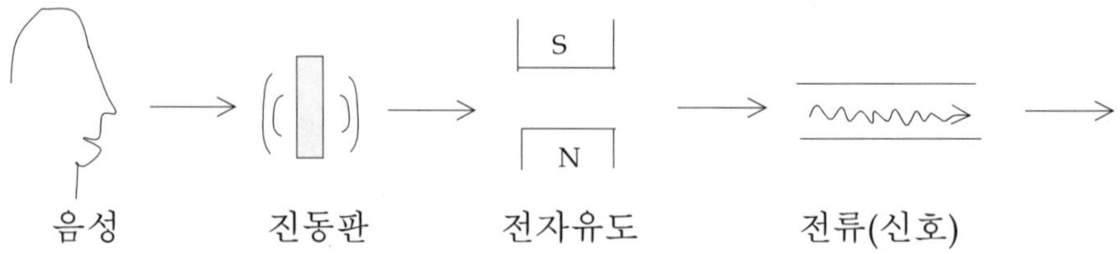

※ 수화기는 반대로 생각 : 음파가 전기신호로 변환되어 전송되어 오면, 진동판을 전기로 진동시켜, 진동판의 진동이 공기를 진동시켜, 음성 재현

※ 휴대폰과 일반 유선 전화의 차이점 : 신호의 전송 방법의 차이

1.1.2 통신 시스템의 구성

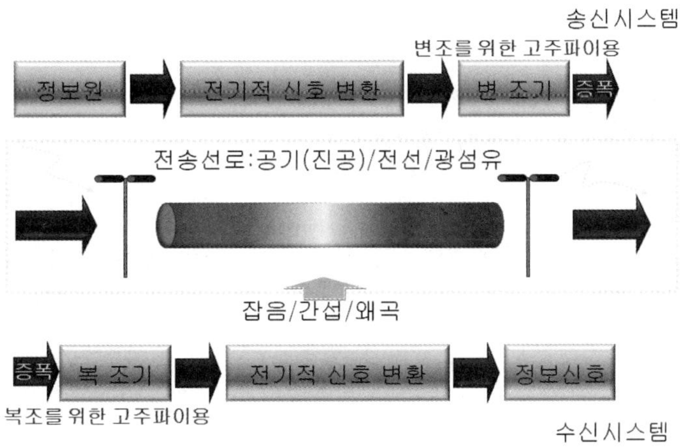

[그림 1.3] 통신시스템의 개요

◎ 변조 : 정보신호를 전송선로의 특성에 맞게 효과적으로 전송될 수 있는 형태로 변환하는 작업. 메시지 신호의 어떤 함수에 따라서 반송파(carrier wave)의 특성인 진폭, 주파수, 위상을 변화 시키는 방법

◎ 반송파(Carrier Wave) : 정보 신호를 전달해 주는 역할

◎ 복조 : 본래의 주파수 대역으로 신호를 복귀 (정보의 재생)

◎ 변조의 목적(고주파를 이용하여)

- 수신안테나의 길이를 줄일 수 있음
- 잡음이나 간섭의 영향을 덜 받고 신호를 전송
- 주파수분할의 다중통신

1.1.3 변조의 종류

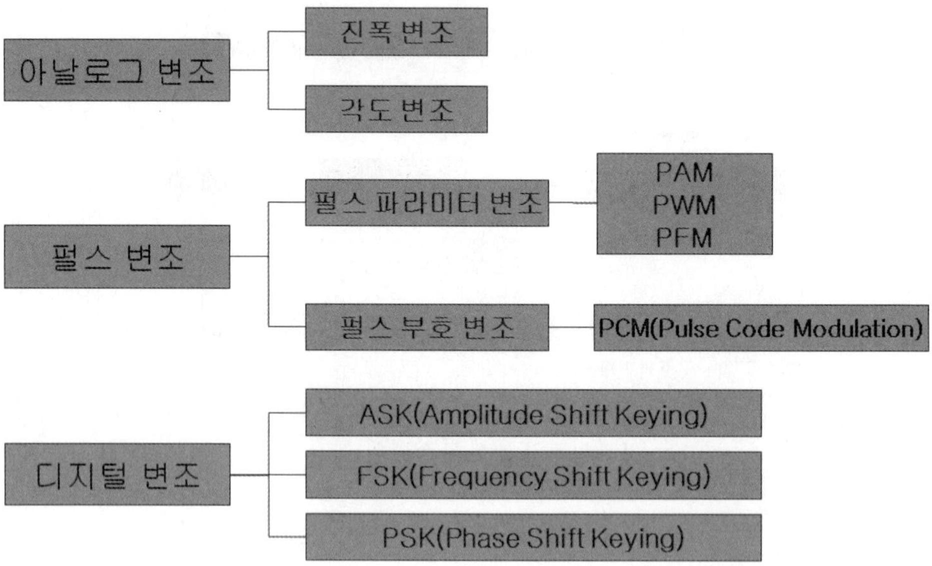

◎ 아날로그 vs 디지털

- Analog signal : 연속적으로 변화하는 물리량, 시간함수에 대해 연속적인 값
- Digital signal : 변수 및 측정값의 양자에 따라 이산화된 신호
- Analog singal → Sampling → Quantization → Coding → Pulse Code Modulation(PCM)

◎ 디지털 변조

• ASK(Amplitude Shift Keying)

디지털의 2진 값을 1이면 반송파를 전송하고, 0이면 반송파를 전송하지 않는 방식(on-off keying).

• FSK(Frequency Shift Keying)

0과 1에 서로 다른 주파수의 반송파를 대응시키는 방식. 디지털 2진값이 1인 경우에는 주파수가 f1인 반송파를 전송하고, 0인 경우에는 주파수가 f2인 반송파를 전송하는 방식

- PSK(Phase Shift Keying)

디지털의 2진 값에 두 값의 위상차가 180°, 90°, 45°인 반송파를 대응시키는 방식.

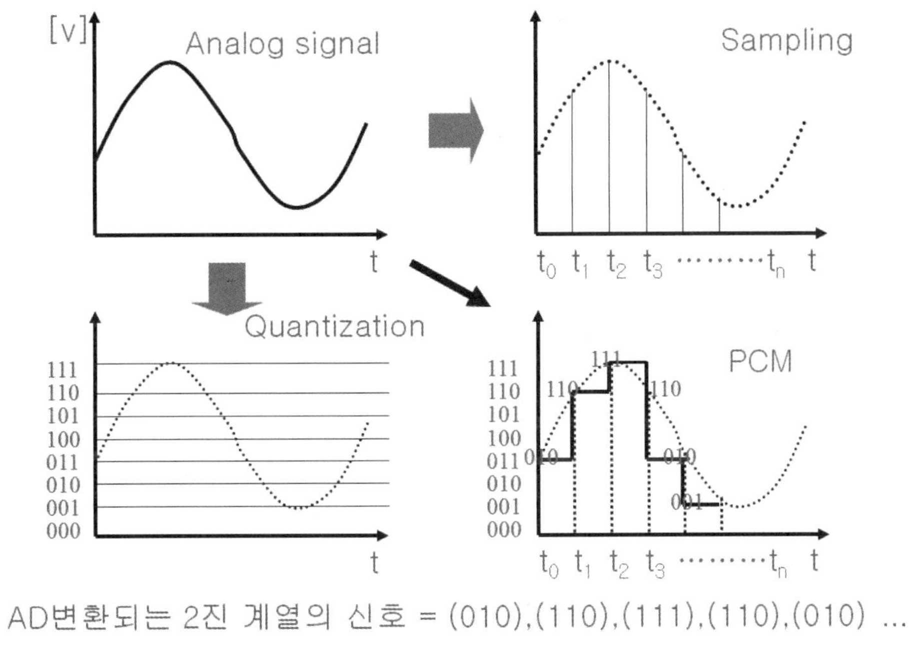

[그림 1.4] 아날로그 신호에서 디지털 신호 변환 과정

1.1.4 통신 형태의 분류

ⓐ 일대일 일방향 통신

ⓑ 일대일 쌍방향 통신

ⓒ 방송형 일방향 통신

ⓓ 다대다의 쌍방향 통신

※ 전송 선로

유선 : 평행케이블, 동축케이블, 광섬유

무선 : UHF대, 마이크로파 대

1.1.5 주파수 대역별 사용 및 전파의 분류

◎ 주파수 대역폭(Frequency Bandwidth) : 통신시스템에서 신호가 전달되기 위해서 사 용하는 주파수 폭

[표 1.1] 주파수 대역별 사용 및 전파의 분류표

주파수 대역	명 칭	파 장	사용 용도
3 ~ 30kHz	VLF(Very Low Freq.)	100~10Km	수중 음파 탐지기
30~300kHz	LF(Low Freq.)	10~1Km	해상 무선, 방향 탐지
300~3000kHz	MF(Medium Freq.)	1Km~100m	
3 ~ 30MHz	HF(High Freq.)	100~10m	전신, 전화, 팩스
30~300MHz	VHF(Very High Freq.)	10~1m	TV, FM
0.3~3GHz	UHF(Ultra High Freq.)	1m~10cm	TV
3~30GHz	SHF(Super High Freq.)	10~1cm	위성 통신
30~300GHz	EHF(Extremely High Freq.)	1cm~1mm	레이더
43~430THz	적외선	7~0.7μm	광통신
430~750THz	가시 광선	0.7~0.4μm	
750~3000THz	자외선	0.1~0.1μm	

1.1.6 전기 신호

◎ 아날로그 신호(Analog Signal) : 연속적으로 변화하는 물리량을 표현, 시간의 함수에서 연속적인 값

◎ 디지털 신호(Digital Signal) : 변수 및 측정값의 양자에 대하여 이산화된 신호, 전기 신호를 전압의 고·저로 표시

1.1.7 신호의 표현

◎ 등속 원운동하는 점의 위치는, 시각 t의 함수 f(t)로 표시

$f(t) = A\sin(\omega t + \theta)$

※ ω [rad/sec] : 각속도, 각주파수

ω = 회전각도(2π) × 1초간의 회전 수(f)

$$= \frac{2\pi}{T} = 2\pi f$$

※ T[sec] : 1회전하는 데 필요한 시간

※ f[Hz] : 1초간의 회전 수(진동 수)

◎ wavelength (λ) : 전자기파나 음파 등 파동에서 마루에서 다음 마루까지, 또는 골과 다음 골까지의 거리, 즉 주기적인 파에서 위상이 2π 만큼 다른 두 점 사이의 거리

$$\lambda = \frac{c}{f}, \quad c = \frac{1}{\sqrt{\varepsilon_0 \mu_0}} \cong 2.997 \times 10^8 \cong 3 \times 10^8 m/s$$

(예제) ① 점 P가 1초 동안 2회전 했다면 각속도의 변화는?

$\Rightarrow \ \omega = 2\pi \times 2 = 4\pi[rad/\sec]$

② $\omega = \pi[rad/\sec]$ 일 때 T = ?

$T = \frac{1}{f}$, $2\pi f$에서 $2\pi \times \frac{1}{2}$에서 $f = \frac{1}{2}$

$T = 2$초

1.1.8 변조의 목적

◎ 메시지 신호의 어떤 함수에 따라서 반송파의 특성인 진폭, 위상, 주파수를 변화시키는 방법

① 수신 안테나의 길이를 줄이고

② 잡음이나 간섭의 영향 제거

③ 신호를 멀리

④ 다중화 전송

◎ 통신 공학의 목적 : 보다 많은 정보를 보다 고속으로, 또한 멀리 전송하기 위한 기술

1.1.9 섀넌(Shannon)의 채널 용량 공식

$$C = BW \ \log_2\left(1 + \frac{S}{N}\right) \ [bps]$$

C : 전송 가능한 단위 시간당 최대 정보량 [bps]

BW : 전송로(신호)의 대역폭 [Hz]

S : 신호의 평균 전력

N : 잡음의 평균 전력

※ S/N, SNR : Signal to Noise power Ratio)

BW → 大 지연　SN비가 작아도 오류가 적은 전송이 가능하다

⇒ 스펙트럼 확산의 원리

(예제) 신호 대 잡음 전력비가 63일 때, 54kbps의 최대 전송 속도를 만족하기 위한 대역폭 (BW)을 구하시오.

$$54{,}000 = BW \log_2(1+63)$$

$$= BW \log_2 64 \quad (= BW \log_2 2^6)$$

$$= BW \cdot 6$$

$\therefore BW = 54{,}000/6 = 9000[Hz]$, 9KHz

1.2 통신 신호의 해석

1.2.1 신호의 표현

구간[a, b]를 등분해서 Sampling한 신호 f를, N점의 표본치 계열로 다음과 같이 표시 할 수 있다.

$$f = (f1, f2, f3,\cdots, fN)$$

f를 N차원의 벡터로 표시 가능

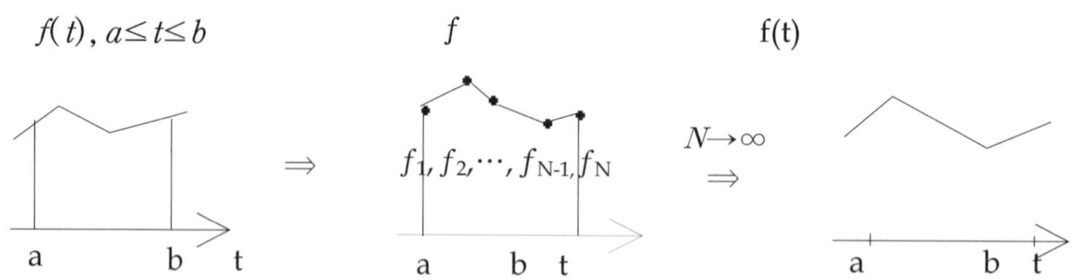

근사 정도는 Sampling 수의 N에 의존하며, $N\to\infty$ 로 확장되면 함수 f(t)에 포함된 모든 정보가 벡터 f에 포함된다.

목적이 시간적으로 변화하는 신호 f(t)를 해석 한다고 할 때 벡터 f를 해석하면 용이하다.

벡터(크기, 각도) → 거리, 내적 등의 산출 가능

1.2.2 벡터의 거리와 내적

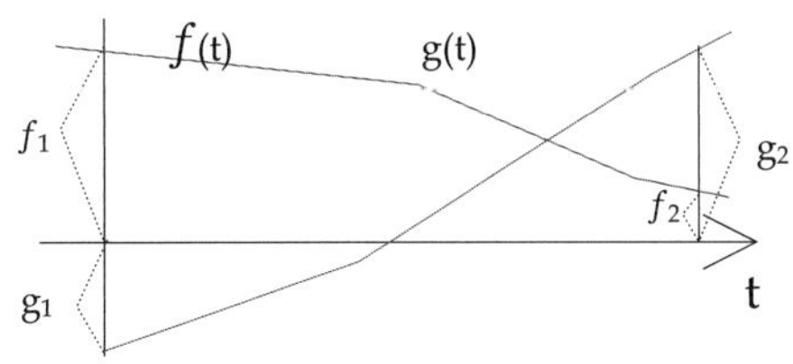

2차원

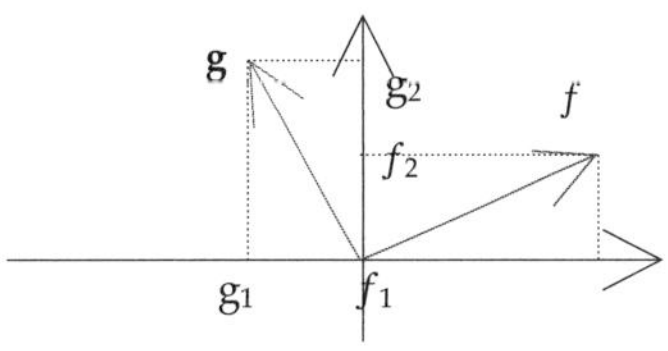

※ 두 신호 $f(t)$, g(t)의 관계를 조사 ⇒ 두 벡터 f와 g의 관계를 조사

f의 크기 $|f| = \sqrt{f_1^2 + f_2^2}$

g의 크기 $|g| = \sqrt{g_1^2 + g_2^2}$

※ 거리관계 : $d(f, \mathbf{g}) = |f - \mathbf{g}|$

$$= \sqrt{(f_1 - g_1)^2 + (f_2 - g_2)^2}$$

거리의 관계는 벡터 간의 강・약(세기)을 측정하는 물리적 의미

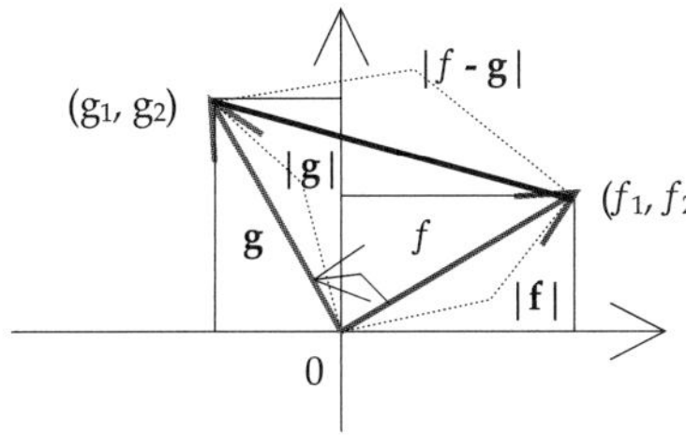

※ 각도 $f \cdot \mathbf{g} = |f|\,|\mathbf{g}| \cos\Theta$

$$\cos\Theta = \frac{f \cdot g}{|f||g|} \quad (-1 \le \cos\Theta \le 1)$$

※ 상관계수 : $\gamma = \dfrac{f \cdot g}{|f||g|}$

※ f와 **g**의 방향 관계

$\Theta = 0$ 일 때 $\gamma = 1$

$\Theta = 90°$(→大)일 때 $\gamma = 0$(→小)

특히 $\Theta = 90°$이고 $\gamma = 0$일 때 $f \perp \mathbf{g}$

※ 내적은 벡터의 성분을 사용해서 표현 가능

$$\boldsymbol{f} \cdot \boldsymbol{g} = f_1 g_1 + f_2 g_2$$

<증명> $|f-g|^2 = |f|^2 + |g|^2 - 2|f||g|\cos\Theta$

$= |f|^2 + |g|^2 - 2f \cdot g$

$\therefore \; 2f \cdot g = |f|^2 + |g|^2 - |f-g|^2$

$= (f_1^2 + f_2^2) + (g_1^2 + g_2^2) - \{(f_1 - g_1)^2 + (f_2 - g_2)^2\}$

$= 2\{f_1 g_1 + f_2 g_2\}$

1.2.3 다차원 벡터 공간에서 함수공간으로

◎ 3차원 벡터 공간

$f = (f_1, f_2, f_3)$

$|f| = \sqrt{f_1^2 + f_2^2 + f_3^2}$: 원점에서 점 (f_1, f_2, f_3)까지의 거리

◎ N차원

$f = (f_1, f_2, f_3, \cdots, f_N)$

$$|f| = \sqrt{f_1^2 + f_2^2 + \cdots + f_N^2} = \sqrt{\sum_{i=1}^{N} f_i^2}$$

◎ 함수공간

f(t), (a≤t≤b)

$$|f| = \sqrt{\sum_{i=1}^{N} f_i^2} \Rightarrow \sqrt{\int_a^b f^2(t)dt}$$

⇒ 규격화(구간이 길어지면 노르마가 커지기 때문에) - 구간 [a, b]로 규격화

$$|f(t)| = \sqrt{\frac{1}{b-a}\int_a^b f^2(t)dt} \quad \Rightarrow \quad \sqrt{\frac{1}{N}\sum_{i=1}^{N} f_i^2}$$

※ 벡터 공간 ⇒ 함수 공간

※ Summation($\sum$) ⇒ Integration($\int$)

※ 실효값 : 주기를 T로 하는 순시 값의 2승 평균

$$V = \lim_{T\to\infty}\sqrt{\frac{1}{T}\int_0^T V^2(t)dt}$$

$V(t)$: 시간 t에 대한 순시 값, T : 주기

상용전류 100V는 실효값으로 표현한 전압

순시 값의 최고치는 $100\sqrt{2}$배 ≒ 140V

◎ 거리

$$|f-g| = \sqrt{\sum_{i=1}^{N} (f_i - g_i)^2} \Rightarrow \sqrt{\int_a^b \{f(t)-g(t)\}^2 dt}$$

◎ 내적

$$f \bullet g = \sum_{i=1}^{N} f_i g_i \Rightarrow \int_a^b f(t)g(t)dt$$

◎ 상관계수

$$\gamma = \frac{f \cdot g}{|f||g|} = \frac{\sum_{i=1}^{N} f_i g_i}{\sqrt{\sum_{i=1}^{N} f_i^2}\sqrt{\sum_{i=1}^{N} g_i^2}} \Rightarrow \frac{\int_a^b f(t)g(t)dt}{\sqrt{\int_a^b f^2(t)dt}\sqrt{\int_a^b g^2(t)dt}}$$

1.2.4 푸리에 급수

J. B. J. Fourier, 1768~1830 프랑스 수학자

"삼각급수로 표현되지 않는 함수는 존재하지 않는다."

⇒ 어떠한 신호파형이라도 다양한 주파수의 정현파로 분해되고, 반대로 주파수가 다른 정현파를 적당히 조합하면 임의의 신호파형을 합성할 수 있다.

◎ Fourier 급수 : 임의의 주기 함수는 어떤 정현파의 급수로 전개할 수 있다. 함수 f(t)가 주기함수이고 다음의 조건을 만족하면,

※ Dirichlet의 조건 : ⓐ불연속점이 1주기에 유한개 일 것

ⓑ1주기 사이에 극대 · 극소의 점의 수는 유한개

ⓒ $\int_0^t |f(t)|dt < \infty$

◎ 주기 T를 갖는 임의의 주기 함수 f(t)는

$$
\begin{aligned}
\mathrm{f(t)} &= a_0 + a_1\cos\omega t + a_2\cos 2\omega t + \cdots + a_n\cos n\omega t \\
&\quad + b_1\sin\omega t + b_2\sin 2\omega t + \cdots + b_n\sin n\omega t \\
&= a_0 + \sum_{n=1}^{\infty} a_n\cos n\omega t + \sum_{n=1}^{\infty} b_n\sin n\omega t \qquad (1.1)
\end{aligned}
$$

로 전개할 수 있으며, 식 (1.1)을 Fourier Series라 한다. 여기서, a_0, a_n, b_n 을 푸리에 계수라고 한다.

<참고> 삼각함수의 합성공식을 이용하면 동일한 각 주파수의 한 항(cos or sin)으로 표현 가능

$$f(t) = a_0 + \sum_{n=1}^{\infty} a_n \cos n\omega t + \sum_{n=1}^{\infty} b_n \sin n\omega t$$

$$= a_0 + \sum_{n=1}^{\infty} C_n \sin(n\omega t + \Theta_n) \quad (1.2)$$

$$C_n = \sqrt{a_n^2 + b_n^2}$$

$$\Theta_n = \tan^{-1}\frac{b_n}{a_n}$$

$$\omega = 2\pi f$$

1.2.5 푸리에 계수

계수 a_n, b_n의 값을 결정하는 것은 고조파들 간의 직교성을 이용한다.

계수 $a_n \Rightarrow \langle f(t), \cos m\omega t\rangle$

계수 $b_n \Rightarrow \langle f(t), \sin m\omega t\rangle$

계수 $a_0 \Rightarrow \langle f(t), 1\rangle$

$$f(t) = a_0 + \sum_{n=1}^{\infty} a_n \cos n\omega t + \sum_{n=1}^{\infty} b_n \sin n\omega t \qquad (1.3)$$

① ② ③

(1) a_n 구하기 ⇒ $f(t)$ 양변에 $\cos m\omega t$ 를 곱한 후 구간 [0, T]로 적분

$\langle f(t)\ ,\ \cos m\omega t \rangle$

$$\int_0^T \left\{ a_0 + \sum_{n=1}^{\infty} (a_n \cos n\omega t + b_n \sin n\omega t) \right\} \cos m\omega t dt$$

① $= a_0 \int_0^T \cos m\omega t dt = \left[\dfrac{\sin m\omega t}{m} \right]_0^T = 0$

② $a_n \int_0^T \cos n\omega t \cdot \cos m\omega t dt$

(i) $m \neq n$;

$$= a_n \cdot \frac{1}{2} \int_0^T \{ \cos(m+n)\omega t + \cos(m-n)\omega t \} dt$$

$$= \frac{a_n}{2} \left\{ \frac{\sin(m+n)\omega t}{(m+n)} \Big|_0^T + \frac{\sin(m-n)\omega t}{(m-n)} \Big|_0^T \right\}$$

$= 0$

(ii) $m = n$;

$$= a_n \int_0^T \cos^2 n\omega t dt$$

$$= \frac{a_n}{2} \int_0^T (1 + \cos 2n\omega t) dt$$

$$= a_n \cdot \frac{T}{2}$$

③ $b_n \int_0^T \sin n\omega t \cdot \cos m\omega t dt$

$$= \frac{b_n}{2} \int_0^T \{ \sin(m+n)\omega t + \sin(m-n)\omega t \} dt$$

$= 0$

$$\therefore \int_0^T f(t)\cos m\omega t dt = a_n \cdot \frac{T}{2}$$

$$a_n = \frac{2}{T}\int_0^T f(t)\cos m\omega t dt$$

(2) b_n 구하기 ⇒ $f(t)$ 양변에 $\sin m\omega t$ 를 곱한 후 구간 [0, T]로 적분

$$\langle f(t),\ \sin m\omega t\rangle$$

$$\int_0^T f(t)\sin m\omega t dt$$

$$= a_0\int_0^T \sin m\omega t dt + a_n\int_0^T \cos n\omega t\cdot \sin m\omega t dt$$

$$+ b_n\int_0^T \sin n\omega t\cdot \sin m\omega t dt$$

$$= b_n \cdot \frac{T}{2}$$

$$\therefore b_n = \frac{2}{T}\int_0^T f(t)\sin m\omega t dt$$

(3) 계수 a_0 ⇒ 양변을 구간 [0, T]로 적분

$$\langle f(t),\ 1\rangle$$

$$\int_0^T f(t)dt = a_0\int_0^T dt + a_n\int_0^T \cos n\omega t dt + b_n\int_0^T \sin n\omega t dt$$

$$= a_0 T + a_n\cdot\left(\frac{\sin n\omega t}{n}\Big|_0^T\right) + b_n\cdot\left(\frac{\cos n\omega t}{n}\Big|_0^T\right)$$

$$= a_0 T$$

$$\therefore a_0 = \frac{1}{T}\int_0^T f(t)dt$$

가 되고, $f(t)$의 한 주기 동안의 평균을 나타낸다.

<정리> 삼각 푸리에 급수와 계수

$$f(t) = a_0 + \sum_{n=1}^{\infty} [a_n \cos n\omega t + b_n \sin n\omega t] \qquad \left(\omega = \frac{2\pi}{T}\right)$$

$$a_0 = \frac{1}{T}\int_0^T f(t)dt$$

$$a_n = \frac{2}{T}\int_0^T f(t)\cos n\omega t dt \qquad (n = 1, 2, 3, \cdots)$$

$$b_n = \frac{2}{T}\int_0^T f(t)\sin n\omega t dt \qquad (n = 1, 2, 3, \cdots)$$

(1.4)

1.2.6 지수 푸리에 급수

복소 지수 함수는 정현파와 여현파를 모두 포함하므로 푸리에 급수가 간결한 형태로 계산되며, 적분 계산이 용이해진다.

※ Euler 공식에 의한 복소평면의 표시

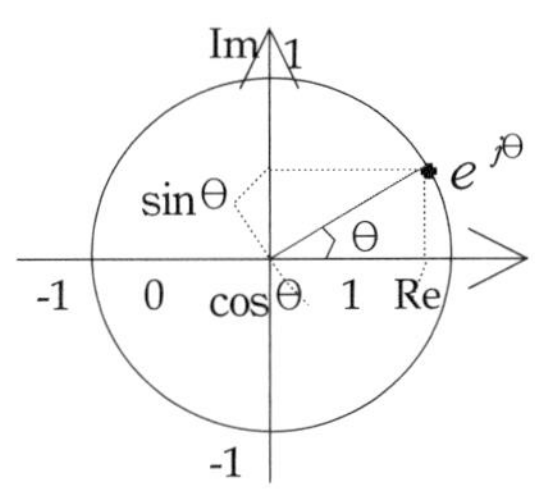

$$e^{j\theta} = \cos\theta + jsin\theta$$

$$|e^{j\theta}| = \sqrt{\cos^2\theta + \sin^2\theta} = 1$$

$$\angle e^{j\theta} = \theta$$

$$*e = \lim_{n\to\infty}\left(1 + \frac{1}{n}\right)^n = 2.71828\cdots$$

※ 오일러의 공식을 이용하여 삼각함수를 표현

$$\cos\theta = \frac{e^{j\theta} + e^{-j\theta}}{2}, \sin\theta = \frac{e^{j\theta} - e^{-j\theta}}{2j}$$

※ 지수 푸리에 급수

$$f(t) = \sum_{n=-\infty}^{\infty} C_n e^{jn\omega_0 t} \qquad \left(\omega_0 = \frac{2\pi}{T}\right) \tag{1.5}$$

※ 지수 푸리에 계수

$$C_n = \frac{1}{T}\int_{-\frac{T}{2}}^{\frac{T}{2}} f(t)\, e^{-jn\omega_0 t} dt \tag{1.6}$$

$$C_n = \frac{1}{T}\int_{-\frac{T}{2}}^{\frac{T}{2}} f(t)(\cos n\omega_0 t - jsinn\,\omega_0 t)dt \tag{1.7}$$

$$= \frac{1}{T}\int_{-\frac{T}{2}}^{\frac{T}{2}} f(t)\cos n\,\omega_0\, t\, dt - j\frac{1}{T}\int_{-\frac{T}{2}}^{\frac{T}{2}} f(t)\sin n\,\omega_0\, t\, dt$$

1.2.7 주파수 변환

◎ 비주기 신호 : 무한한 길이의 주기를 갖는 주기 신호로 취급 - 푸리에 급수는 시간 영역에서의 급수로 전개한 것이며, 어떤 분석 구간에서 신호가 주기적으로 발생되는 주기 함수를 대상)

◎ T $\rightarrow\infty$로 접근하는 경우 신호 $f(t)$ 는 주기 함수가 아니며,

기본 주파수$f_0 = \frac{1}{T}\rightarrow 0$에 접근하게 되므로 주파수 영역에서의 스펙트럼이 연속적인 형태로 된다.

$T=\frac{2\pi}{\triangle\omega}$ $n\omega_0 = \omega$	$\rightarrow$	$T\rightarrow\infty$	$\rightarrow$	$n\omega_0 = \omega$ $\sum\rightarrow\int$ $\triangle\omega\rightarrow d\omega$ $T\rightarrow\frac{2\pi}{d\omega}$

주기함수 $f_T(t)$

$$f_T(t) = \sum_{n=-\infty}^{\infty} C_n e^{jn\omega_0 t} \tag{1.8}$$

$$C_n = \frac{1}{T}\int_{-\frac{T}{2}}^{\frac{T}{2}} f(t)e^{-jn\omega_0 t}dt \tag{1.9}$$

C_n 의 정리 $\Rightarrow \quad C_n = \frac{\triangle\omega}{2\pi}\int_{-\frac{T}{2}}^{\frac{T}{2}} f(t)e^{-jn\omega_0 t}dt$ 에서 $T\rightarrow\infty$

$$C_n = \frac{1}{2\pi}\int_{\omega=-\infty}^{\infty} f(t)e^{-j\omega t}dtd\omega \tag{1.10}$$

(1.10)식을 (1.8)식에 대입 ($T\rightarrow\infty$)

$$f(t) = \frac{1}{2\pi}\int_{\omega=-\infty}^{\infty}\left[\int_{t=-\infty}^{\infty} f(t)e^{-j\omega t}dt\right]e^{j\omega t}d\omega \tag{1.11}$$

$$F(\omega) = \int_{-\infty}^{\infty} f(t)e^{-j\omega t}dt \tag{1.12}$$

$$f(t) = \frac{1}{2\pi}\int_{-\infty}^{\infty} F(\omega)e^{j\omega t}d\omega \tag{1.13}$$

여기서,

$|F(\omega)| =$ 진폭 스펙트럼

$\arg\{F(\omega)\} =$ 위상 스펙트럼

※ 푸리에 변환쌍

$f(t) = \mathcal{F}^{-1}[F(\omega)] \leftrightarrow F(\omega) = \mathcal{F}[f(t)]$

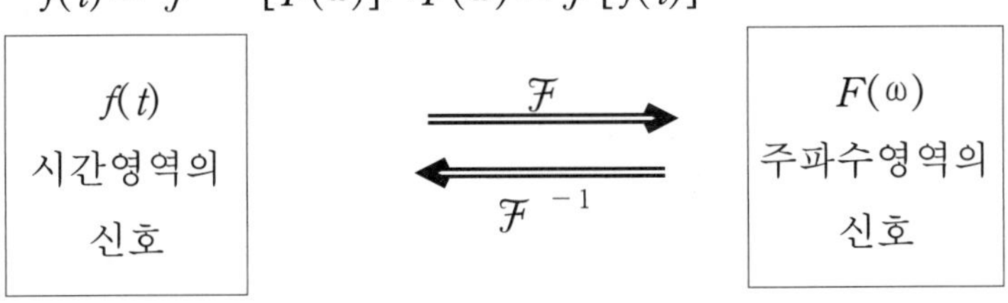

1.2.8 푸리에 변환의 성질

① 시간 천이(Time Shift)

$$f(t-t_0) \quad \Leftrightarrow \quad F(\omega)e^{-j\omega t_0}$$

$f(t)$ 를 t_0 만큼 지연시킨 신호(우로 이동)에 대한 푸리에 변환

<증명> $F[f(t-t_0)] = \int_{-\infty}^{\infty} f(t-t_0)\, e^{-j\omega t} dt$

$(t-t_0=\tau\ ,\ t=\tau+t_0\ ,\ d\tau=dt)$

$$= \int_{-\infty}^{\infty} f(\tau)\, e^{-j\omega(\tau+t_0)} d\tau$$

$$= \left\{ \int_{-\infty}^{\infty} f(\tau)\, e^{-j\omega\tau} d\tau \right\} \cdot\ e^{-j\omega t_0}$$

$$= F(\omega)\ e^{-j\omega t_0}$$

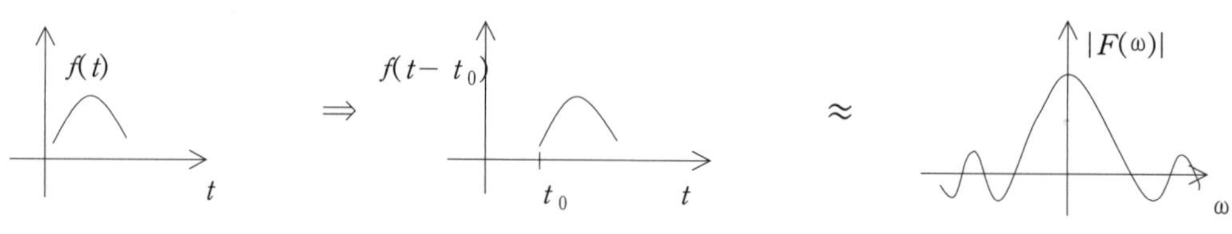

여기서, 시간축 상에서 신호를 이동(shift)해도, 원래(진폭)의 스펙트럼의 크기에는 변화가 없고, 위상만이 주파수에 비례하여 변화(지연)된다.

② 주파수 천이성(Frequency Shift)

신호의 스펙트럼을 ω_0 만큼 주파수로 이동

$$f(t)\ e^{j\omega_0 t} \quad \Leftrightarrow \quad F(\omega-\omega_0)$$

<증명> $F[f(t)\, e^{j\omega_0 t}] = \int_{-\infty}^{\infty} [f(t)\, e^{j\omega_0 t}]\, e^{-j\omega t} dt$

$$= \int_{-\infty}^{\infty} f(t)\, e^{-j(\omega - \omega_0)t} dt$$

$$= F(\omega - \omega_0)$$

※ $f(t)\cos\omega_0 t \quad \Leftrightarrow \quad \frac{1}{2}\{f(\omega + \omega_0) + f(\omega - \omega_0)\}$

※ $F[f(t)\cos\omega_0 t] = \frac{1}{2}\int_{-\infty}^{\infty} [f(t)(\, e^{j\omega_0 t} + e^{-j\omega_0 t})]\, e^{-j\omega t} dt$

※ $f(t)\sin\omega_0 t \quad \Leftrightarrow \quad \frac{1}{2j}[F(\omega - \omega_0) - F(\omega + w_0)]$

$$\frac{j}{2}[F(\omega + \omega_0) - F(\omega - \omega_0)]$$

1.2.9 신호의 데시벨 크기

◎ Decibel (dB) : 음향 비교, 전력이나 전압 비교
물리량이 아닌 비(Ratio)로 표현

▸ 전압비 : $20 \cdot \log_{10}\frac{V_2}{V_1}$

▸ 전류비 : $20 \cdot \log_{10}\frac{I_2}{I_1}$

▸ 전력비 : $10 \cdot \log_{10}\frac{P_2}{P_1}$

ex) $P_1 =$ 4W, $P_2 =$ 20W in a decibel scale = ?

$$dB = 10 \cdot \log\frac{20}{4} = 10 \cdot \log 5 \fallingdotseq 10 \times 0.6989 \fallingdotseq 7dB$$

ex) 전력비가 30dB란?

$$30dB = 10 \cdot \log\frac{P_2}{P_1} \Rightarrow \log\frac{P_2}{P_1} = 3 \Rightarrow \frac{P_2}{P_1} = 10^3 = 1000 \text{ (배)}$$

ex) 전압비가 -20dB란?

$$-20dB = 20 \cdot \log\frac{V_2}{V_1} \Rightarrow \log\frac{V_2}{V_1} = -1 \Rightarrow \frac{V_2}{V_1} = 10^{-1} = 0.1 \text{ (배)}$$

ex) 3dB 이득의 의미

전력 $\Rightarrow$ $3dB = 10 \cdot \log\frac{P_2}{P_1} \simeq 10 \cdot \log 2 = 10 \cdot 0.3010 \simeq 3dB$

입력에 비해 출력의 전력이 2배

전압 $\Rightarrow$ $3dB = 20 \cdot \log\frac{V_2}{V_1} \simeq 20 \cdot \log\sqrt{2}$ $\quad \therefore \frac{V_2}{V_1} = \sqrt{2}$

입력에 비해 출력의 전압이 $\sqrt{2}$ 배

ex) 3dB 손실 (전력)

$$-3dB = 10 \cdot \log\frac{P_2}{P_1} \Rightarrow 10 \cdot \log\frac{1}{2}$$

$\frac{P_2}{P_1} = \frac{1}{2}$ -3dB 떨어질 때마다 전력이 $\frac{1}{2}$ 배씩 줄어든다.

전압 $\frac{1}{2} = \frac{P_2}{P_1} = \left(\frac{V_2^{\,2}/R}{V_1^{\,2}/R}\right) = \left(\frac{V_2}{V_1}\right)^2$ $\quad \therefore \frac{V_2}{V_1} = \frac{1}{\sqrt{2}}$

ex) 두 개의 시스템이 각각 G_1 과 G_2 의 전압 이득을 가지고 다음과 같이 종속 연결되어 있을 때, 전체 시스템의 전압 이득 G(dB)를 구하시오.

$$\Rightarrow \ G = G_1 \cdot G_2$$
$$= 20 \cdot \log G_1 G_2 = 20 \cdot \log G_1 + 20 \cdot \log G_2$$
$$= G_1[dB] + G_2[dB]$$

※ dB의 연산

$$R_1 \times R_2 = R_1[dB] + R_2[dB]$$
$$\frac{R_1}{R_2} = R_1[dB] - R_2[dB]$$

1.2.10 백색 잡음(White Noise)

◎ 잡음 : 신호를 전송하거나 처리하는 과정에서 시간에 대해 예측할 수 없는 파형이 신호와 동반하게 되며 이러한 예측 불가능한 파형을 잡음이라 한다.

◎ 잡음의 종류

① 열 저항 잡음 : 도체 내의 자유 전자들의 열적 교란에 의한 불규칙한 운동

② 산탄 잡음 : 전자의 속도 차

③ 저주파 잡음 : $\frac{1}{f}$ 잡음, flicker 잡음

④ 시스템 잡음

⑤ 자연 잡음

⑥ 인공 잡음

⑦ 온도 잡음

◎ 백색 잡음

- 전 주파수 대역에 걸쳐 일정한 전력 밀도 스펙트럼을 갖는 잡음
- 저항체 등에서 전자의 불규칙한 운동에 의해 생기는 열잡음
- 주파수에 무관하며, 시간적으로 가우스 분포를 가짐.

$$\text{Power Spectrum} = \frac{N_0}{2}$$

$$\text{Power(ave.)} = \frac{1}{2\pi}\int_{-\infty}^{\infty}\frac{N_0}{2}\,d\omega$$

◎ Signal to Noise Power Ratio(S/N, SNR)

$$SNR = 10\log\frac{S}{N}[dB]$$

부가 잡음에 대해 신호가 손상된 정도를 알려주는 척도

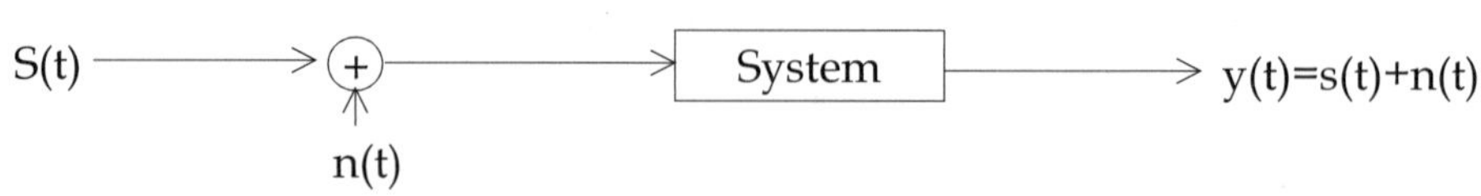

◎ Noise Figure : NF : 잡음 특성

$$NF = 10 \cdot \log\frac{\text{입력 신호의 } SNR}{\text{출력 신호의 } SNR} \quad [\text{dB}]$$

NF가 작아야 좋은 증폭기이다.

1.2.11 선형시스템

◎ 시스템이란?

입력 신호에 대해 정해져 있는 처리나 변환을 이용하여 출력 신호 하나를 결정할 수 있는 함수

(예) 변조 → 시스템이다.

입력 신호를 주파수 천이로 얻을 수 있는 출력 신호로 변환하는 시스템

◎ 선형 시스템이란?

$y_1(t) = S\{x_1(t)\}$

$y_2(t) = S\{x_2(t)\}$

라 할 때,

$y_1(t) + y_2(t) = S\{x_1(t) + x_2(t)\}$

및, 임의의 복소수 a에 대해서도

$a\,y_2(t) = S\{a\,x_1(t)\}$

가 성립하는 시스템 S를 선형 시스템이라고 한다.

◎ 입출력 관계가 선형적이고, 특히 매개변수가 시간에 따라 변하지 않는 시스템을 시불변 선형시스템이라 한다.

(예) ① 시간 미분 시스템 $\frac{dx(t)}{dt}$

$$y(t) = \frac{d}{dt}\{x(t)\}$$

$$\frac{d}{dt}\{x_1(t) + x_2(t)\} = \frac{d}{dt}x_1(t) + \frac{d}{dt}x_2(t) = y_1(t) + y_2(t)$$

$$\frac{d}{dt}\{ax(t)\} = a \cdot \frac{d}{dt}x(t) = ay(t)$$

② $y(t) = \sin\{x(t)\}$: 비선형 시스템

$$\sin\{x(t)\} \neq a \cdot \sin\{x(t)\}$$

◎ 시스템을 구성하는 기본적인 구성 요소

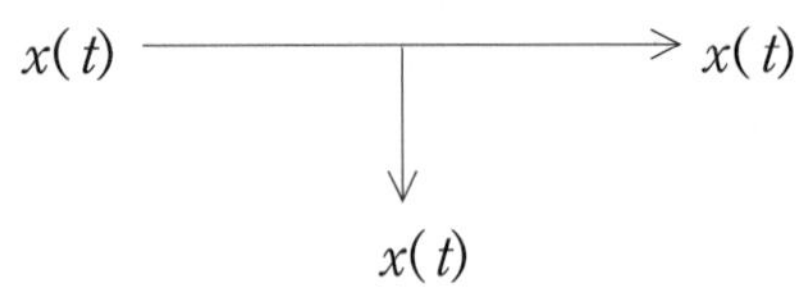

(a) 분기

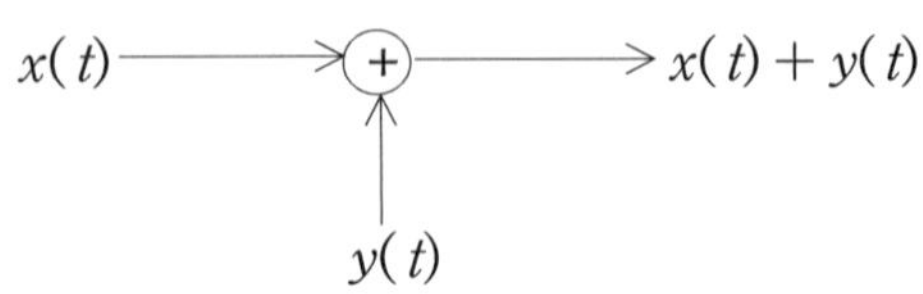

(b) 가산

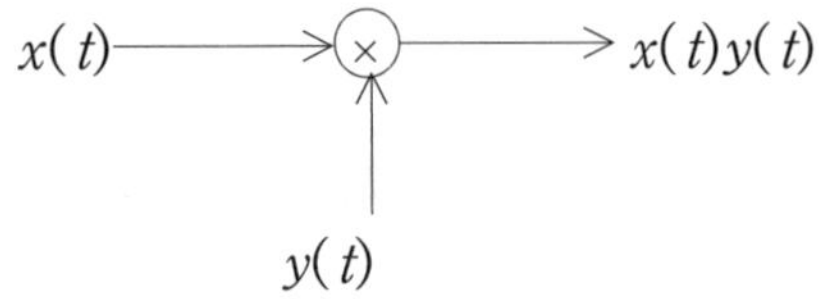

(c) 승산

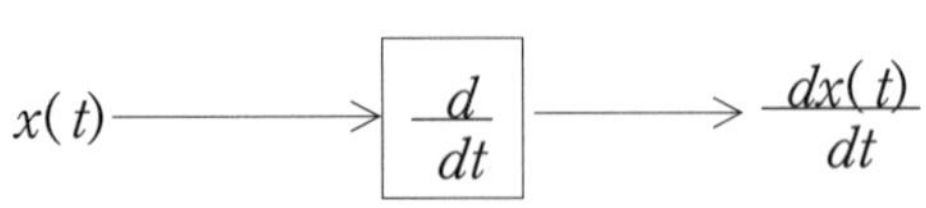

(d) 미분

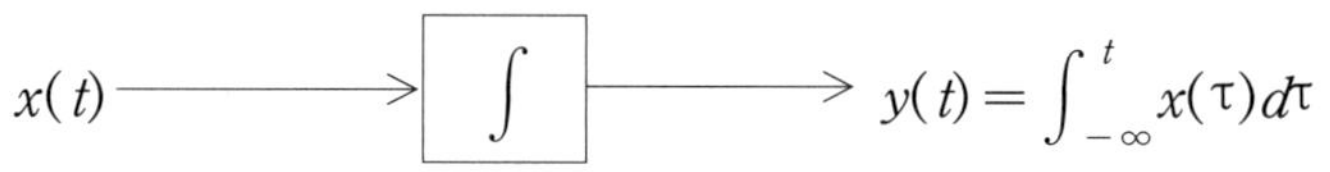

(e) 적분

(예) 입력 신호 $x(t)$ 에 정현파 $\sin \omega_c t$ 를 곱한 후, 이것을 미분한 것을 출력 신호 $y(t)$ 로 하는 시스템 구성하기

$$y(t) = \frac{d}{dt}\{x(t)\sin \omega_c t\}$$

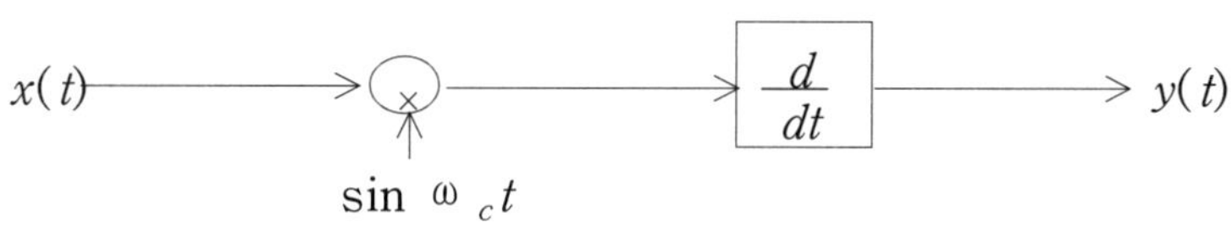

1.2.12 Filter

⇒ 어떤 특정 주파수에 대하여 복소 정현파 신호를 통과시키고, 반대로 제거시키는 주파수의 선택성을 가지는 시스템이다.

(예)

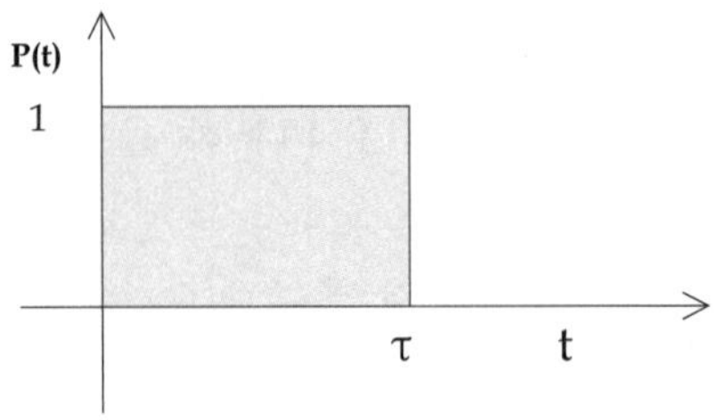

* 계단함수 u(t)를 이용하여

$$P(t) = u(t) - u(t-\tau)$$

◉ 필터의 종류

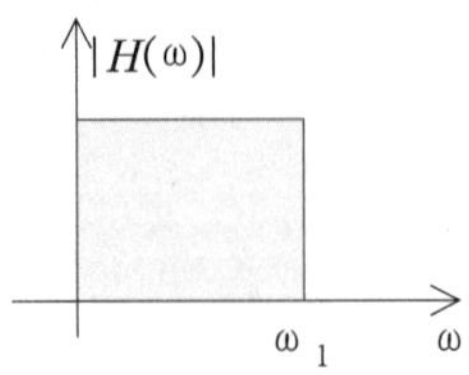

(1) LPF(Low Pass Filter)

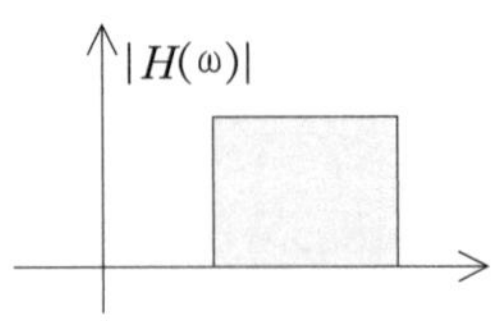

(2) BPF(Band Pass Filter)

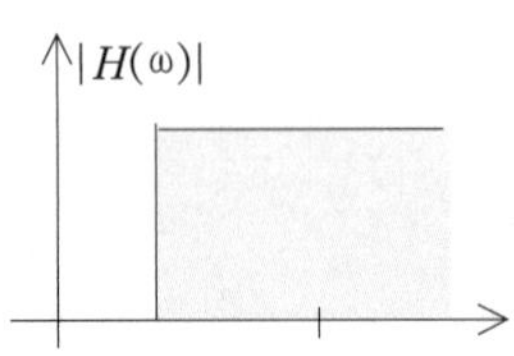

(3) HPF(High Pass Filter)

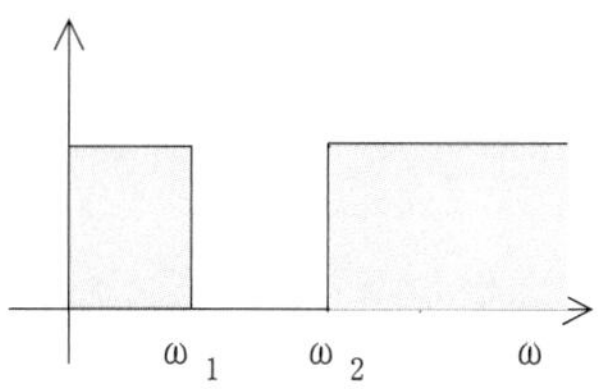

(4) BSF(Band Stop Filter)

◎ 이상적 필터

BPF의 전달함수

$$H(\omega) = \begin{cases} A e^{-j\omega t_d} \cdot rect(w), & f_l \le f \le f_u \\ 0, & \text{Otherwise} \end{cases}$$

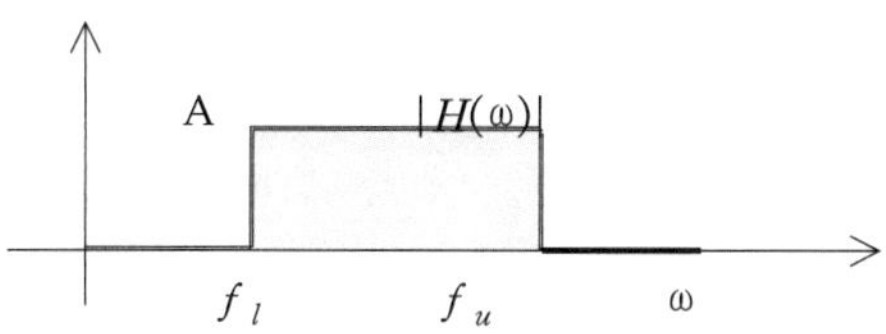

▸ f_l 과 f_u 는 통과대역의 종점

(ω_l : 저역 차단 주파수, ω_u : 고역 차단 주파수)

▸ 필터 대역폭은 통과 대역의 양의 주파수 부분으로 측정

$$B = f_u - f_l$$

LPF : $f_l = 0$ 이고, $B = f_u$

HPF : $f_l > 0$ 이고, $f_u = \infty$

1.3 진폭변조 (Amplitude Modulation)

1.3.1 변·복조의 이해

$$f(t)=A(t)\cos\Theta(t) \tag{1.14}$$

$$\{ \therefore \Theta(t)=2\pi f_c t + \Phi(t) \}$$

※ $A(t)$:진폭, $\Theta(t)$:각도, f_c : 반송주파수, $\Phi(t)$:위상

- 정보내용(메시지신호)이 $A(t)$ 에 포함→Amplitude Modulation(AM)
- 정보내용(메시지신호)이 $\Phi(t)$ 에 포함→Angular Modulation(FM, PM)

변조란 정보신호의 어떤 함수에 따라서 반송파의 특성인 진폭, 위상, 주파수를 변화 시키는 방식

수신 안테나의 소형화, 잡음 및 간섭 제거, 신호를 멀리, 다중화 전송을 위해서 변조 방식이 필요함

※ 혼동하기 쉬운 용어

ⓐ 잡음(noise) : 통신시스템 내·외부에서 자연적으로 발생하는 불필요한 전기신호, 무작위(random)적이고 예측 불가능

ⓑ 간섭(Interference) : 잡음과 혼동하지 말 것. 전화의 혼선과 마찬 가지로 원래 다른 곳에서 사용되고 있는 신호. 다른 시스템의 송신기, 전력선, 교환기 등에서 오는 외부 신호의 영향

ⓒ 왜곡(distortion): 물리적 현상. 전송선로의 거리가 멀어지면 고주파 부분에 감쇠가 일어나거나 주변 환경 등의 영향으로 원래 신호의 파형이 변형되어 불완전하게 전달되는 파형의 손상

(예) 음성신호를 무선 전송한다고 가정하면,

λ/2-dipole antenna

안테나 길이(L) = λ_0 /2 = c / (f_0 * 2)

$$voice = 10KHz$$

$$L = \frac{3\times10^8\, m/\sec}{2\times10000Hz} = 15{,}000m$$

FM방송의 주파수 대역 : 88MHz ~ 108MHz
FM Radio 100MHz 신호에 대한 수신안테나의 길이는?

파장→ $\lambda = \frac{c}{f} = \frac{3\times10^8\, m/\sec}{100\times10^6\,/\sec} = 3m$

안테나 길이→ $L(\frac{1}{2}\lambda) = 3\div2 = 1.5m,\ L(\frac{1}{4}\lambda) = 3\div4 = 0.75m$

◎ 해결책→반송파를 이용하는 변조 방식을 사용

◎ 기본 변・복조의 원리

DSB (Double Side Band) Modulation

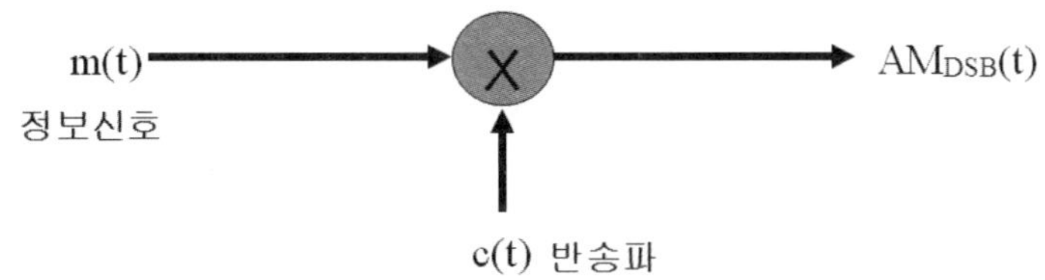

$$AM_{DSB}(t) = A\cos\omega_0 t\cos\omega_c t = \frac{1}{2}A\{\cos(\omega_c+\omega_0)t + \cos(\omega_c-\omega_0)t\}$$

$$F(x) = A\cos 2\pi f_c t$$
$$A = \sin 2\pi f_0 t$$
$$F(x) = \sin 2\pi f_0 t\cdot\cos 2\pi f_c t = \frac{1}{2}\{\sin 2\pi(f_c+f_0) - \sin 2\pi(f_c-f_0)\}$$

◎ 수신기에서는 (복조)

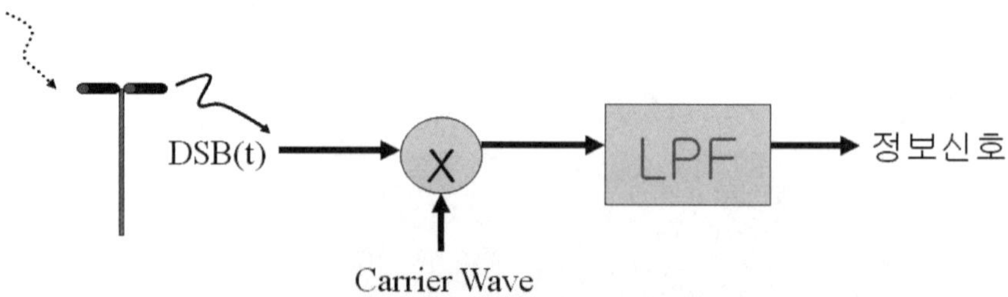

$$AM_{DSB}(t)\cos\omega_c t = m(t)\cos\omega_c t\cos\omega_c t$$
$$= \frac{1}{2}m(t)\{1+\cos 2\omega_c t\} = \frac{1}{2}m(t) + \frac{1}{2}m(t)\cos 2\omega_c t$$

반각 공식의 원리를 이용

$$\frac{1}{2}m(t)$$

① 전송신호의 높은 주파수의 정현파를 곱하여 전송→변조

② 수신 측에서는 같은 주파수의 정현파를 다시 곱하여 LPF를 통과시켜 원래의 신호를 구한다.

③ 변조와 복조 과정에서 사용되는 $\cos 2\omega_c t$를 반송파(carrier Wave), 반송주파수, 반송신호라 한다.

④ $F[\ x(t)\cos 2\omega_c t\ ] = \frac{1}{2}\{\ X(\omega+\omega_c) + X(\omega-\omega_c)\ \}$ → 주파수 천이

1.3.2 진폭변조 (Amplitude Modulation: AM)

$$\begin{cases} \text{정보신호(변조파 : modulation wave) : } s(t) \\ \text{반송파 (carrier wave) : } A_c\cos(\omega_c t+\Theta_c) \end{cases}$$

반송파의 진폭을 s(t)로 변조(modulating) 하면

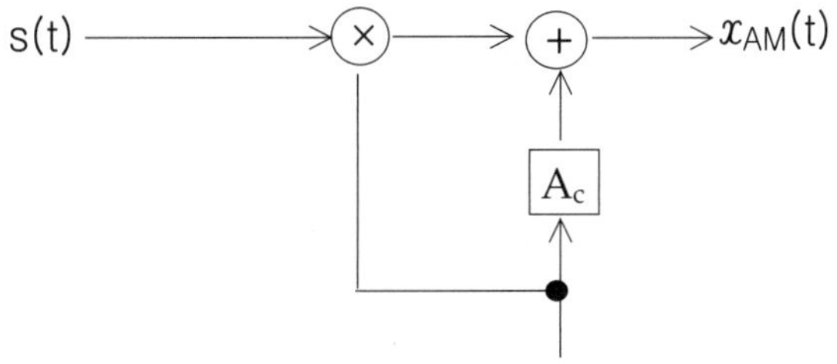

[그림 1.4] AM 신호의 발생

$$\Theta c=\varnothing \Rightarrow \quad AM(t) = [A_c+s(t)]\cos\omega_c t$$

$$= A_c[1+\frac{s(t)}{A_c}]\cos\omega_c t$$

여기서, $s(t)=A_m\cos(\omega_m t+\Theta_m)$ $(\Theta_m=0)$로 두면,

$$=A_c[1+\frac{A_m}{A_c}\cos\omega_m t]\cos\omega_c t \qquad (1.15)$$

- AM 신호의 변조 지수(Modulation Index) : m

반송파의 진폭이 정보신호에 의해서 얼마나 많이 변조 되었나 하는 정도 표시.

$$m=\frac{\text{정보신호의 진폭}}{\text{반송파의 진폭}}=\frac{A_m}{A_c}=\frac{AM\text{신호의 최대크기}-\text{반송파의 진폭}}{\text{반송파의 진폭}}$$

변조율 = m×100 [%]

0<m<1 : 보통의 AM 변조지수 범위

m>1 : 과변조, 신호의 왜곡

식(1.15)에서

$$AM(t) = A_c\cos\omega_c t + s(t)\cos\omega_c t \quad (1.16)$$

$$= A_c\cos\omega_c t + A_m\cos\omega_m t\cos\omega_c t$$

$$(\omega_c >> \omega_m)$$

$$= A_c\cos\omega_c t + \frac{1}{2}A_m\{\cos(\omega_c+\omega_m)t + \cos(\omega_c-\omega_m)t\} \quad (1.17)$$

여기서, $m = A_m / A_c$ 를 이용하여 다음과 같이 변환 할 수 있다.

$$= A_c\{\cos\omega_c t + \frac{m}{2}[\cos(\omega_c+\omega_m)t + \cos(\omega_c-\omega_m)t]\} \quad (1.18)$$

- 양측대파 (Double Side Band Wave)란 ?

  ① 상측대파 (Upper Side Band Wave) : $\omega_c < \omega < \omega_c+\omega_m$
  ② 하측대파 (Lower side Band Wave) : $\omega_c-\omega_m < \omega < \omega_c$

특히 (1.18) 형태의 변조파를 DSB-LC(Double Side Band - Large Carrier)신호의 변조라고도 한다.

- AM(t)의 스펙트럼

  $AM(t) \rightarrow AM(\omega)$

식(1.17)에서 $F[A_c\cos\omega_c t] = A_c \cdot \pi[\delta(\omega+\omega_c) + \delta(\omega-\omega_c)]$

$$F[s(t)\cos\omega_c t] = \frac{1}{2}s(\omega+\omega_c) + \frac{1}{2}s(\omega-\omega_c)$$

$$\frac{A_m}{2}\cdot F[\cos(\omega_c+\omega_m)t + \cos(\omega_c-\omega_m)t$$

$$= \frac{A_m}{2}\cdot\pi\{\delta[\omega+(\omega_c+\omega_m)] + \delta[\omega-(\omega_c+\omega_m)]\}$$

$$+\frac{A_m}{2}\cdot\pi\ \{\ \delta[\omega+(\omega_c-\omega_m)]\ +\ \delta[\omega-(\omega_c-\omega_m)]\ \}$$

$$\therefore\quad AM(\omega)=Ac\cdot\cdot\pi[\delta(\omega+\omega_c)+\delta(\omega-\omega_c)] \qquad \text{*반송파}$$

$$+\frac{A_m}{2}\cdot\pi\{\delta[\omega+(\omega_c+\omega_m)]+\delta[\omega-(\omega_c+\omega_m)]\} \qquad \text{*USB}$$

$$+\ \frac{A_m}{2}\cdot\pi\ \{\ \delta[\omega+(\omega_c-\omega_m)]\ +\ \delta[\omega-(\omega_c-\omega_m)]\ \} \qquad \text{*LSB} \qquad (1.19)$$

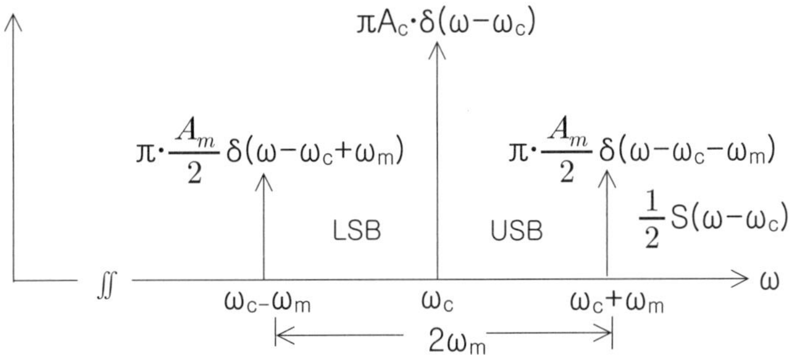

[그림 1.6]일반화된 진폭변조의 주파수 스펙트럼

- AM 신호의 전력

$$c(t)=A_c cos w_c t\ ,\quad s(t)=A_m cos\, w_m t,\qquad m=\frac{A_m}{A_c}$$

$$\begin{aligned} x_{AM}(t) &= A_c cos w_c t + s(t) cos w_c t \\ &= Ac[1+m cos w_m t] cos w_c t \\ &= Ac[\underbrace{cos w_c t}_{\text{CW}} + \underbrace{\frac{m}{2} cos(w_c+w_m)t}_{\text{USB}} + \underbrace{\frac{m}{2} cos(w_c-w_m)t}_{\text{LSB}}] \end{aligned} \qquad (1.20)$$

식(1.20)은 세 개의 정현파가 합쳐진 형태로 R=1Ω일 때 AM신호의 전력

$$P_{AM} = \lim_{T \to \infty} \frac{1}{T} \int_{-T/2}^{T/2} x^2(t)dt$$

$$P = \sum (V_{rms})^2 = \sum \left(\frac{V_{진폭}}{\sqrt{2}} \right)^2$$ 실효치 계산

$$P_{AM} = \frac{1}{2}A_c^2 + \frac{1}{2}\frac{m^2 A_c^2}{4} + \frac{1}{2}\frac{m^2 A_c^2}{4}$$

$$P_{CW} = \frac{A_c^2}{2}$$

$$P_{USB} = \frac{m^2 A_c^2}{8} \quad , \quad P_{LSB} = \frac{m^2 A_c^2}{8}$$

$$\circ\ P_{DSB} = 2\frac{m^2 A_c^2}{8} \qquad \frac{m^2 A_c^2}{4}$$

① AM 신호의 전체 전력

$$P_T = P_{CW} + P_{DSB} = P_{CW}(1 + \frac{m^2}{2})$$

② 전송효율 (μ × 100[%])

$$\mu = \frac{P_{DSB}}{P_T} = \frac{m^2}{2 + m^2} \qquad (0 \le m \le 1)$$

※ 변조지수와 전송전력과의 관계

m=0 ; P_T = P_{CW} , 신호 없고, 반송파만 전송

100% 변조 ⇒ m=1 ; $\mu = \frac{1}{3}$, 0 ≤ μ ≤ 33.3%

m → 증가; P_T → 증가

실제 정보신호의 전송에는 단측대파(Single Side Band: SSB)만 있으면 전송 가능하므로 100% 변조일 경우, 양측대파의 전력의 절반만 필요로 한다.

효율(μ) ⇒ $P_{DSB}/2$ ⇒ $\frac{1}{6}$만이 실제 전송에 소요 (16%)

<예제> 변조율이 80%인 정현파 신호의 AM에서 전체 전력이 100kW인 경우에 정보신호에 의한 양측파대의 전력은?

$$\Rightarrow \mu = \frac{P_{DSB}}{P_T} = \frac{m^2}{2+m^2} = \frac{0.8^2}{2+0.8^2} \fallingdotseq 0.24$$

$$P_{DBS} = \mu \times P_T = 0.24 \times 100\,(kW) = 24kW$$

1.3.3 DSB 변조

DSB-SC (Double Side Band with Suppressed Carrier)

※ DSB-LC 에서의 문제점: 반송파에 의한 소비전력 증가(절반이상)

정보신호 전달에 필요한 부분은 측파대

식(1.16)식에서

$x_{AM}(t) = A_c cos w_c t + s(t) cos w_c t$ 에서

$A_c = 0$ 로 두면

$$\begin{aligned} x_{DSB}(t) &= S(t)\cos\omega_c t \\ &= A_m \cos\omega_m t \cos\omega_c t \\ &= \frac{1}{2}A_m\{\cos(\omega_c+\omega_m)t + \cos(\omega_c-\omega_m)t\} \end{aligned} \tag{1.21}$$

$$\begin{cases} P_{DSB} = \frac{1}{2}\cdot\frac{A_m^2}{4} + \frac{1}{2}\cdot\frac{A_m^2}{4} = \frac{A_m^2}{4} \\ (A_c = 0) \\ \mu = \frac{P_{DSB}}{P_{CW}+P_{DSB}} = \frac{P_{DSB}}{P_{DSB}} = 1 \Rightarrow 100\% \end{cases}$$

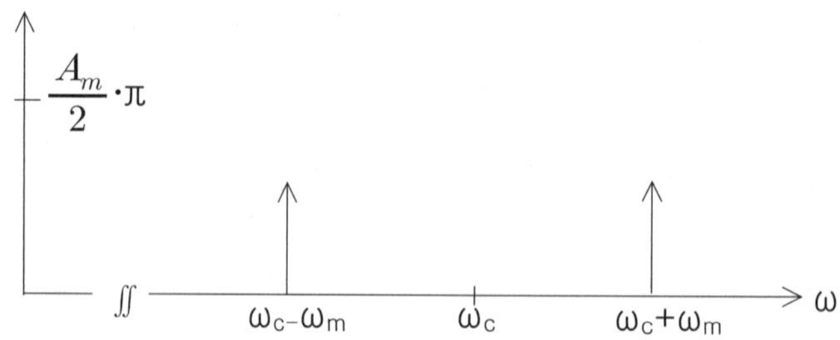

[그림 1.7] DSB변조의 스펙트럼

1.3.4 SSB (Single Side Band) 변조

$$x_{DSB-SC}(t) = s(t)\cos\omega_c t$$
$$= \frac{A_m}{2}\{\cos(\omega_c + \omega_m)t + \cos(\omega_c - \omega_m)t\}$$
$$(if\ A_m = 2), \quad = \cos(\omega_c + \omega_m)t + \cos(\omega_c - \omega_m)t$$

※삼각함수의 덧셈정리

$\cos(\alpha+\beta) = \cos\alpha\cos\beta - \sin\alpha\sin\beta$

$\cos(\alpha-\beta) = \cos\alpha\cos\beta + \sin\alpha\sin\beta$

USB → $\cos(\omega_c+\omega_m)t = \cos\omega_c t\cos\omega_m t - \sin\omega_c t\sin\omega_m t$

LSB → $\cos(\omega_c-\omega_m)t = \cos\omega_c t\cos\omega_m t + \sin\omega_c t\sin\omega_m t$

$$x_{SSB}(t) = \cos\omega_c t\cos\omega_m t \mp \sin\omega_c t\sin\omega_m t$$

a　　b　　　　a'　b

a 와 a', b 와 b' 사이에는 90°의 위상차가 존재

－ : USB　　＋ : LSB

(1)

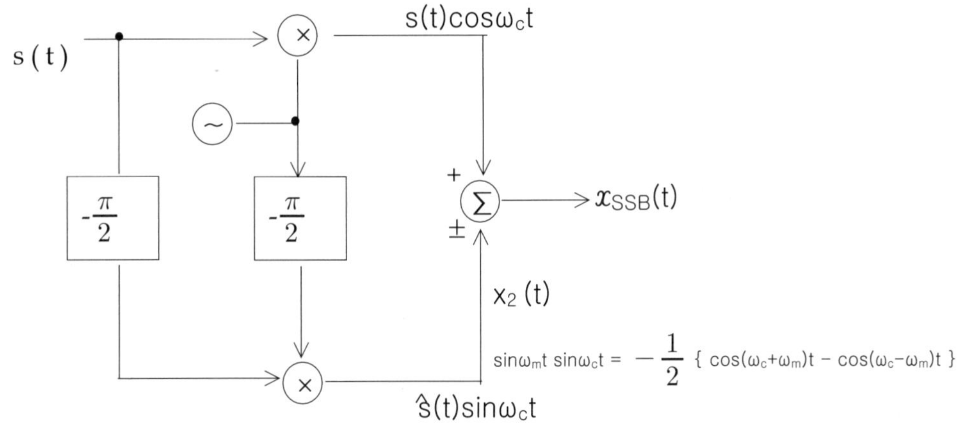
s(t)
s(t)cosωct
-π/2
-π/2
+
±
xSSB(t)
x2 (t)
sinωmt sinωct = −1/2 { cos(ωc+ωm)t − cos(ωc−ωm)t }
ŝ(t)sinωct

(2)

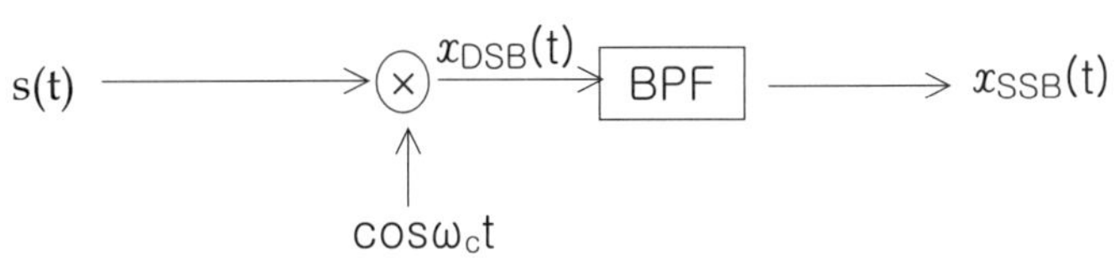
s(t)
xDSB(t)
BPF
xSSB(t)
cosωct

(3) 스펙트럼

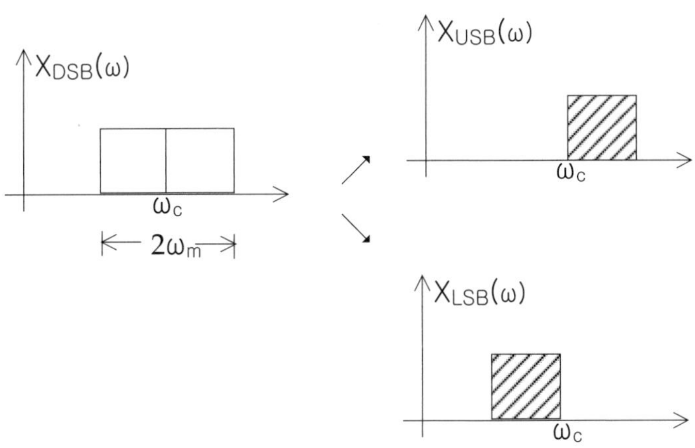
XDSB(ω)
ωc
2ωm
XUSB(ω)
ωc
XLSB(ω)
ωc

1.3.5 복조기의 실현

변조된 신호에서 원래의 정보 신호를 뽑아내는 과정을 복조라 한다.

- DSB-SC 신호의 복조

$$x_{DSB}(t) = s(t)\cos\omega_c t$$

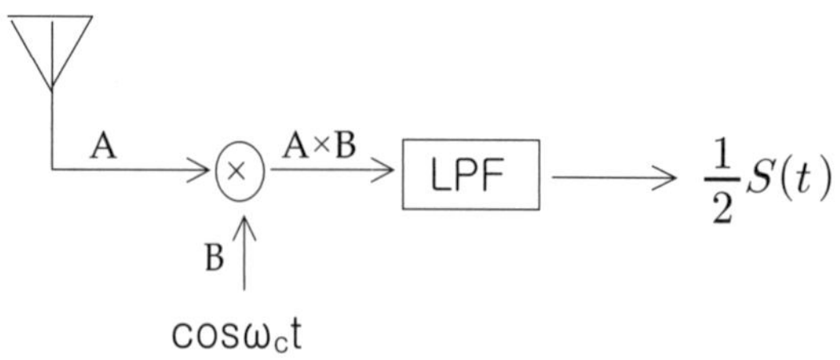

$$s(t)cos2\pi f_c t \cdot cos2\pi f_c t = \frac{1}{2}S(t) + \frac{1}{2}S(t)cos2\omega_c t \qquad (1.22)$$

LPF 로 제거

$$s(t) = A_m cos2\pi f_m t \text{ 를 대입, } (\omega_c = 2\pi f_c, \quad \omega_m = 2\pi f_m)$$

$$\frac{1}{2}A_m\{\ \cos 2\pi f_m t + \frac{1}{2}[\ \cos 2\pi(2f_c + f_m)t + \cos 2\pi(2f_c - f_m)t\ ]\ \} \qquad (1.23)$$

이 신호가 LPF를 통과하면 2개의 측대파는 제거되고, 변조신호 $\frac{A_m}{2}cos2\pi f_m$ 를 얻게 된다.

식(1.23)의 스펙트럼

$$\frac{1}{2}S(\omega) + \frac{1}{4}S(\omega + \omega_c) + \frac{1}{4}S(\omega - \omega_c)$$

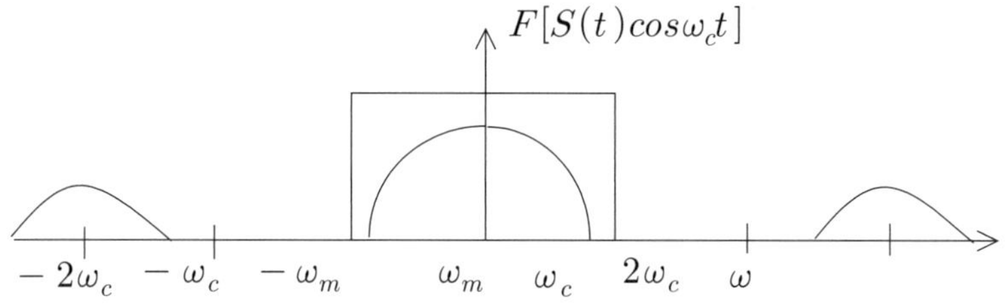

[그림 1.7] 복조기의 스펙트럼

<고찰문제>

① 진폭변조의 변·복조를 정의하라.

② DSB-LC와 DSB-SC의 차이점을 예를 들어 설명하라.

③ 과변조에 의한 신호의 왜곡 현상을 설명하라.

④ DSB-LC 신호의 전체 전력 구하기와 물리적 의미

$$P_t = P_c(1 + \frac{m^2}{2})$$

※ 반송파에 의해 저주파대의 정보 신호를 고주파대역으로 천이하는 과정 → 변조

그것의 역과정으로 본래 신호의 주파수 대역으로 천이하는 과정 → 복조

<참고> 진폭변조는 변조 신호의 스펙트럼을 반송주파수 부근으로 옮기는 것 이외는 새로운 주파수 발생이 없으므로 Linear Modulation 이 된다. 선형 변조의 주파수 대역폭은 변조신호의 대역폭의 2배를 초과하지 않기 때문에 수신기 출력의 SN비는 전송된 신호 전력의 증가에 의해서만 개선될 수 있다.

1.4 각변조

신호를 실어서 전송 할 수 있는 반송파는

$$x_c(t) = A_c cos(\omega_c t + \theta_c) \quad (1.24)$$

$\omega_c = 2\pi f_c$, ω_c: 각 주파수, θ_c :위상

즉, 각변조는 $[\omega_c t + \theta_c]$부분에 정보신호를 싣게 된다.

- ωc 의 부분을 변조파의 크기에 비례해서 변화하는 방법: FrequencyModulation
- Θc 의 위상각 부분을 신호에 대응해서 변화시키는 방법: Phase Modulation

위의 각도 성분의 $[\omega_c t + \theta_c]$ 의 부분을 변조하기 때문에 각 변조라 한다.

정현파인 반송파의 각도가 시간 t의 함수 일 때,

$$x_c(t) = A(t) cos\theta(t) \quad (1.25)$$

로 표현하고, 이때의 $\theta_c(t)$를 순시 위상각이라 한다.

식(1.24)의 관계에서 순시 위상각은

$$\theta(t) \equiv \omega_c t + \theta_c(t) \quad (1.26)$$

이 되고, $\theta_c(t)$를 초기 위상각 이라고 한다.

순시 위상각을 시간으로 미분하면 (변화량 구하기)

$$\frac{d\theta(t)}{dt} = \omega_c + \frac{d\theta_c(t)}{dt} \quad (1.27)$$

가 되고, 초기 위상 $\theta_c(t)$가 일정(상수)이면, 각 시각 t에 대한 순간의 각속도가 되므로 이때의 ω_c는 순시 주파수가 된다.

$$\therefore \omega(t) = \frac{d\theta(t)}{dt} \text{ [rad/sec]} \quad (1.28)$$

$$\theta(t) = \int \omega(t) dt \quad (1.29)$$

주파수는 위상의 미분이며, 위상은 주파수의 적분이다.

※ 진폭 변조와 각 변조

	진폭 변조	각 변조
진폭[$A(t)$]	변 조	고정(상수)
위상 각[$\theta_c(t)$]	고정(상수)	변 조

(예) t = 0에서 신호 x(t)=7cos(10t + sin5t)의 순시 주파수를 구하시오.

$$w(t) = \frac{d\theta(t)}{dt} = 10 + 5cos5t \,\Big|_{\,t=0}$$
$$= 15\,[rad/sec]$$

1.4.1 FM과 PM

(i) 식(1.26)을 시간에 대하여 미분한 결과 ⇒ 순시 주파수

$$w_i(t) = w_c + \frac{d\theta_c(t)}{dt} \tag{1.30}$$

에서, 위상의 미분(주파수차원)이 변조신호에 비례하게 하는 방법

$$\frac{d\theta_c(t)}{dt} = k_f S(t) \tag{1.31}$$

※ kf : 비례상수 [rad/sec/volt] = [Hz/volt]

$$w_i(t) = w_c + k_f\, s(t) \tag{1.32}$$

가 되며,

$$\begin{aligned} x_{Fm}(t) &= Acos\,[w_c t + \theta_c(t)] \\ &= Acos\,[w_c t + k_f \int_0^t S(\tau)d\tau \end{aligned} \tag{1.33}$$

※ 식(1.31)에서

$$\theta_c(t) = k_f \int_0^t S(\tau)d\tau$$

가 되며, 이 방식을 주파수 변조(FM : Frequency Modulation)

(ii) 각 변조의 두 번째 방식은 위상 Θc(t)가 변조 신호에 직접 비례하도록 하는 방법

$$\theta_c(t) = k_f S(t) \tag{1.34}$$

여기서, Kp는 비례상수(위상감도 계수)이며, 단위는 [rad/sec/volt]이다. 식(1.34)로부터

$$x_{PM}(t) = Acos\,[w_c t + k_p S(t)] \tag{1.35}$$

가 된다.

1.4.2 정현파 신호에 대한 FM해석

정보신호 : $s(t) = A_m cos\omega_m t$

$$\begin{aligned} x_{FM}(t) &= A_c cos\,[\omega_c t + k_f \int_0^t s(\tau)d\tau] \\ &= A_c cos\,[\omega_c t + k_f \cdot \frac{A_m}{\omega_m} sin\omega_m t] \\ &= A_c cos\,[\omega_c t + \beta \cdot sin\omega_m t] \end{aligned} \tag{1.36}$$

- FM의 순시주파수

FM변조는 정보신호에 따라 주파수가 변하며, 변조신호가 양일 때는 순시주파수가 반송주파수 보다 높아지며, 음일 때는 반대로 낮아진다.

FM의 순시주파수는 위상의 변화율로 구해진다.

$$\omega(t) = \frac{d}{dt}\{\omega_c t + k_f \int_0^t s(\tau)d\tau\} \qquad (\ \omega(t) = \frac{d\theta(t)}{dt}\ )$$
$$= \omega_c + k_f s(t) \tag{1.37}$$
$$= \omega_c + k_f \cdot A_m cos\omega_m t$$

반송주파수 ω_c는 일정하므로, FM의 순시주파수는 반송주파수 근방에서 변조신호에 비례 하여 변화한다.

- FM의 주파수 편이

FM신호에서 순시 주파수의 변동 범위

변조신호의 크기에 따라 순시주파수가 반송주파수로부터 벗어나는 주파수 양

$$\omega(t) = \omega_c \pm \triangle\omega$$
$$\triangle\omega \equiv \frac{d\theta_c(t)}{dt} = k_f \cdot s(t) \tag{1.38}$$
$$= k_f \cdot A_m cos\omega_m t$$

$cos\theta$ 의 변동범위는 ±1이므로, $-1 \le cos\omega_m t \le 1$ 이 된다.

결국 최대주파수 편이는

$$\triangle\omega = k_f \cdot A_m \tag{1.39}$$

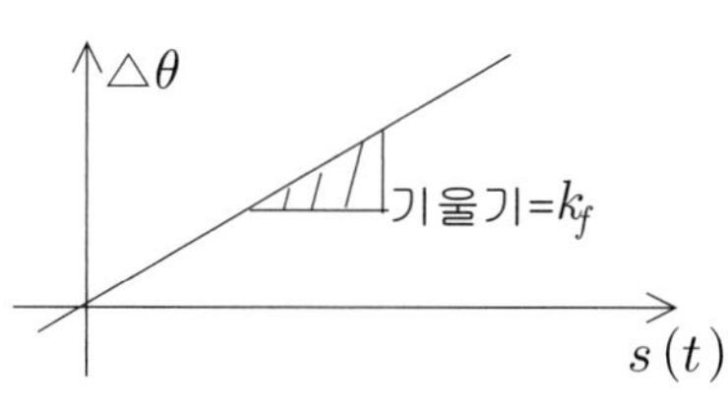

- PM의 위상 편이

PM신호는 변조 신호가 변할 때 마다, 위상에 변화가 생긴다.

$$\triangle\theta \equiv k_f s(t) \tag{1.40}$$

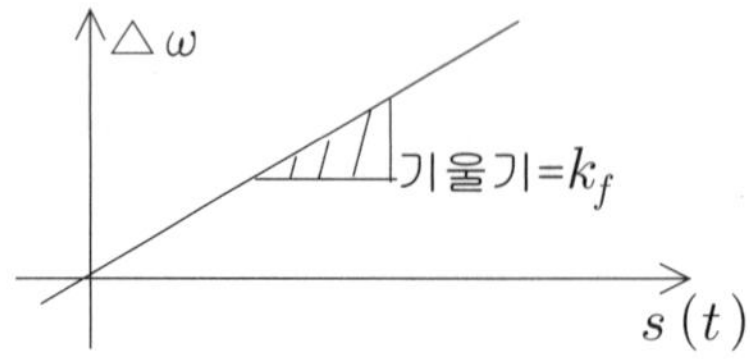

※ FM 신호는 변조신호의 크기 변화가 없는 동안에도 그 크기에 의해 주파수가 변하지만, PM 신호는 변조신호의 크기 변화가 없을 경우에는 그 크기에 상관없이 일정하게 유지된다. 그 이유는 PM경우는 순시주파수가 변조 신호의 미분에 비례하기 때문이다.

$$\begin{cases} x_{FM}(t) = A_c cos\,[\omega_c t + k_f \int_0^t s(\tau)d\tau] \\ x_{PM}(t) = A_c cos\,[\omega_c t + k_p s(t)] \end{cases}$$

$$\begin{cases} \theta_{FM}(t) = \omega_c t + k_f \int_0^t s(\tau)d\tau, \quad \omega_{FM}(t) = \omega_c + k_f s(t) \\ \theta_{PM}(t) = \omega_c t + k_p s(t) \quad\quad , \quad \omega_{PM}(t) = \omega_c + k_p \frac{ds(t)}{dt} \end{cases}$$

- FM의 변조 지수

정보신호의 주파수를 표현하는데 사용되는 주파수 편이의 정도 표시

주파수 편이와 정보신호 주파수의 비

$$\beta = \frac{\triangle w}{w_m} = \frac{\triangle f}{f_m} = \frac{A_m \cdot k_f}{w_m} \qquad : FM\ Modulation\ Index$$

※ $\beta \ll 1$ 인 경우

Narrow Band FM : NB FM, 협대역 FM

(예제) 150[MHz]인 반송파를 10[kHz]의 정현파로 FM변조한 경우, 주파수 편이가 $\triangle f = 1kHz$일 경우 이신호의 변조지수와 측대파의 주파수를 구하라.

$$\beta = \frac{\triangle w}{w_m} = \frac{1\times 10^3}{10\times 10^3} = 0.1$$

$$f_c \pm f_m = \begin{array}{l} 150.01\,MHz \\ 149.99\,MHz \end{array}$$

1.4.3 협대역 각변조

각 변조는 중첩의 원리가 성립되지 않는 비선형 변조이지만, 주파수 편이 또는 위상 편이가 충분히 작을 경우, 각 변조는 근사적으로 선형 변조의 특성을 가지게 된다.

$$\theta \ll 1\,rad \qquad (※\ \pi rad = 180^\circ \ \rightarrow \ 1rad = \frac{180^\circ}{\pi})$$

에 대해 $(\theta \simeq 0)$

$cos\theta \simeq 1, \qquad sin\theta = \theta$ 로 근사화 된다.

$$\begin{aligned} \phi_f(t) &= k_f \int_0^t s(\tau)d\tau \qquad \Rightarrow k_f \frac{A_m}{w_m} sinw_m t = \beta sinw_m t \\ x_{FM}(t) &= A_c cos\,[w_c t + \phi_f(t)] \\ &= A_c cosw_c t cos\phi_f(t) - A_c sinw_c t sin\phi_f(t) \end{aligned} \tag{1.41}$$

◉ FM신호의 주파수 편이가 충분히 작을 경우, $\phi_f(t) \simeq 0$으로 근사화

$cos\phi_f(t) \simeq 1, \qquad sin\phi_f(t) \simeq \phi_f(t)$

시킬 경우의 FM 신호를 NBFM 이라 한다.

$$x_{NBFM}(t) = A_c cosw_c t - A_c sinw_c t\,\phi_f(t) \tag{1.42}$$

$s(t) = A_m cosw_m t$, $\beta = \dfrac{\triangle w}{w_m} = \dfrac{A_m \cdot k_f}{w_m}$ 을 대입하면,

$$x_{NBFM}(t) = A_c cos w_c t \ - A_c sin w_c t \cdot k_f \int s(t)dt$$

$$= A_c cos w_c t - A_c sin w_c t \, k_f \cdot \frac{A_m}{w_m} sin w_m t \quad (1.43)$$

$$= A_c cos w_c t - A_c sin w_c t \beta sin w_m t$$

$$= A_c \{ \ cos w_c t + \frac{\beta}{2} cos(w_c + w_m)t - \frac{\beta}{2} cos(w_c - w_m)t \ \}$$

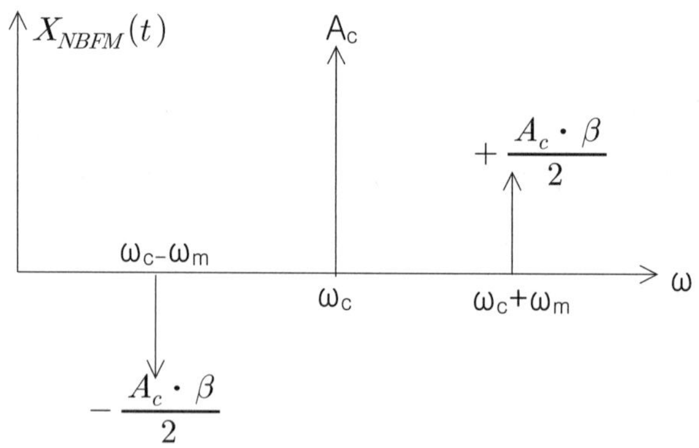

[그림 1.8] 협대역 FM변조의 스펙트럼

$$x_{NBFM}(w) = A_c \cdot \pi \left[\delta(w + w_c) + \delta(w - w_c) \right.$$

$$+ A_c \cdot \frac{\beta}{2} \cdot \pi [\delta(w + (w_c + w_m)) + \delta(w + (w_c + w_m))] \quad (1.44)$$

$$- A_c \cdot \frac{\beta}{2} \cdot \pi [\delta(w + (w_c - w_m)) + \delta(w - (w_c - w_m))]$$

◉ PM의 경우

$$\phi_p(t) = k_p s(t)$$

$$x_{PM}(t) = A_c cos [w_c t + \phi_p(t)] \quad (1.45)$$

$$= A_c cos w_c t cos [\phi_p(t)] - A_c sin w_c t sin [\phi_p(t)]$$

위상 편이가 충분히 작을 경우, $\phi_p(t) \simeq 0$ 일 때,

$$\begin{aligned} x_{NBPM}(t) &= A_c cosw_c t - A_c sinw_c t \cdot \phi_p(t) \\ &= A_c cosw_c t - A_c sinw_c t \cdot k_p s(t) \\ &= A_c cosw_c t - A_c \cdot A_m \cdot k_p sinw_c t\, cosw_m t \\ &= A_c\, cosw_c t - A_c \cdot A_m \cdot k_p \frac{1}{2} \{ sin(w_c + w_m)t + sin(w_c - w_m)t \} \end{aligned} \tag{1.46}$$

$$\begin{aligned} x_{NBPM}(w) &= A_c \cdot \pi\, [\delta(w + w_c) + \delta(w - w_c) \\ &\quad - A_c \cdot k_p . \frac{j}{2} [S(w + w_c) + S(w + w_c)] \end{aligned} \tag{1.47}$$

- FM 신호의 발생

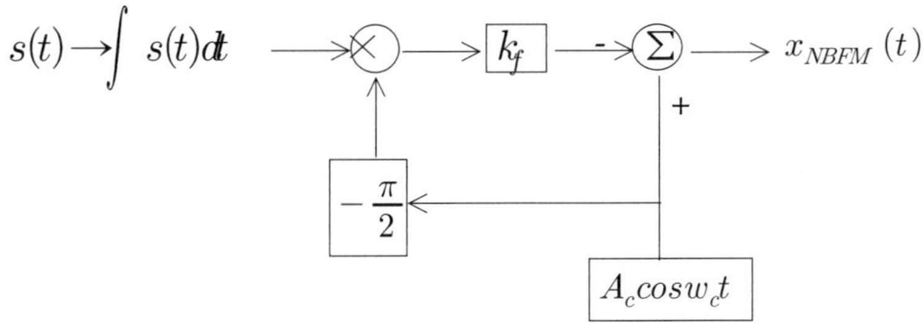

- PM 신호의 발생

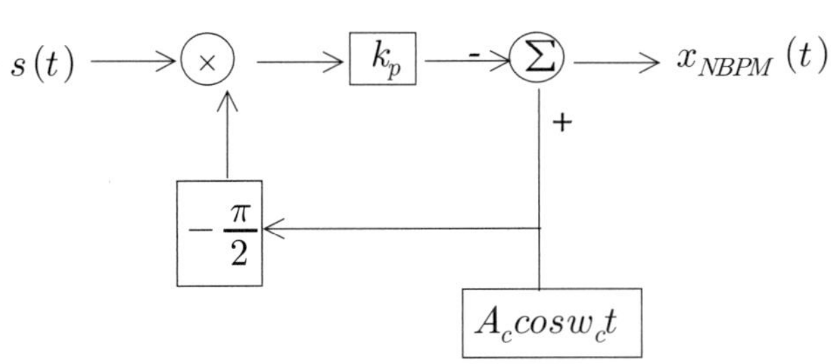

$$x_{NBPM}(t) = A_c cosw_c t - A_c k_p s(t) sinw_c t$$

1.4.4 광대역 FM (Wide Band FM: WBFM)

FM의 비례상수 k_f가 충분히 작지 않아, NBFM와 같이 위상각 변화가 작다는 가정으로 근사화가 불가능 할 때를 광대역 FM이라한다.

$$x_{FM}(t) = A_c cos\,(w_c t + k_f \int s\,(t)\,dt\,) \tag{1.48}$$

s(t)가 알려진 함수라면, FM 파형에 대한 푸리에 변환이 가능하며, 푸리에변환에 대한 정적분은 수치해석법을 이용하여 계산 가능하다(특정 s(t)에 대해서만 가능).

일반적인 s(t)에 대한 FM파형의 푸리에 변환을 구하는 것은 정보신호와 변조파 간의 비선형 관계로 인하여 불가능하다.

$$s\,(t) = A_m cos 2\pi f_m t \tag{1.49}$$

FM파의 순시 주파수

$$f_i\,(t) = f_c + A_m k_f cos\,2\pi f_m t \tag{1.50}$$

FM파,

$$\begin{aligned} x_{FM}(t) &= A_c cos\,(2\pi f_c t + \frac{A_m \cdot k_f}{f_m} \sin 2\pi f_m t\,) \\ &= A_c cos\,(2\pi f_c t + \beta sin 2\pi f_m t\,) \\ &\therefore \beta = \frac{A_m \cdot k_f}{f_m} \end{aligned} \tag{1.51}$$

삼각함수의 법칙을 이용하여 반송파로부터 정보신호 분리하면,

$$x_{FM}(t) = A_c cos 2\pi f_c t\; cos\,(\beta sin 2\pi f_m t\,) - A_c sin 2\pi f_c t\, sin\,(\beta sin 2\pi f_m t\,) \tag{1.52}$$

되고, 계산이 매우 복잡해진다.

지수함수의 형태로 전개

$$x_{FM}(t) = Re\ \{ A_c\, e^{j(2\pi f_c t\ +\ \beta sin 2\pi f_m t)} \} \tag{1.53}$$

식(1.53)에서 반송파(f_c)성분을 제거하고 정보성분($j\beta sin 2\pi f_m t$)만을 고려하면 주기가 $\dfrac{1}{f_m}$인 복소지수함수 이므로 푸리에 급수로 전개 할 수 있다.

$$e^{j\beta sin 2\pi f_m t} = \sum_{n=-\infty}^{\infty} C_n e^{j2\pi f_m t} \qquad (T = \frac{1}{f_m}) \tag{1.54}$$

식 (1.54)의 푸리에 계수는

$$\begin{aligned} C_n &= \frac{1}{T}\int_{-T/2}^{T/2} e^{j\beta sin f_m t} \cdot e^{-jn 2\pi f_m t}\ dt \qquad (T = \frac{1}{f_m}) \\ &= \frac{1}{2\pi}\int_{-\pi}^{\pi} e^{-j(n 2\pi f_m t\ -\ \beta sin 2\pi f_m t)}\ dt \end{aligned} \tag{1.55}$$

여기서, $x = 2\pi f_m t$ 로 치환해보면,

$$C_n = \frac{1}{2\pi}\int_{-\pi}^{\pi} e^{-j(nx\ -\ \beta sin x)}\ dx \tag{1.56}$$

이 된다.

식(1.56)을 n과 β를 매개변수로 하는 Bessel 함수라 하며, 이러한 적분은 Bessel function of the first kind 라 하고, $J_n(\beta)$로 표시한다.

따라서, 식(1.53)은

$$e^{j\beta sin 2\pi f_m t} = \sum_{n=-\infty}^{\infty} J_n(\beta) e^{jn 2\pi f_m t} \tag{1.57}$$

가 되며, 이를 식 (1.52)에 대입하면

$$x_{FM}(t) = A_c \cdot Re\{ e^{j2\pi f_c t} \sum_{n=-\infty}^{\infty} J_n(\beta)\, e^{jn 2\pi f_m t} \} \tag{1.58}$$

로 표현 할 수 있다.

$$
\begin{aligned}
x_{FM}(t) = Re\{\ A_c e^{j2\pi f_c t} \sum_{n=-\infty}^{\infty} C_n e^{j2\pi n f_m t}\ \} \\
= Re\ \{A_c \sum_{n=-\infty}^{\infty} J_n(\beta) e^{j2\pi(nf_m+f_b)t}\ \} \\
= A_c \sum_{n=-\infty}^{\infty} J_n(\beta) cos2\pi(f_c+nf_m)t \\
= A_c\{J_0(\beta)\, cos2\pi f_c t \\
+ J_1(\beta)\ [cos2\pi(f_c+f_m)t - cos2\pi(f_c-f_m)t\ ] \\
+ J_2(\beta)\ [cos2\pi(f_c+2f_m)t + cos2\pi(f_c-2f_m)t\ ] \\
+ J_3(\beta)\ [cos2\pi(f_c+3f_m)t - cos2\pi(f_c-3f_m)t\ ] \\
+ ....\}
\end{aligned}
\tag{1.59}
$$

1.4.5 FM파의 대역폭과 전력

◉ FM신호의 대역폭

이론적 FM신호는 반송파 주변의 측파대의 수가 무한대 이다.

반송파 주파수 f_c 에서 멀어 질수록 측대파의 진폭 스펙트럼의 진폭이 매우 작아져서 이를 무시 할 수 있으며, 실제로 FM신호에서의 대부분의 전력은 유한한 주파수 대역 (임계값)내에 한정된다.

- NBFM의 경우 필요한 대역폭 = $2f_m$
- Narrow Band 와 Wide Band를 고려한 근사적 대역폭

- Carson의 법칙

$$BW_{FM} = 2(\triangle f + f_m) = 2(\beta+1)f_m \tag{1.60}$$

◉ FM파의 전력

$$x_{FM}(t) = A_c cos\,[\,2\pi f_c t + \beta sin 2\pi f_m t\,]$$

이 신호의 자승 평균 값 (mean square value), P는

$$P = \overline{x_{Fm}^2\,(t)} = (\frac{A_c}{\sqrt{2}})^2 = \frac{A_c^2}{2} \tag{1.61}$$

$x_{FM}(t)$의 진폭이 항상 A_c로 일정하므로, FM신호의 평균전력은 반송파의 평균 전력과 같다.

※ AM파는 전 평균전력이 변조지수에 비례

$$x_{FM}(t) = A_c \sum_{n=-\infty}^{\infty} J_n(\beta) cos\,[2\pi\,(f_c + nf_m)t\,]$$

$$※ \sum_{n=-\infty}^{\infty} J_n^2\,(\beta) = 1$$

$$P = (\frac{A_c}{\sqrt{2}})^2 \cdot \sum_{n=-\infty}^{\infty} J_n^2\,(\beta) = \frac{A_c}{2}$$

※ FM과 AM의 SNR

AM의 변조지수 m=100%일때,

$$(\frac{S}{N})_{FM} = 3\beta^2 \cdot (\frac{S}{N})_{AM}$$

$\Rightarrow\ \beta = \frac{1}{\sqrt{3}} = 0.577$ 일 때　SNR: FM = AM

FM의 변조지수 β를 증가시킴으로 FM신호의 SNR을 AM신호보다 개선할 수 있다.

1.4.6 FM 신호의 복조

FM 복조기	슈퍼헤테로다인 방식의 FM 수신기: FM 수신신호의 순시주파수를 진폭변화로 변화하여 변환하는 포락선 검파기
	Phase Locked Loop: 수신기의 국부발진 주파수를 주파수 변조된 반송파에 정합

$$
\begin{aligned}
x_{FM}(t) &= x_i(t) \\
x_i(t) \cdot x_0(t) &= A_i \cos(w_i t + \theta_i)\, A_o \cos(w_0 t + \theta_o) \\
&= \frac{1}{2} A_i A_o \cos[(w_i + w_o)t + (\theta_i + \theta_o)] \\
&\quad + \frac{1}{2} A_i A_o \cos[(w_i - w_o)t + (\theta_i - \theta_o)]
\end{aligned}
\qquad (6.37)
$$

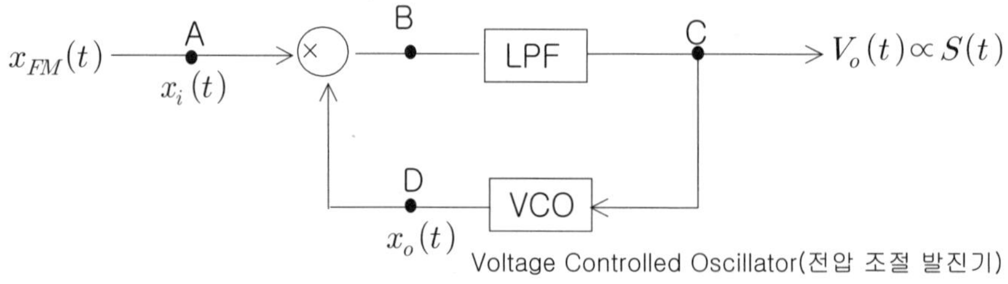

$$A \Rightarrow x_i(t) = A_i \cos[\omega_i t + \theta_i]$$

$$D \Rightarrow x_0(t) = A_0 \cos[\omega_0 t + \theta_0]$$

$$B \Rightarrow x_i(t)x_0(t)$$

$$C \Rightarrow v_0(t) = \frac{1}{2} A_i A_0 \cos[(\omega_i - \omega_0)t + (\theta_i - \theta_0)]$$

$\triangle\omega$ $\triangle\theta$

$\triangle\omega=0$, $\triangle\theta=\pi/2$ 일 때, $v_0(t)=0$, VCO의 주파수(f) 변화 없음

(예제) 수신신호가

$x(t) = 5cos[\ 2\pi \times 10^6 t + 200sin(2\pi \times 500t)\ ]$

와 같이 주어진 경우 $(k_f = 1)$

(1) 수신파형의 대략적인 대역폭

(2) 주어진 파형이 FM파 일 때의 정보신호 s(t)

(3) 주어진 파형이 PM파 일 때의 정보신호 s(t)

→ (1) $w_i(t) = 2\pi \times 10^6 + \frac{d}{dt}[200sin(2\pi \times 500t)]$

$= 2\pi \times 10^6 + 2\pi \times 10^5 cos(2\pi \times 500t)$

$f_i(t) = 10^6 + 10^5 cos(2\pi \times 500t)$

$cos(2\pi \times 500t)$ $at\ maximum\ frequency$ $f_m = 500[Hz\}$

$\triangle f$ $10^5 cos(2\pi \times 500t)$, $t = 0$,

$\triangle f = 10^5 [Hz]$

$\beta = \frac{\triangle f}{f_m} = \frac{10^5}{500} = 200$

$BW = 2(\triangle f + f_m) = 2(10^5 + 500) = 201 kHz$

$2(200+1) \cdot 500 = 201,000\ Hz$

(2) $FM\ \ wave$ $(\ w_{FM}(t) = w_c + k_f s(t)\ )$

$f_i(t) = f_c + k_f s(t)$

$= 10^6 + 10^5 cos(2\pi \times 500t)$

$k_f = 1$

$s(t) = 10^5 cos(2\pi \times 500t)$

(3) $PM wave$ $(\theta_{PM}(t) = w_c t + k_p s(t))$

$\theta(t) = 2\pi f_c t + k_p s(t)$

$= 2\pi \times 10^6 t + 200sin(2\pi \times 500t)$

$k_p = 1$

$s(t) = 200sin(2\pi \times 500t)$

1.5 통신 방식

1.5.1 무선접속방식

① 주파수 분할 다중접속 방식(FDMA, Frequency Division Multiple Access)

- 사업자에게 할당된 주파수를 통신에 필요한 최소한의 주파수 대역으로 적용
- 가입자에게 상이한 주파수 대역폭을 할당하여 한 개의 광대역 전송로에 전송

② 시분할 다중접속 방식(TDMA, Time Division Multiple Access)

- 정해진 주파수 대역을 주기적으로 일정한 시간간격으로 나누어 각 사용자가 차례 대로 자기에게 할당된 기간동안 자기신호를 전송하는 방식
- 각 채널로 부터 정보를 샘플하고 채널사이의 시간에 시차를 두어 하나의 통신 시스템으로 전송하는 시분할 다중화 방식 사용

③ 코드분할 다중접속 방식(CDMA, Code Division Multiple Access)

- 스펙트럼 확산방식을 이용한 것으로 동일한 주파수 대역내에서 각 가입자 채널을 상호간에 서로 상관관계가 낮은(직교성) 부호를 부여하여 신호를 변조
- 수신측에서는 송신측에서 사용한 동일한 부호(Walsh Code)를 사용하여 신호를 복원하는 방식

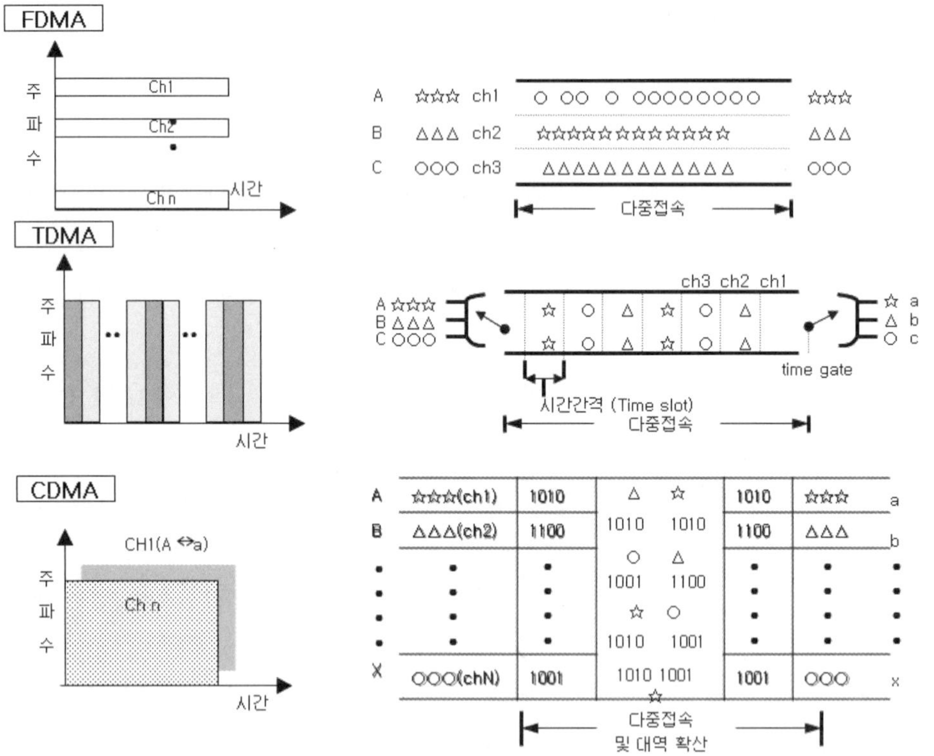

[그림 1.9] 무선접속방식 비교

1.5.2 동기식과 비동기식(forward link and reverse link)의 비교

① 동기식(CDMA2000)

- 동일한 주파수에 1개의 파일롯(pilot) 채널, 1개의 동기(sync) 채널, 1~7개의 호출(paging) 채널, 다수의 통화(traffic) 채널로서 전체 64개의 채널로 구성
- 같은 주파수 안에서의 다수의 채널 구분은 Walsh code에 의해 구분 (cdma2000, 1.2Mbps short PN code, QPSK)
- 통화의 유무에 관계없이 파일롯, 동기, 호출 채널을 항시 송신하

는 동기 구조 특성상 이동국이 항시 기지국과 동기를 유지 (GPS 신호를 사용(시간, 위치))

② 비동기식(W-CDMA)

- Access 채널, Traffic 채널 두 채널로 구성
- 순방향과는 달리 두 채널이 항시 공존하는 것이 아니라, 기능 및 필요에 따라 하나의 회로가 필요시에만 억세스 채널 또는 통화 채널로 동작(W-cdma, long PN code, QPSK)
- 필요시에만 억세스 채널이나 통화 채널을 송신하는 구조 이므로, 각 채널이 송신을 시작하는 매 순간마다, 기지국에서 초기 동기화가 이루어져야 한다.

◎ 통화연결 절차로 보는 동기식의 이해

위치등록(location registration) : 전원이 켜 있는 상태에서는 사용자가 아무런 조치를 하지 않더라도 이동 단말기가 자기 스스로 자기가 현재 위치하고 있는 이동전화교환국에 일정한 주기마다 위치를 보고한다. 보고를 받은 이동전화교환국은 이동단말기가 가입되어 있는 이동전화교환국으로 위치 정보를 통보하여 주는 기능이다.

(예) : 010-000-1234(대구 가입)→제주도 여행→제주도에서 전원 on → 자동으로 인접한 기지국으로 위치정보 보고→ 제주도 총괄 이동전화교환국으로 보고 → 단말기가 속해 있는 대구 교환국으로 보고

※ 누군가가 1234번에 전화를 걸 경우, 모든 호출 신호는 대구 교환국으로 보내지고, 1234번이 제주도에 있는 것으로 위치 등록 되어 있으므로, 제주도 교환국으로 호출신호를 넘겨준다.

제2장

전자기학과 파동

제2장 전자기학과 파동

2.1 전자기학의 의미

고전 물리학에 속한 두 가지 중요한 분야가 역학과 전자기학이다. 이공계열 학생이라면 대학에 들어와 물리학을 배울 때 1학기에는 역학을 위주로 그리고 2학기에는 전자기학을 위주로 공부하였을 것이다. 18세기에 시작하여 근 백 오십 여년에 걸쳐서 완성된 학문이 전자기학이다.

위에서 물리학이라고 하지 않고 구태여 고전 물리학이라고 말한 데는 이유가 있다. 물리학은 고전 물리학과 현대 물리학으로 나뉘기 때문이다. 그런데 고전 물리학과 현대 물리학이라는 이름이 예전 물리학과 오늘날 물리학이라는 일반적 의미에서 그렇게 불리는 것이 아니라 물리에서 특별히 정의된 의미를 갖는다.

고전 물리학에서 '고전'의 뜻은 고전 음악이라고 할 때의 고전과 같다고 생각하면 된다. 고전 음악은 시대를 가리지 않고 사람들에게 감명을 주는 음악을 가리킨다. 마찬가지로 고전 물리학에서 '고전'은 변하지 않는 진리를 담고 있는 물리학이라는 의미를 나타낸다고 해석하여도 좋다. 그와 함께 고전 물리학은, 20세기에 들어오면서 새로 출현한 물리학의 두 분야인 상대론과 양자론을 특별히 현대 물리학이라고 부르면서, 그 이전까지 구축된 물리학을 총칭하여 부르는 물리학이라고 생각하여도 좋다.

역학과 전자기학은 고전 물리학을 구성하는 두 가지 중요한 분야이지만 이들 사이에는 차이점도 있다. 이들 두 분야를 공부할 때는 그 차이점도 정확히 인식하는 것이 좋다. 역학은 물체의 운동을 결정하는 운동 법칙을 다룬다. 그래서 역학에 나오는 중요한 법칙은 뉴턴의 운동 법칙이라고 불리는 F=ma 단 하나라고 말하여도 과언이 아니다. 다시 말하면, 역학은 물체에 작용하는 힘이 어떻게 물체의 운동을 결정하는지에 대해 공부한다. 역학에서는 F=ma에 나오는 힘이 어떤 이유 때문에 작용되는지에 대해서는 상관하지 않는다. 그런데 전자기학에서는 전기력 자체를 다루게 된다. 전기력을 받는 물체는 어떻게 움직이는가가 구하는 목표라면 그것은 역학의 문제인 것이다. 전자기학에서는 전기력이라는 상호작용 자체가 관심의 대상이며 처음부터 끝까지 전기력을 다루는 분야가 전자기학이다.

역학과 전자기학의 또 다른 차이점으로 역학은 뉴턴 한사람에 의해 제안되고 완성되었지만 전자기학이 구축되는 데는 많은 사람들이 기여하였다는 것을 들 수 있다. 역학을 우리는 흔히 뉴턴 역학이라고도 부른다. 그리고 역학에도 많은 법칙이나 정리 등이 나오지만 재미있게도 사람의 이름이 붙은 법칙에는 뉴턴의 운동 법칙 밖에는 없다. 그 이유는 역학에 나오는 다른 법칙들은 모두 뉴턴의 운동 법칙으로부터 나온 것이기 때문이다.

그런데 전자기학을 배우기 시작하면 바로 사람 이름이 붙은 법칙들이 계속하여 나온다. 쿨롱의 법칙에서 시작하여 가우스 법칙, 옴의 법칙, 암페어 법칙, 비오-사바르 법칙, 키르히호프 법칙, 패러데이 법칙 등 헤아릴 수가 없을 정도로 많다. 이들이 모두 전자기학이 발전하는데 기여한 사람들의 이름을 따서 법칙을 명명한 것이기 때문이다. 그래서 전자기학을 공부할 때는 사람 이름이 붙은 법칙을 순서에 따라 잘 이해하면 전자기학을 제대로 공부하였다고 할 수도 있다.

전자기학은 전기력이라는 상호작용 자체를 다루는 분야라고 한다. 쿨롱이 처음으로 전기력의 본성이 어떤지를 실험으로 알아내게 되었다. 여러분이 이미 잘 알고 있는 것처럼, 쿨롱의 법칙은 두 점전하 사이에 작용하는 전기력은 두 전하의 곱에 비례하고 두 전하 사이의 거리의 제곱에 반비례한다고 말한다. 이것은 두 질량 사이에 작용하는 만유인력과 매우 유사하니다. 뉴턴의 만유인력 법칙에 의하면 두 질점 사이의 만유인력은 두 질점의 질량의 곱에 비례하고 두 질점 사이의 거리의 제곱에 반비례한다. 그런데 뉴턴은 만유인력 법칙을 그 이전에 발표된 케플러의 행성 운동에 관한 법칙에서 추론하였지만 쿨롱은 쿨롱의 법칙을 직접 실험에 의하여 밝혀내었다.

역학의 경우에는 뉴턴의 운동 법칙으로 역학이 시작하고 완성되었지만,

전자기학의 경우에는 쿨롱의 법칙은 단지 전자기학의 시작을 알려주었을 뿐이다. 그런데 쿨롱의 법칙은 아주 간단한 두 점전하 사이에 작용하는 전기력에 관한 법칙이다. 그렇지만 전기력은 소위 중첩의 원리를 만족하기 때문에 쿨롱의 법칙만 있으면 어떤 모양의 전하들 사이에 작용하는 전기력이든지 모두 알아낼 수 있다. 그러므로 쿨롱의 법칙과 중첩의 원리만 가지고도 원칙적으로는 전기력에 관한 문제를 모두 해결할 수 있는 것이나 마찬가지이다. 전하가 아무리 복잡하게 분포되었더라도 그들 사이의 전기력을 쿨롱의 법칙과 중첩의 원리만으로 구할 수 있기 때문이다.

그런데 복잡한 전하분포에서는 쿨롱의 법칙으로 문제를 모두 해결하는 것이 보통 어려운 일이 아니다. 그리고 그렇게 어려운 경우에 부딪치면 물리학자들은 항상 새로운 물리량을 도입하여 문제를 간단히 해결하는 방도를 찾아내고는 한다. 그래서 전가지학에서는 서로 다른 사람들의 이름을 딴 많은 법칙들이 나올 뿐 아니라 전기력을 효과적으로 기술하기 위한 많은 물리량들이 나오게 된다. 그러므로 비록 전자기학에서 나오는 내용이 매우 복잡하게 여겨질지라도 다루는 물리량이 왜 도입되었는지를 체계적으로 이해한다면 전자기학을 효과적으로 공부하는데 큰 도움이 될 것이다.

2.2 맥스웰 방정식의 의미

자석들 사이에 밀고 당기는 자기현상은 본래 전기와 아무 관계가 없었다. 허공을 가르며 철을 들어 올리는 자석이 겨울철에 찌릿찌릿 기분 나쁘게 만드는 정전기와 도대체 무슨 관계란 말인가? 나중에 이들 사이의 관계가 드러나기 시작했을 때에도 빛이 끼어들 줄은 몰랐다. 우리 삶의 원천인 태양에서 나와 세상을 환하게 밝혀주는 빛은 전기나 자기와 너무나도 달라 보였다.

◎ 맥스웰, 전기와 자기 그리고 빛의 삼각관계를 밝혀내다

하지만 맥스웰(James Clerk Maxwell, 1831~1879)이 이들의 삼각관계를

낱낱이 밝혀내었다. 맥스웰의 전자기 이론에 의하면 전기와 자기는 본질적으로 같은 것이며 이들이 만들어내는 장의 출렁임, 즉 전자기파가 바로 우리가 '빛'이라고 부르는 것이다. 이 모든 것은 맥스웰 방정식에 완벽하게 정리되어 있다. 물리학자들은 농담으로 만약 신이 세상을 창조했다면 태초에 "빛이 있으라!"라는 말 대신에 이 맥스웰 방정식을 주문으로 외웠을 것이라고 얘기하곤 한다.

서로 다른 두 현상의 본질을 찾아 이들을 하나로 통일하는 것은 물리학자들의 꿈이다. 통일된 이론에서는 그 동안 몰랐던 새로운 사실을 예측할 수 있고, 이를 검증함으로써 그 이론은 탄탄한 반석 위에 서게 된다. 전기와 자기의 통합 및 전자기파의 예측은 이러한 꿈이 실현된 예이다. 이 때문에 맥스웰은 뉴턴 이후 아인슈타인 이전의 시기에서 가장 위대한 물리학자라는 평가를 받는다. 맥스웰은 아인슈타인의 우상이기도 했다. 아인슈타인은 연구실에 맥스웰의 초상화를 걸어놓고 그의 업적을 칭송했다고 한다. 재미있는 것은 맥스웰이 죽은 1879년에 아인슈타인이 태어났다는 사실이다. 이와 비슷한 우연히 하나 더 있는데 갈릴레이가 죽은 1642년에 뉴턴이 태어났다.

[그림 2.1] J.C.맥스웰

◎ 우아한 대칭성을 가진 위대한 맥스웰 방정식

이제 맥스웰 방정식에 대해 알아보기로 하자. 여기서는 이 방정식을 유도하거나 깊은 의미를 설명하려는 것이 아니다. 그러려면 이런 글이 적어도 열 개는 필요할 것이고 그나마도 어려운 개념과 수식으로 점철될 수밖에 없다. 그래서 여기서는 '명화감상'의 방식을 빌어 소개하려고 한다. 전문가 수준에서 다 이해하진 못해도 피카소의 그림을 누구나 감상할 수 있는 것처럼 말이다. 맥스웰 방정식은 여러 형태로 쓸 수 있는데 가장 널리 알려진 형태는 다음과 같다.

$$\nabla \cdot \mathrm{E} = \frac{\rho}{\varepsilon_0}$$
$$\nabla \cdot \mathrm{B} = 0$$
$$\nabla \times \mathrm{E} = -\frac{\partial \mathrm{B}}{\partial t}$$
$$\nabla \times \mathrm{B} = \mu_0 \mathrm{J} + \mu_0 \varepsilon_0 \frac{\partial \mathrm{E}}{\partial t}$$

[그림 2.2] 우아한 대칭성을 가진 위대한 맥스웰 방정식

우선 첫인상. 이게 웬 암호냐면서 스크롤을 내리고 싶은 독자들이 많겠지만 물리학자들은 이 방정식에서 아름다움을 느낀다. 지극히 간단하고도 우아하며 심오한 대칭성과 수학적 아름다움을 가지고 있는 이 식은 필연적인 결과로서 빛, 즉 전자기파가 존재해야 하며 그 속도가 299,792,458m/s 라는 것을 말해준다. 참고로 지난 2004년 물리학자 120명을 대상으로 한 어떤 설문조사에서 인류 역사상 가장 위대한 식으로 맥스웰 방정식이 1위를 차지한 바 있다.

[그림 2.3] 완벽한 대칭적인 형태의 눈 결정

이제 조금 자세히 방정식을 살펴보자. (다시 강조하지만 여기서 하는 설명은 '이해'를 위한 것이 아니다. 명화감상 수준에서 고개를 끄덕이며 느낌을 가지는 정도면 충분하다.) 식에서 **E**는 전기장, **B**는 자기장을 나타낸다. 저번 글 '장의 의미'에서 전기장이 각 점마다 화살표가 하나씩 있는 것이라고 했었는데 E가 바로 그 화살표(이런 것을 벡터라고 한다)의 크기와 방향을 나타내는 수학 기호이다. ρ는 전하밀도, J는 전류밀도라고 부르는데 각각 공간에서 전하와 전류가 어떻게 분포하고 있는지를 나타낸다. ε_0와 μ_0는 진공의 성질을 나타내는 상수로서 각각

$$\varepsilon_0 = 8.854 \times 10^{-12} C^2/Nm^2 \quad \mu_0 = 4\pi \times 10^{-7} N/A^2$$

이다. 역삼각형(∇)은 벡터 미분을 나타내는 수학 기호이다. 점(·)이나 가위표(x)는 우리가 보통 알고 있는 곱셈이 아니라 훨씬 복잡하다. (초중고생들은 좌절 금지. 대학 수학 시간에 배운다.) 대강 말하여 $\nabla \cdot E$는 전기장 화살표가 바깥방향으로 향하는 경향, $\nabla \times E$ 는 소용돌이를 치고 있는 정도를 나타낸다. 그리고 $\partial E / \partial t$는 시간이 흘러갈 때 전기장 화살표가 얼마나 빨리 변하는지를 나타낸다. 방정식의 양변에 E와 B가 섞여서 나타나므로 전기장과 자기장이 서로를 변화시킨다는 것을 알 수 있다. 이제 각 방정식에 대해 살펴보자.

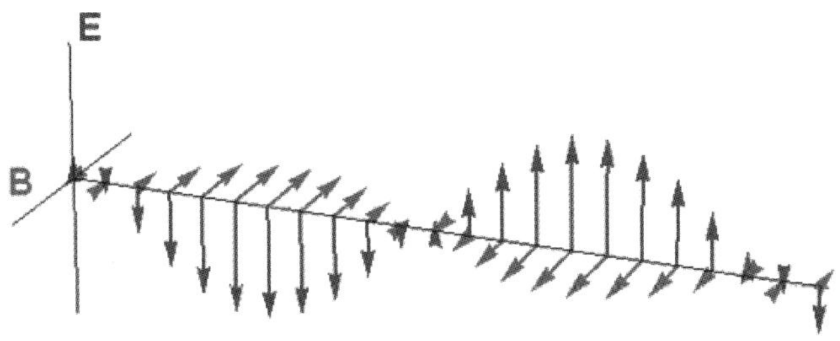

[그림 2.4] 전기장과 자기장의 수직 방향으로 빛이 나간다.

◎ 첫 번째 맥스웰 방정식 : 쿨롱의 법칙을 일반화 한 가우스 법칙

첫 번째 방정식은 가우스의 법칙이라고 부르는데 중고등학교 때 배우는 쿨롱의 법칙을 일반화한 것이다. 이것을 말로 해석하면 '전기장 화살표가 바깥방향으로 향하는 정도는 전하밀도에 비례한다'는 것이 되겠다. 이것의 간단한 예가 저번 글 '장의 의미'에서 보여준 전기장 화살표 그림이다. 그림에서 양전하의 전기장 화살표는 모두 바깥 방향, 음전하의 경우는 모두 안쪽 방향을 향하고 있음을 확인할 수 있다.

◎ 두 번째 맥스웰 방정식 : 자기 홀극은 존재하지 않는다

두 번째 방정식은 우리가 초등학교 때부터 잘 아는 'N극이나 S극 하나만 있는 자석(이것을 자기홀극이라 부른다)은 없다'는 사실을 나타낸다. 전기의 경우에는 양전하 혹은 음전하만 따로 있을 수 있기 때문에 첫 번째 방정식의 우변이 0이 아니지만 자석의 경우에는 자기홀극이 없어서 우변이 0인 것이다. (자기홀극에 대해서는 재미있는 얘기가 많이 있는데 나중에 자세히 다룰 기회가 있을 것이다.)

◎ 세 번째 맥스웰 방정식 : 전기를 만들어내는 패러데이의 법칙

세 번째 방정식은 패러데이의 법칙이라고 부르는데 현대 과학문명의 형성에 매우 중요한 방정식이다. 왜냐면 바로 이 방정식에 의하여 인류가 발전소에서 전기를 생산할 수 있기 때문이다. 이에 의하면 자기장이 시간에 따라 변화할 경우($\partial B / \partial t \neq 0$) 우변이 0이 아니므로 좌변에 있는 전기장도 0이 될 수 없다. 따라서 자석을 마구 흔들어서 자기장을 변화시키면 전기장이 생겨나고 이를 통해 도선에 전기가 흐르도록 할 수 있다. 발전소는 근본적으로 모두 이 원리를 이용하여 전기를 만든다. 무엇으로 자기장을 변화시키느냐에 따라 수력, 화력, 원자력 등등으로 발전소의 종류가 구분될 뿐이다.

[그림 2.5] 자석은 항상 **N**극과 **S**극이 쌍을 이루고 있다(왼쪽).
맥스웰-패러데이 법칙에 따라 전기를 생산하는 발전소의 터빈(오른쪽).

◎ 네 번째 맥스웰 방정식 : 맥스웰이 수정한 앙페르의 법칙

네 번째 방정식에서 우변에 첫 번째 항만 있으면 앙페르의 법칙이라고 부른다. 초등학교 때 전류가 흐르는 도선 주위에는 자기장이 생겨서 나침반의 방향이 돌아간다는 것을 배우는데 그것을 일반적인 수식으로 쓴 것이라고 받아들이면 되겠다. 네 번째 방정식의 마지막 항은 맥스웰이 덧붙인 것인데 당시 실험으로는 이 항이 있어야 할 이유가 없었다. 하지만 맥스웰은 순전히 이론적인 이유 때문에 이 항이 있어야 한다고 예측을 했고 그 예측이 옳았다. 이로써 모든 방정식이 완성되었다.

맥스웰은 이 네 개의 방정식을 이용해 속도가 $1/\sqrt{\epsilon_0\mu_0}$ 인 파동이 있어야만 한다는 것도 증명하였다. 이 파동이 바로 전자기파이며 앞의 글 '장의 의미'에서 설명했던 장의 출렁임이다. 여러분들도 ϵ_0와 μ_0의 값을 넣어 계산기로 $1/\sqrt{\epsilon_0\mu_0}$ 를 계산해보면 정확히 빛의 속도가 나오는 것을 확인해볼 수 있을 것이다.

전자기파 중에서 특별히 1초에 400조 ~ 790조 번 진동하는 전자기파가 우리 눈에 들어오면 눈에 있는 시신경을 자극하고 시신경은 우리 뇌에 신호를 전달한다. 눈에 '빛'이 들어왔다고. 이로써 인류는 드디어 빛의 정체를 파악하게 되었다.

◎ 빛은 특정한 진동을 가진 전자기 파동의 일부

1초에 400조 ~ 790조 번 진동하는 빛이 시신경을 자극하는 방식은 모두 다르다. 그리고 그에 따라 우리 뇌는 '색깔'이 다르다고 인식한다. 400조 번 정도 진동하는 빨간색부터 무지개색의 순서대로 색깔이 바뀌어 790조 번 정도 진동하면 보라색이 된다. 이로써 인류는 색깔의 정체도 알게 되었고 무지개 색의 신비도 이해할 수 있게 되었다.

이 이외의 전자기파는 아무리 눈에 들어와도 시신경이 인식하지 못한다. 하지만 사람이 눈으로 못 본다고 없는 것이 아니다. 1초에 3천억 ~ 400조 번 진동하는 전자기파는 빨간색 밖의 빛이라 하여 적외선이라 부른다.

사람 몸에서도 적외선이 나오는데 이를 이용하여 밤에도 볼 수 있는 적외선 카메라를 만든다. 이보다 더 적게 진동하는 전자기파는 흔히 전파, 전자파 등으로 부른다. 전자레인지, 휴대전화, TV나 라디오 등 우리가 일상에서 이용하는 모든 전자제품은 이 영역의 전자기파를 이용하는 것이다. 예를 들어 FM라디오는 초당 1억 번(100MHz) 정도, 휴대전화는 초당 8억 ~ 18억 번(0.8 ~ 1.8GHz) 정도 진동하는 전파를 이용한다.

보라색보다 빨리 진동하는 전자기파는 자외선이라 부른다. 피부에 좋지 않아 악명이 높은 빛이기도 하다. 이보다 더 높은 주파수는 X선(병원에서 이용하는 그 X선이다!), 감마선 등으로 부르며 위험한 방사선으로 특별히 관리한다. 이렇게 전파에서 감마선까지 모든 전자기파는 주파수만 다를 뿐 본질적으로는 가시광선과 같은 것이다. 다만 용도에 따라 이름을 다르게 부르고 있을 뿐이다.

◎ 맥스웰 방정식은 고전 물리학의 완성, 그 후 물리학에는 혁명이 일어난다

이로써 "빛의 정체는 전자기파라는 파동임이 맥스웰 방정식으로 완전히 드러났다"라고 19세기 말 사람들은 생각했다. 이제 세상의 이치는 다 밝혀졌고 물리학에는 더 이상 아무 것도 새롭게 연구할 것이 남아있지 않았다. 플랑크(Max Planck, 1858~1947)가 물리학을 하겠다고 지도교수를 찾아갔을 때 "물리에는 연구할 게 없으니 다른 것을 하라"며 말릴 정도였으니 더 말할 나위가 없다.

물리학에는 사소한 몇 가지 문제가 남아 있을 뿐이었다. 빛은 파동임이 밝혀졌으므로 예전 글 '진동과 파동'에서 설명했듯이 매질이 있어야만 하고 그것을 실험으로 찾기만 하면 되었다. 그밖에 흑체복사라는 것이 좀 이상하긴 했지만 곧 해결 될 것으로 생각했다.

그리고 아무도 모르게 물리학 혁명이 조용히 준비되고 있었다. 당대의 모든 지식인을 충격과 공포로 몰아넣은 이 혁명은 주위의 만류에도 불구하고 소신을 굽히지 않고 꿋꿋이 물리학자가 된 플랑크에 의해 시작되었다. 19세기가 끝나는 1900년 12월에 플랑크 본인조차도 자기가 무슨 일을 했는지 모른 채 혁명이 시작되었다. 이 혁명은 30년 동안 지속되었고 모든 것이 뒤집혔다.

2.3 전자기파 발견

현대 문명에서 전자기파가 얼마나 중요한 역할을 하는지는 새삼 설명할 필요가 없을 것이다. 우리의 일상생활이 전자기파와 밀접한 관계를 가지고 있다는 것을 누구나 경험을 통해 잘 알고 있기 때문이다. 그러나 전자기파가 발견된 것은 그리 오래 전의 일이 아니다. 도선 속을 흐르는 전류가 주변에 자기장을 만드는 것을 본 패러데이(Michael Faraday, 1791-1867)는 어떤 전기 작용이 도선 밖으로 나오고 있다고 생각했다. 맥스웰(James Clerk Maxwell, 1831-1879)은 전자기학의 기초가 되는 맥스웰 방정식으로부터 수학적으로 전자기파의 파동 방정식을 유도하고 빛의 속도로 전파되고 있는 전자기파가 있을 것이라고 예측했다.

◎ 전자기파, 발견되기 전에 이론으로 예측된 것

그러나, 실험을 통해 전자기파를 발생시키고 그것을 안테나를 이용하여 수신하는데 성공한 사람은 독일의 하인리히 헤르츠(Heinrich Rudolf Hertz, 1857-1894)였다. 헤르츠는 1857년 독일의 함부르크에서 태어났다. 어려서부터 과학에 많은 관심을 보였던 헤르츠는 드레스덴, 뮌헨, 베를린에서 키르히호프(Gustav R. Kirchhoff), 헬름홀츠(Hermann von Helmholtz) 등의 지도를 받으며 과학을 공부했다. 1880년에 베를린 대학에서 박사학위를 받은 헤르츠는 헬름홀츠 아래서 박사후 연구원으로 있다가 1883년에 킬(Kiel) 대학의 이론물리학 강사가 되었고, 1885년에는 전자기파를 발견한 실험을 한 카를스루에(칼스루헤, Karlsruhe) 대학의 교수가 되었다.

◎ 헤르츠, 전자기파를 발견하다

전자기파를 발생시키고 그것을 수신하는 최초의 성공적인 실험은 1886년에 이루어졌다. 그는 고전압의 유도코일과 축전기(라이덴병), 그리고 좁은 간격을 두고 떨어져 있는 지름 2cm의 금속구로 만들어진 회로에 빠르게 진동하는 전류가 흐르도록 했다. 진동수는 축전기의 용량과 유도코일의 인덕턴스를 이용하여 조정했다. 이것이 전자기파의 발생장치였다. 실제로 전자기파가 존재한다는 것을 증명하기 위해서는 이 발생 장치에서 발생된 전자기파를 수신해야 했다.

[그림 2.6] 카를스루에 공과대학의 헤르츠 기념관.

"이 곳에서 헤르츠가 **1885~1889**년에 전자기파를 발견하였다"라고 써 있다.

헤르츠는 1mm 두께의 구리선을 구부려 지름 7.5cm의 원을 만든 다음 한 쪽 끝에는 작은 구리 합금으로 만든 금속구를, 그리고 다른 쪽 끝에는 바늘을 매달아 금속구 가까이 놓고 나사를 이용해 바늘을 금속구에 아주 가까이 접근시킬 수 있도록 했다. 이 수신장치는 전자기파 발생장치의 진동수와 같은 진동수를 가지도록 설계되었다. 전자기파에 의해 수신장치에 유도된 전류는 수백분의 1mm에 불과한 금속구와 바늘 사이에서 방전되어 전기 스파크를 일으키도록 했다. 이 장치를 이용하여 헤르츠는 전자기파를 발생시키고 그것을 수신 안테나를 이용하여 수신할 수 있었다. 맥스웰이 그 존재를 예측한 전자기파가 실제로 발견된 것이다. 헤르츠는 그의 연구 결과를 [전기파: 전기 작용이 유한한 속도로 전파되는 것에 대한 연구]라는 제목의 논문으로 발표했다.

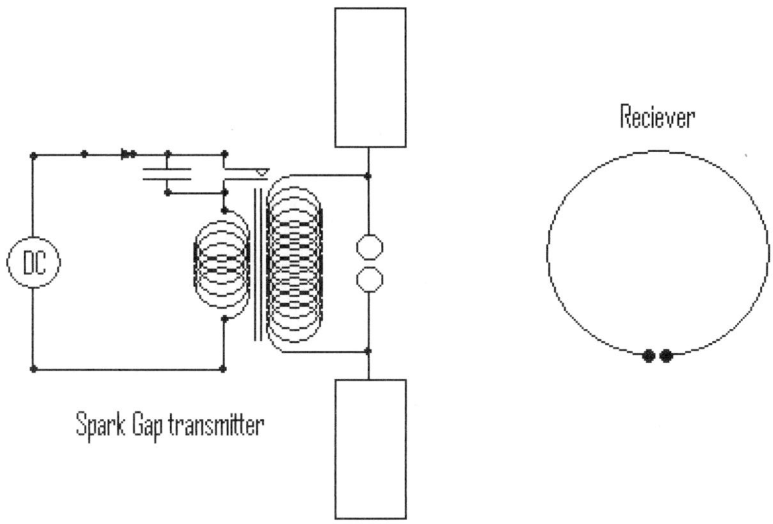

[그림 2.7] 헤르츠의 전자기파 실험장치.

◎ 이후의 물리학에 큰 영향을 준 헤르츠의 실험

헤르츠는 전자기파를 이용하여 많은 실험을 했다. 전자기파가 횡파라는 것을 확인했으며, 속도를 측정하여 빛의 속도와 같은 속도로 전파된다는 것을 확인하여 빛이 전자기파의 일종이라는 맥스웰의 주장을 증명했다. 1887년과 1888년에 헤르츠는 전파가 여러 가지 매질을 통해 전파되는 것을 실험했고, 매질의 경계에서 반사되는 것을 실험하여 미래의 레이더 기술에 응용될 사실들을 밝혀내기도 했다.

전자기파를 이용하여 실험을 하는 과정에서 헤르츠는 후에 양자 역학의 발전과정에 중요한 역할을 하게 되는 광전효과 실험을 하기도 했다. 금속구와 바늘 사이에서 방전이 일어날 때 금속구에 자외선을 쪼이면 전자가 더 잘 방출된다는 것을 알게 되었다. 전자기파가 금속에서 전자를 방출시키는데 중요한 역할을 한다는 것을 알게 된 것이다. 1887년에 그는 전자기파를 이용하여 광전자를 발생시키는 다양한 실험을 하고 그 결과를 <물리학 연대기Annalen der Physik>에 발표했다. 그러나 헤르츠는 광전자의 발생과 관련된 현상을 설명하지는 못했다. 1905년 아인슈타인은 광전효과를 설명하는 논문을 발표했다. 1921년 아인슈타인이 노벨 물리학상을 수상한 것은 이 논문 때문이었다.

◎ 전자기파의 중요성을 깨닫기 전에 죽은 헤르츠

[그림 2.8] 헤르츠의 이름을 딴 하인리히헤르츠탑(Heinrich-Hertz-Turm). 헤르츠의 고향, 함부르크의 상징물이다. 전파 송신에 쓰인다.

헤르츠의 전자기파 발견은 인류의 생활방식을 바꾸어 놓을 역사적인 발견이었다. 그러나 헤르츠는 자신이 발견한 전자기파의 중요성을 알아차리지 못했다. 자신이 발견한 전자기파의 중요성에 대한 질문을 받은 헤르츠는 "…. 이것은 맥스웰이 옳았다는 것을 증명해 주는 실험입니다. 우리는 이 실험을 통해 눈으로 볼 수 없는 신비한 전자기파가 존재한다는 것을 알게 되었습니다. 그러나 전자기파의 발견이 별로 중요한 발견은 아닙니다." 라고 대답했다고 전해진다. 헤르츠는 자신이 발견한 전자기파가 무선 통신에 사용되는 것을 보지 못한 채 1894년 베게너육아종증이라는 병에 걸려 36세의 나이로 독일의 본에서 사망했다.

1930년에 열렸던 국제전자기술위원회(IEC)에서는 헤르츠가 전자기파를 발견한 것을 기념하기 위해 진동수의 단위로 헤르츠(Hz)를 사용하기로 결정했고, 1964년에는 국제도량형총회(CGPM)에 의해 채택되었다. 1Hz는 1초에 한 번 진동하는 진동수를 나타낸다.

헤르츠가 전자기파를 발견한 후 많은 과학자들이 전자기파를 이용하여 무선통신을 할 수 있는 방법을 연구하기 시작했다. 무선 통신의 연구에서 가장 성공을 거둔 사람은 이탈리아의 마르코니(Guglielmo Marconi, 1874-1937) 였다.

1874년 이탈리아에서 태어난 마르코니는 무선전신을 발명한 공로로 1909년에 노벨상을 받았다. 어려서부터 과학과 전기에 관심이 많았던 마르코니는 자신의 집 다락방에 실험 장치를 마련하고 실험을 시작했다. 그의 목표는 전자기파를 이용하여 원거리에서 모스 부호를 주고받아 무선 통신을 가능하게 하는 것이었다. 많은 사람들이 같은 목표를 가지고 연구하고 있었지만 실용적인 장치를 만드는 데는 성공하지 못하고 있었다.

◎ 마르코니, 전자기파를 실용화하다

마르코니는 헤르츠가 사용했던 것과 비슷한 발진(發振)장치와 수신장치를 이용하여 실험했다. 전신기의 자판을 누르면 길고 짧은 전자기파 신호가 발생되도록 했고, 수신장치에서는 수신한 신호의 길이를 이용하여 종이 위에 점과 선을 그려 넣도록 했다. 비슷한 실험을 한 사람들이 이미 있었지만 그들은 수 백 m 이상의 거리에서 신호를 수신하는데는 실패했다. 1895년 여름 마르코니가 전자기파 발생장치와 수신장치의 안테나 길이를 늘이고, 두 안테나를 수직으로 배열한 후 안테나를 땅에 닿도록 설치하자 수신거리가 1.5km까지 늘어났다. 이 실험에 성공한 마르코니는 전자기파가 상업적으로나 군사적으로 중요하게 사용될 수 있을 것이라고 확신했다.

그러나 이탈리아에서 자신에 연구에 대한 재정적 지원을 받지 못하게 되자 21살이던 1896년에 어머니와 함께 영국의 런던으로 가서 영국 우체국으로부터 연구에 대한 재정적 지원을 이끌어내는데 성공했다. 1897년 3월 13

일 마르코니는 최초로 브리스톨 해협에서 바다를 건너 6km 떨어진 두 지점 사이에서 무선 통신에 성공했다. 곧 이 거리는 16km로 늘어났다. 이 실험에 성공한 후 마르코니는 1896년 12월 11일과 1897년 6월 4일에 일반 대중을 위한 무선 통신에 대해 설명하는 강연을 하기도 했다.

무선 통신에 대한 연구가 국제적인 관심을 받게 되자 마르코니는 이탈리아, 프랑스, 영국, 미국에서도 무선 통신 실험을 했다. 1901년 12월 12일에 마르코니는 연에 매단 152.4m의 안테나를 이용하여 캐나다의 뉴펀들랜드와 영국의 콘월 사이에서 처음으로 대서양을 횡단하는 무선 통신을 성공시켰다고 발표했다. 두 지점 사이의 거리는 3,500km였다. 이 실험의 성공 여부에 대한 논란이 있기는 했지만 그의 이런 일련의 실험은 원거리 무선 통신이 가능하다는 것을 증명하기에 충분했다. 그 후 마르코니는 라디오 방송을 위한 많은 실험을 하기도 했다.

[그림 2.9] 전자기파를 응용하는 대표적인 사례, 휴대전화.

◎ 앞으로 더 중요한 역할을 할 전자기파

헤르츠와 마르코니 같은 선구자들의 연구가 있은 후, 전자기파를 이용하는 연구는 눈부시게 발전되었다. 현재 우리는 지구에서 멀리 떨어져 있는 다른 행성에 탐사선을 보내놓고 지구에서 전자기파를 이용하여 탐사선을 조종하고 있다. 태양계 탐사를 마치고 우주 속으로 날아간 보이저 탐사선들은 명왕성 궤도보다 훨씬 더 멀리 날아간 후에도 지구로 전자기파를 이용해 신호를 보내고 있다. 우리가 일상생활을 하는 동안에 항상 사용하는 휴대전화나 TV, 라디오 등은 전자기파를 이용하는 대표적인 기기들이다. 앞으로 전자기파는 우리 생활에서 더욱 중요한 역할을 하게 될 것이다.

2.4 전류와 전기저항

발견되기 이전에 이미 전자기학의 모든 현상을 설명할 수 있는 맥스웰 방정식이 발견되어 있었다. 그러나 전자의 발견으로 전기와 관계된 형상들을 훨씬 더 잘 이해할 수 있게 되었다. 특히 전류와 관련된 여러 가지 현상을 잘 이해할 수 있게 되었다. 전하가 한 곳에서 다른 곳으로 옮겨가는 것을 전류라고 한다. 전류가 흐르기 위해서는 전하를 띠고 있는 입자가 움직여가야 한다. 전하를 띠고 있는 입자에는 전자, 음이온, 양이온이 있다. 이 외에도 전류가 흐르는 데 중요한 역할을 하는 것이 하나 더 있다. 그것은 바로 전자가 있어야 할 자리가 비어 있는 정공이다. 정공은 실제 입자가 아니지만 양전하를 띤 입자와 비슷하게 행동하기 때문에 많은 경우에 양전하를 띤 입자로 취급한다.

전해질에서는 이온이 움직여 전류가 흐른다. 음이온은 (+)극을 향해 이동하고 양이온은 (-)극을 향해 흘러간다. 반도체에서는 전자가 (+)극을 향해 이동하고 정공이 (-)극을 향해 움직이다. 하지만 보통 도선에 전류가 흐를 때는 전자가 흘러간다. 따라서 전류는 전자의 흐름에 의해 발생한다고 해도 크게 틀린 말이 아니다. 전자는 (-)극에서 (+)극을 향해 흘러간다. 다시 말해 전자는 (-)에 있을 때 전기적 위치에너지가 크고 (+)극에서 전기적 위치에너지가 작다. 따라서 위치에너지가 높은 (-)극에서 위치에너지가 낮은 (+)극으로 전자가 흘러가는 것이 전류라고 할 수 있다.

◎ 전자가 흐르는 방향과 전류의 방향

그런데 전기 회로에서 전류가 흐르는 방향은 (+)극에서 (-)극을 향하는 방향이다. 그것은 전자가 발견되기 이전에 전류의 방향을 정했기 때문이다. 전자가 발견된 후 실제로 도선 속을 흐르는 전자는 (-)극에서 (+)극으로 흘러간다는 것을 알게 되었지만 전류의 방향은 그대로 (+)극에서 (-)극으로 흐르는 것으로 두기로 했다.

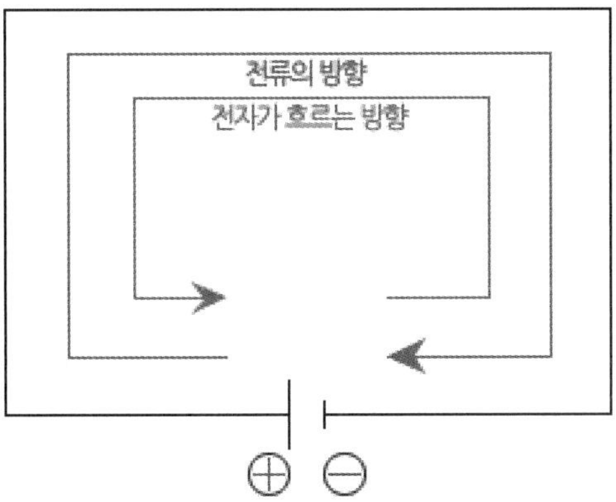

[그림 2.10] 전기 회로에서 전류가 흐르는 방향은 **(+)**극에서 **(-)**극, 전자가 흐르는 방향은 **(-)**극에서 **(+)**극이다.

전자기학의 기초를 이루는 맥스웰 방정식에서 전류의 방향은 전류에 의해 유도되는 자기장의 방향을 결정하기 때문에 매우 중요하다. 따라서 만약 전류의 방향을 반대로 바꾸면 맥스웰 방정식을 모두 다시 고쳐 써야 한다. 그런 번거로운 일을 하는 것보다는 전류의 방향을 (+)극에서 (-)로 흐르는 것으로 하기로 정한 것이다. 전류의 방향을 이렇게 정해서 사용해도 별다른 불편한 일이 생기지 않는다.

◎ 전자의 유동속도(drift velocity)

그렇다면 전자는 도선 속을 얼마나 빠르게 흘러갈까? 서울과 부산 사이에 도선을 연결하고 부산 쪽에 전등을 단 다음 서울에서 스위치를 누르면 부산의 전등이 얼마나 빨리 켜질까? 서울에서 스위치를 넣는 것과 거의 동시에 부산의 전등에 불이 켜진다. 그렇다면 전자가 순식간에 서울에서 부산까지 달려간 것일까? 전자가 도선 속을 흘러가는 속도는 매우 느리다. 전자가 실제로 도선 속에서 흘러가는 속도를 유동속도라고 한다. 가정에서 사용하는 도선 속을 흐르는 전자의 유동속도는 약 0.15mm/s 정도이다. 따라서 전자가 1m를 움직여가는 데는 약 1시간 50분이 걸린다. 전자가 이렇게 느리게 움직이는 것은 전자가 빠르게 가속되지만 아주 짧은 거리를 움직인 후에는 물질을 구성하는 원자핵이나, 불순물, 격자 결함 등과 충돌하여 속도가 느려지기 때문이다.

전자의 유동속도가 이렇게 느린 데도 서울에서 스위치를 누르는 것과 동시에 부산의 전등이 켜지는 것은 무엇 때문일까? 텅 비어 있는 호스로 정원에 물을 주는 경우를 생각해보자. 수도꼭지를 틀고 잠시 기다려야 호스 끝에서 물이 나와 정원에 물을 줄 수 있을 것이다. 그러나 호스에 물이 꽉 차 있다면 어떻게 될까? 수도꼭지를 트는 순간 호스 끝에서 물이 나올 것이다. 이때 호스를 통해 전달된 것은 물이 아니라 압력이다. 도선의 경우에도 마찬가지이다. 도선에는 전자가 가득 차 있다. 따라서 스위치를 넣어 도선 양단에 전위차가 발생하는 순간 도선 전체의 전자들이 움직이게 된다.

우리 가정에서 사용하는 전기는 1초에 60번 전류의 방향이 바뀌는 교류이다. 교류에서는 전자들이 어떻게 움직일까? 직류에서는 (-)극의 전자들이 (+)극으로 흘러간다. 따라서 (-)극에는 전자가 많이 쌓여 있거나 전자가 계속 만들어져야 한다. 전지의 경우에는 (-)극에서는 화학변화를 통해 전자가 공급되고 (+)극에서는 화학변화가 일어나기 위해 전자가 필요하다. 따라서 (+)극과 (-)극을 도선으로 연결하면 (-)극에서 (+)극으로 전자가 흘러가면서 전류가 흐르게 된다.

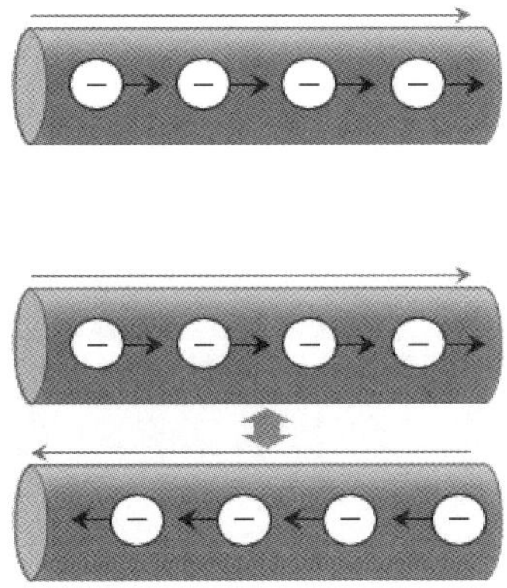

[그림 **2.11**] 전자가 한 방향으로 흐르는 직류와 달리 교류에서 전자는 거의 같은 자리에서 방향을 바꾸며 좌우로 진동하게 된다.

그러나 교류에서는 전자가 거의 같은 자리에서 좌우로 진동하게 된다. 유동 속도가 0.15mm/s밖에 안 되는 전자가 1초에 60번씩 방향을 바꾼다고 생각해 보자. 전자는 불과 0.0025mm의 거리 안에서 좌우로 움직이고 있는 것이다.

◎ 도선을 흐르는 전자의 수

이제 전류가 흘러갈 때 얼마나 많은 전자들이 흘러가는지에 대해 알아보자. 200W짜리 전기기구가 200V 전원에 연결되어 있는 경우 이 회로에는 1A의 전류가 흐른다. 1A의 전류는 1초에 1C의 전하가 도선의 단면적을 지나가는 전류이다. 전자 하나가 가지고 있는 전하량은 1.60x10-19C이다. 따라서 1A의 전류가 흐르기 위해서는 1초 동안에 6.25x1018개의 전자가 지나가야 한다. 우리가 전기 스위치를 켤 때마다 그리고 컴퓨터 자판을 두드릴 때마다 우리가 상상도 할 수 없이 많은 수의 전자들이 움직이면서 일을 한다. 우리가 이렇게 많은 전자를 마음대로 부릴 수 있는 것은 전자의 행동을 이해할 수 있는 양자물리학을 가지고 있기 때문이다.

◎ 도체, 부도체, 반도체

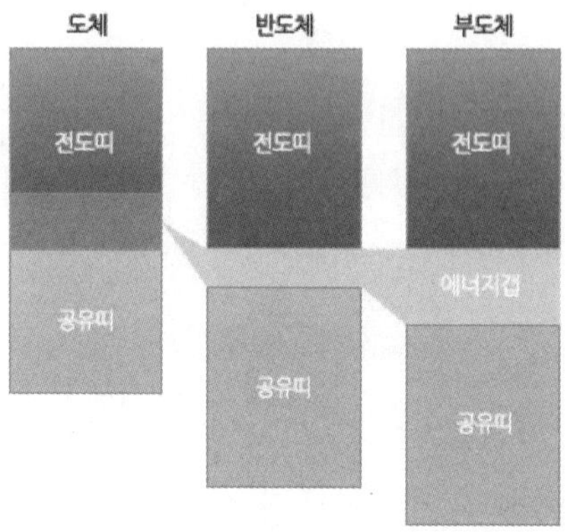

[그림 2.12] 도체, 부도체, 반도체

도체, 부도체, 반도체를 구분하기 위해서는 전자의 에너지 띠구조를 이해해야 한다. 공유띠와 전도띠에 전자들이 어떻게 분포되어 있는가, 전도띠와 공유띠 사이가 얼마나 벌어져 있는가에 따라 물질의 전기적 성질이 달라진다.

전자는 얼마나 도선 속을 잘 흘러갈 수 있을까? 전기가 얼마나 잘 흐르느냐에 따라 모든 물질은 부도체, 도체, 반도체로 나눌 수 있다. 원자들이 이온결합이나 공유결합을 하는 경우에는 자유롭게 움직일 수 있는 전자가 없다. 이런 경우에는 부도체가 된다. 금속결합을 하는 경우에는 원자가 가장 바깥쪽에 있는 전자를 자유전자로 제공하고 양이온이 되어 규칙적으로 배열한다. 자유전자는 규칙적으로 배열된 이온 사이를 움직여 다닐 수 있어 전류가 잘 흐를 수 있다. 따라서 금속결합을 하는 물체는 도체가 된다. 부도체와 도체의 중간 정도의 전기 저항을 갖는 물체를 반도체라고 한다.

그러나 도체와 부도체 그리고 반도체를 더 잘 이해하기 위해서는 전자의 에너지 띠구조를 이해해야 한다. 원자핵 주위를 돌고 있는 전자는 모든 에너지를 가질 수 없고 불연속적으로 주어지는 에너지 준위의 에너지만을 가질 수 있다. 양자 역학의 법칙에 의해 같은 에너지 준위에는 2개의 전자(두 가지 다른 스핀을 가진)만 들어갈 수 있다. 한 에너지 준위에 있는 전자가 다른 에너지 준위로 가기 위해서는 빛을 흡수하거나 방출해야 한다. 그렇다면 원자들이 결합하여 분자나 물질을 이룰 때는 전자들의 에너지 준위가 어떻게 될까?

에너지 준위는 이제 한 원자의 원자핵에 의해서 결정되는 것이 아니라 모든 원자핵들의 영향을 받아서 에너지띠를 만들게 된다. 한 에너지띠 안에는 가능한 에너지 준위가 촘촘히 붙어 있어 아주 작은 에너지로도 다음 에너지 준위로 옮겨갈 수 있다. 그러나 에너지띠 사이에는 전자가 들어갈 수 없는 에너지 갭이 있다. 이런 에너지띠 구조의 맨 위에 있는 에너지띠를 전도띠라고 하고 바로 아래에 있는 띠를 공유띠라고 한다.

물질의 전기적 성질을 결정하는 것은 공유띠와 전도띠에 전자들이 어떻게 분포되어 있는가 하는 것과 전도띠와 공유띠 사이의 간격의 너비이다. 전자들이 전도띠의 일부만을 채우고 있는 경우에는 전자가 쉽게 움직일 수 있어 도체가 된다. 그러나 공유띠가 가득 차 있고 전도띠에는 전자가 거의 없으면 부도체나 반도체가 된다. 공유띠와 전도띠 사이의 간격이 넓어 전자가 건너뛰기 힘들면 부도체가 되고, 이 간격이 작으면 반도체가 된다. 공학에서는 공유띠와 전도띠 사이의 간격이 4.0eV 이상인 경우는 부도체 그 이하인 경우는 반도체라고 분류한다. 실리콘의 경우에는 이 간격이 약 1.1eV 정도이고, 게르마늄의 경우에는 0.7eV 정도 된다. 대부분의 부도체는 에너지 갭의 너비가 약 6.0eV 정도 된다.

처음에는 도체는 도선으로 부도체는 절연체로서의 용도가 있었다. 그러나 반도체는 별로 쓸모없는 물질로 취급되었다. 하지만 반도체에 약간의 불순물을 주입하면 독특한 전기적 성질을 가지는 p형 반도체와 n형 반도체를 만들 수 있다는 것을 알게 되었다. p형 반도체와 n형 반도체를 조합하여 전자 회로에서 핵심적인 역할을 하는 다이오드와 트랜지스터를 만들 수 있게 되었다. 따라서 반도체는 20세기 전자공학과 컴퓨터의 발전을 주도한 가장 중요한 물질이 되었다.

2.5 중첩의 원리

둘 이상의 파동이 서로 만났을 때 새로 생기는 파동은 각각의 파동을 산술적으로 더한 값으로 나타난다. 이를 중첩이라고 하며 이렇게 중첩된 파동은 각각의 특성을 잃지 않고 다시 분리될 수도 있다.

일반적으로 파동함수는 시간과 공간에 대한 함수로 정의된다. 이때, 특정한 시간 값을 정하면 파동이 존재하는 공간에 각각의 파동 값이 정의되고 이를 파면으로 나타낼 수 있다. 이러한 파동이 같은 시간에 같은 공간에 존재하게 되면 각각의 파동이 중첩의 원리에 따라 합성된 새로운 파동이 정의된다. 새로운 파동은 같은 시간과 같은 공간에서 나타나는 각각의 파동값을 산술적으로 더해서 구할 수 있다.

마주 보며 진행하는 두 개의 파동은 마루와 마루가 접근하다가 교차하고 다시 멀어지는 과정을 반복할 것이다. 한 개의 마루로만 이루어진 서로 다른 두 개의 파동을 충돌시키면 교차하는 지점에서 중첩이 일어나고 이후 다시 원래의 파동 진행 방향으로 멀어진다. 이를 통해 중첩의 원리하에서는 중첩되는 파동 간에 상호작용이 없음을 알 수 있다.

◎ 중첩의 원리

임의의 파동방정식을 만족하는 파동함수 U1과 U2에 대해 두 파동함수의 선형결합으로 이루어진 모든 파동함수 c1U1+c2U2도 원래의 파동방정식을 만족한다.

◎ 선형매질

선형 매질이란 진동의 중심으로 복원하고자 하는 힘이 변위에 비례하여 커지는 매질이다. 현악기에서의 줄의 파동, 음파, 수면파 등 우리가 일상에서 쉽게 마주치는 파동의 다수가 선형 매질에서 전파된다. 선형 매질에서 둘 이상의 서로 다른 파동이 만났을 때 만들어지는 파동은 각각의 파동을 단순히 산술적으로 더하면 얻을 수 있다. 이러한 성질을 파동의 중첩성이라고 한다.

◎ 푸리에 급수 전개 **(Fourier series expansion)**

실제 음파를 오실로스코프로 관찰하면 그림과 같은 형태의 복잡한 모양을 보이기 때문에 이것을 직접 분석하는 것은 매우 어렵다. 그러므로 이것을 다양한 주파수의 사인 또는 코사인 파의 합으로 나타낸 후 각각의 사인 또는 코사인 파의 특성을 분석하여 실제 파의 속성을 연구한다. 이 과정을 '푸리에급수 전개'라고 하며 과학연구에서 빈번하게 사용한다. 이때 음파를 사인 또는 코사인 파의 합으로 나타낼 수 있는 이유가 바로 파동이 중첩성을 지니기 때문이다.

2.6 파동의 이해

1)과학의 기본은 용어에 대한 정확한 이해가 필수다

▸ 용어에 대해 완벽히 이해 → 이론 유추 → 식으로 유도가 가능

2)과학의 이론과 법칙은 그림(그래프, 표 등)으로 설명이 되어지며 식으로 표현되므로 이에 대한 이해가 필수

▸ 그림에 대한 이해 → 식에 대한 이해

3)그림으로 설명되어지고 식으로 나타난 이론과 법칙을 글로 자세히 표현할 수 있어야 한다.

▸ 그림과 식을 보고 글로 표현한다 → 이해 여부의 판단, 글로의 표현과 폭넓은 사고의 깊이와 확충 등등

4)각 단원 또는 각 론에 대한 이론들이 "어떻게 현실에 적용되느냐?"를 반드시 파악하여야 한다.

2.6.1 등속원운동과 파동

◉ 등속원운동(uniform motion)

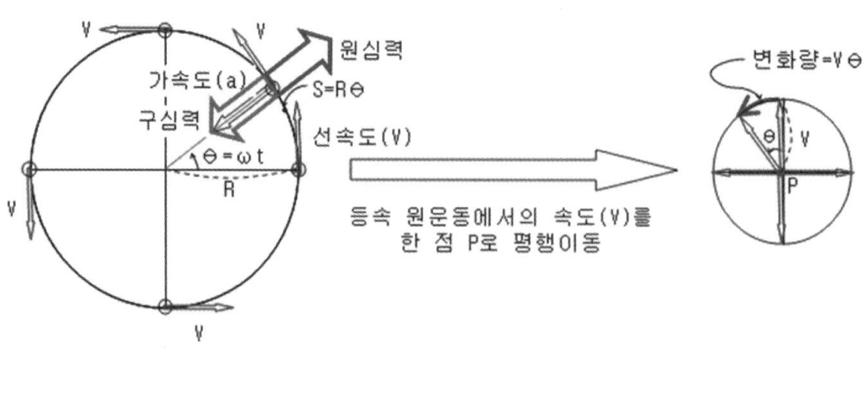

1) 각속도(ω) : 단위시간에 회전한 각,

$$\omega = \frac{\Theta}{t}\ (\mathrm{rad/s}) \quad \therefore\ \Theta = \omega t\ (\mathrm{rad})$$

2) 선속도(V) : 단위시간에 이동한 호의 길이, 선속도의 방향은 순간 순간 마다의 원의 접선방향이다.

$$V = \frac{r\Theta}{t} = r\omega \quad \therefore \omega = \frac{V}{r}$$

3) 주기(T) : 원주상을 한 바퀴 도는데 걸리는 시간

(만일 선속도 V로 2πR의 원둘레를 T시간 걸려 돌았다면)

$$T = \frac{2\pi R}{V} = \frac{2\pi R}{R\omega} = \frac{2\pi}{\omega} \quad \therefore \omega = \frac{2\pi}{T}$$

4) 회전수(n) : 1초 동안에 회전한 수 즉 주기(T)의 역수가 된다.

(만일 1바퀴(1회전) 도는데 T시간이 걸렸다면)

5) 등속 원운동의 가속도

등속 원운동에서 속도의 크기는 비록 일정하나 방향이 수시로 바뀌므로 가속도가 존재한다.

$$a = \frac{V\Theta}{t} = V\omega = R\omega^2 = \frac{V^2}{R} \leftarrow (V=R\omega)$$

6)원심력과 구심력

공을 끈으로 메달아 일정한 속도로 회전을 시키면, 공은 멀리 달아나고자 하는데 이렇듯 멀리 달아나고자 하는 힘을 '원심력'이라 하고, 반면 달아나고자 하는 공을 줄이 지탱하여 달아나지 못하게 구속시키는 힘이 작용하는데 이를 '구심력'이라고 한다.

원심력과 구심력은 크기는 같고 반향은 반대. 또한 원심력은 물체 내부에서만 느껴지는 관성력의 일종이다.

(회전운동을 하는 이유)

공은 접선 방향으로 일정한 속도로 움직이지만 구심을 향해 작용하는 힘 즉 구심력에 의해 속도의 방향이 구심쪽으로 쏠리면서 회전운동을 일으키게 되는 것이다. 이로 인해 구심을 향하는 가속도가 생긴다.

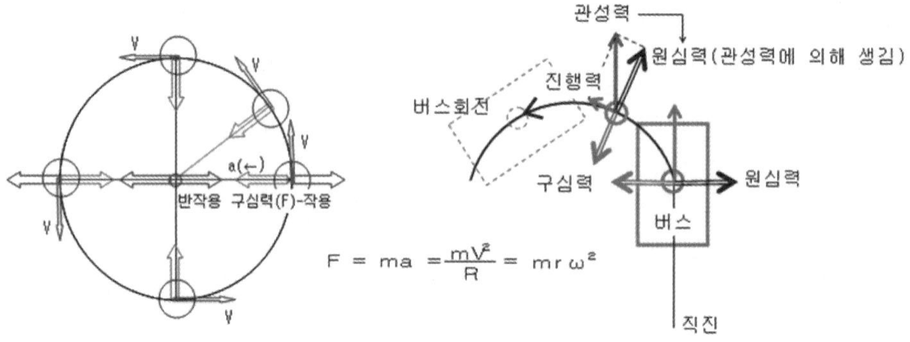

참고) 등속원운동이 나타나는 이유

○ 자연 현상의 흐름을 단 한마디로 표현하면'에너지의 평형을 이루기 위한 운동'이라 말할 수 있다.

○ 어느 원인으로 에너지가 한 쪽으로 치우쳐 평형이 깨지게 되면 반드시 평형을 이루기 위해 운동을 한다. 물이 높은 곳에서 낮은 곳으로 흐르고, 바람이 부는 것 등이 좋은 예가 될 것이다.

○ 등속원운동은 에너지의 평형을 이루고 있는 대표적인 운동이다.

○ 직선운동을 하고 있는 물체는 진행방향으로 앞으로 나아가다 에너지를 소멸하면 정지할 것이고,

○ 회전운동을 하더라도 구심력보다 원심력이 세면 물체는 중심에서 멀어져 가면서 결국 정지할 것이고,

○ 구심력이 원심력보다 세면 물체는 원의 중심 쪽으로 진행하여 결국 원의 중심에서 소멸될 것이다.

○ 운동의 진행을 계속 유지하려면 원운동을 할 수 밖에 없으며 또한 일정한 속도를 유지 할 수 밖에 없다.

○ 만일 운동하는 도중, 속도의 변화가 생긴다면 힘의 변화가 생겨 운동 궤도를 이탈할 것이기 때문이다.

○ 운동을 계속 유지하기 위해서는 등속원동을 할 수 밖에 없다.

2.6.2 단진동

물체가 일정한 두 점 사이를 계속해서 왕복 운동하는 것을 진동이라고 하고 진동 중에서 가장 단순하고 기본적인 진동을 단진동이라고 한다.

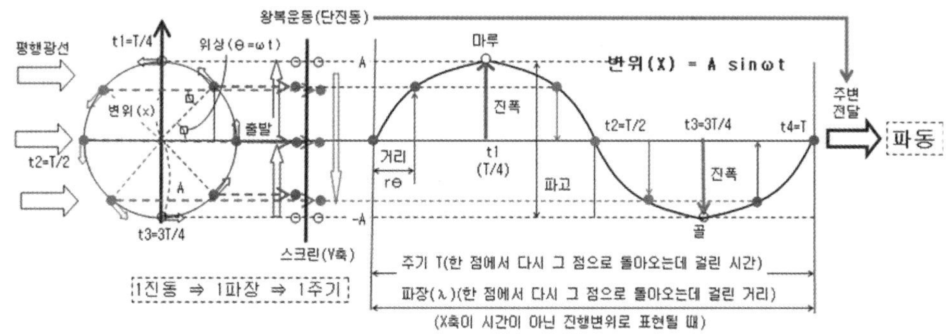

☞ 등속원운동을 하는 물체가 Y축에 투영되어 운동하는 왕복운동을 '단진동 운동'이라고 한다.

☞ 등속원운동이나 단진동 운동은, 시간 또는 움직인 거리에 따른 궤적을 그리면 싸인함수의 그래프가 된다.

☞ 단진동 운동이 주변으로 퍼져나갈 때 이를 '파동'이라고 한다.

☞ 1 진동에 1 파장이 진행되고 1 주기를 갖는다.(1 진동 → 1 파장 → 1 주기)

2.6.3 단진동과 파동방정식

파동의 진행은 등속 원운동에서 시간에 따른 Y축의 변위를 나타낸 것과 같은 진행을 한다.

즉 등속 원운동에서 시간에 따른 Y축의 변위 값이 '파동 방정식'이다.

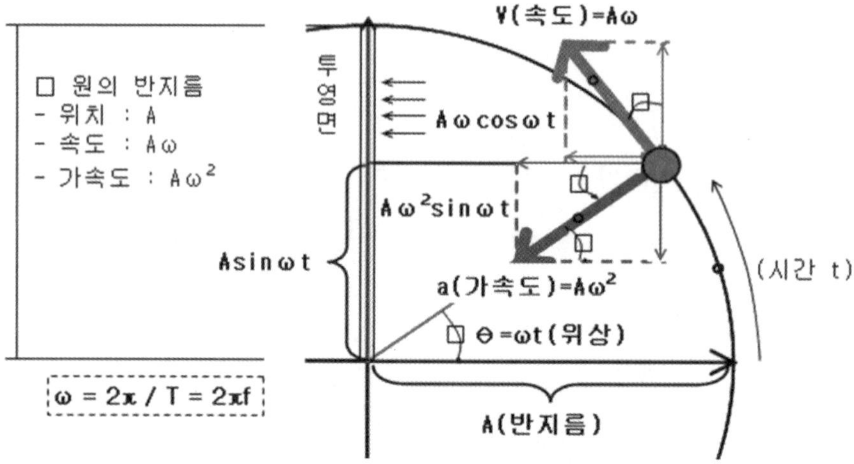

[단진동의 공식]

삼각함수의 그래프

y	=	□	sin (cos)	Θ	
↓		↓	↓	↓	
(값)		반지름	기준 투영면	(ω t)	단진동의 공식
변위		A(진폭)	sin	ωt	→ $S = A\sin\omega t$
속도		Aω	cos	ωt	→ $V = A\omega\cos\omega t$
가속도		$A\omega^2$	sin	ωt	→ $a = A\omega^2\sin\omega t$

[파동방정식]

- 파동에서는 $\omega \rightarrow 2\pi/T = 2\pi f$ 로 대체

$$S = A\sin\ \omega\ t \quad \leftarrow \quad \omega = \frac{2\pi}{T} = 2\pi f$$

$$\therefore S = A\sin\frac{2\pi}{T}t \quad = A\sin 2\pi f t\ (\text{파동함수})$$

- 파원에서 x 만큼 떨어진 점까지 도달 시간

$$\Delta t\ (\text{도달시간}) = \frac{X(\text{거리})}{V(\text{파동속도})}, \quad V = \lambda / T = \lambda f$$

- 파원에서 x 만큼 떨어진 점에서의 파동함수

$$\therefore S = A\sin\frac{2\pi}{T}(t - \Delta t) = A\sin 2\pi f(t - \Delta t)$$

☞ 등속원동을 하는 물체의 위치, 속도 및 가속도의 Y축 성분 값이 단진동 또는 파동의 일반식이 된다.

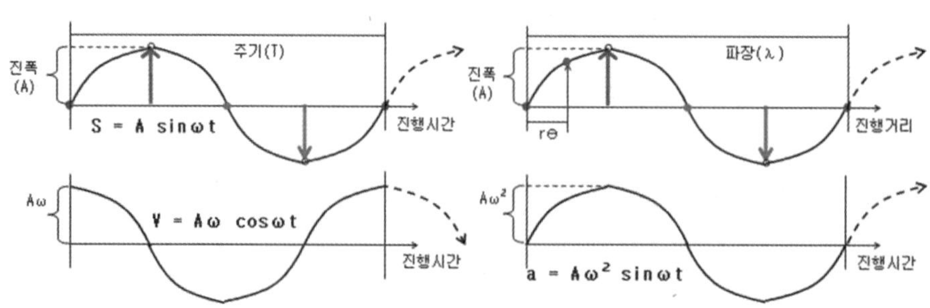

2.6.4 파동에너지

파동이 진행할 때 파동에너지는 매질을 따라 전달되는데. 이를 '파동의 세기' 또는 '파동에너지'라고 한다.

운동에너지만 고려한다. 위치에너지≒0

$$E_k = \frac{1}{2} m V^2 \qquad \leftarrow V = A\omega = A(2\pi f)$$

$$\therefore E = \frac{1}{2} m(2A\pi f)^2 = 2A^2 f^2 \pi^2 m$$

☞ 파동에너지 ∝ (진폭 A)2

☞ 파동에너지 ∝ (진동수 f)2

◎ 파동의 구성 요소

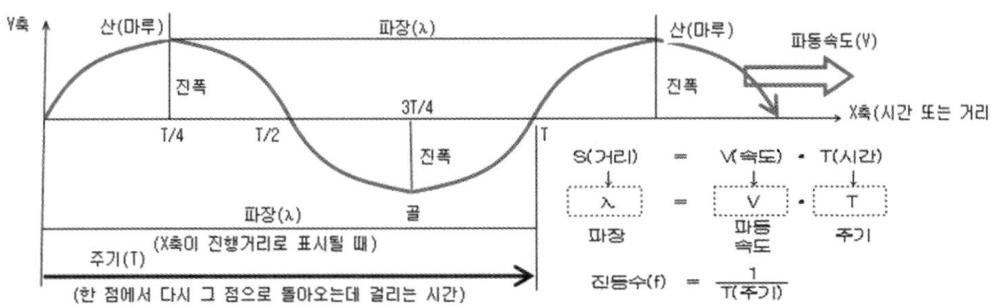

1)위상

파동 각 점의 위치. 각각의 위상을 연결하면 파동 곡선이 된다.

2)파장(λ)

산과 산, 골과 골까지의 거리. 또는 1 주기 동안의 수평거리

3)주기(T)

한 점(위상)에서 다시 원래의 위치로 돌아올 때까지의 시간

4)진동수(f)

1초 동안 진동한 횟수. 단위는 회/sec 또는 Hz

☞ 1 진동을 하는데 걸리는 시간이 T(sec)이므로 1초 동안 진동하는 횟수는 주기 (T)의 역수가 된다.

$$진동수(f) = \frac{1}{T(주기)} \quad (회/sec 또는 Hz)$$

5) 파동속도(V)

파동이 진행하는 속도. → 등속도 운동이다.

$$V(속도) = \frac{\lambda(파장)}{T(주기)} = f \cdot \lambda$$

◎ 파동의 중요한 개념

1)진동과 주기와 파장과의 관계

- 파동은 '1 진동'으로 '1 파장'이 진행한다.
- 그리고 '1 파장'이 진행하는데 걸리는 시간은 '1 주기'이다
- 그러므로 [1 진동]으로 [1 파장]이 진행되고 걸리는 시간은 [1 주기]이다.

2)파장 - 속도 - 진동수(주기)와의 관계

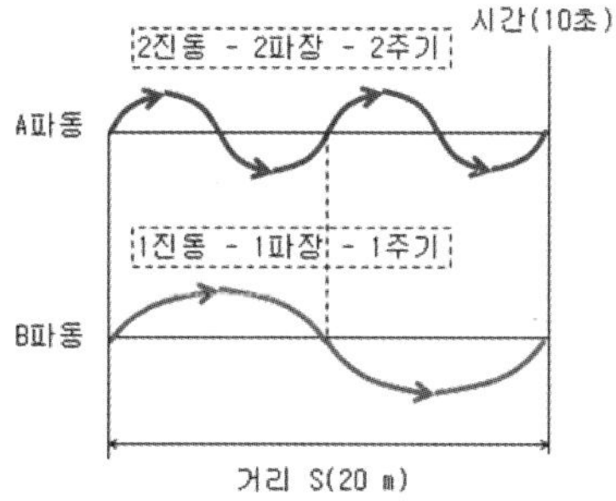

구분	A 파동		B 파동	비고
파동진행거리 (S)	20 m	=	20 m	
파동도달시간 (t)	10 초	=	10 초	
파장의 길이 (λ)	10 m	<	20 m	A파동 → 2파장
주기 (T)	5 초	<	10 초	주기 = 1파장시간
진동수 (f)	0.2 회	>	0.1 회	주기의 역수
파동의 속도 (V)	2 m/s	=	2 m/s	V=S/t=λ/T=λf
파동에너지 (E)	크다	>	작다	E는 f의 제곱에 비례

☞ (A파동)파장이 길면 → 주기 길고, 진동수 작고, 에너지 작다.

☞ (B파동)파장이 짧으면 → 주기 짧고, 진동수 크고, 에너지 크다.

2.7 벡터해석의 기초

2.7.1 벡터의 연산

○ 벡터 : 크기와 방향을 가지는 량(量)
○ 스칼라 : 크기만을 가지는 량

(1) 가감산

$\mathbf{A} \pm \mathbf{B} = \pm \mathbf{B} + \mathbf{A}$; 가감산의 경우 순서를 바꾸어도 결과는 같다.

(2) 승산(乘算)

(a) 스칼라곱(積) : 스칼라곱의 결과는 스칼라량

$A \bullet B = B \bullet A = AB\cos\theta$

여기서, Θ는 A와B가 이루는 각으로, $0 \le \theta \le \pi$ 이다.

(b) 벡터곱(積) : 벡터곱의 결과는 벡터량을 가지며, $\mathbf{A} \times \mathbf{B} = -\mathbf{B} \times \mathbf{A}$ 의 관계가 있다. 그 크기는 다음과 같다.

$|\mathbf{A} \times \mathbf{B}| = AB\sin\theta$

방향은 A에서 B로 우나사가 회전하는 경우, 나사가 진행하는 방향이 된다.

(3) 나눗셈(除算) - 벡터에 의한 나눗셈은 없다.

(4) 직각좌표계에 의한 위치 벡터

위치벡터 $\mathbf{A} = \overrightarrow{OA}$ 의 x, y, z 성분을 A_x, A_y, A_z . x, y, z 축방향의 단위벡터를 i, j, k 라고 할 경우,

$\mathbf{A} = \mathbf{i}A_x + \mathbf{j}A_y + \mathbf{k}A_z$

스칼라곱 : $A \cdot B = A_x B_x + A_y B_y + A_z B_z$

벡터곱 : $\mathbf{A} \times \mathbf{B} = \mathbf{i}(A_y B_z - A_z B_y) + \mathbf{j}(A_z B_x - A_x B_z) + \mathbf{k}(A_x B_y - A_y B_x)$

$$= \begin{vmatrix} \mathbf{i} & \mathbf{j} & \mathbf{k} \\ A_x & A_y & A_z \\ B_x & B_y & B_z \end{vmatrix}$$

2.7.2 벡터연산자 (▽)

▽(del or nabla): 고주파 해석에 많이 사용되는 연산자, 벡터형식을 가지며, 스칼라에도 벡터에 작용하는 연산자이다.

정의 : $\nabla = \mathbf{i}\dfrac{\partial}{\partial x} + \mathbf{j}\dfrac{\partial}{\partial y} + \mathbf{k}\dfrac{\partial}{\partial z}$

(1) 스칼라장의 기울기 벡터

어떤 영역에서의 스칼라장 $f(x,y,z)$에 대해,

$$\nabla f = grad\ f = \mathbf{i}\frac{\partial f}{\partial x} + \mathbf{j}\frac{\partial f}{\partial y} + \mathbf{k}\frac{\partial f}{\partial z}$$

로 표시하며, 스칼라 f 의 기울기를 표시하는 벡터량이 된다.

※ 벡터장 ***F***(P)가 어느 스칼라장 f (P)에 의해,

F(P)=(grad f)(P)로 나타내어질 때, 벡터장 "***F***는 퍼텐셜 ***f***를 가진다"고 하고 ***f***를 ***F*** 의 퍼텐셜이라 한다.

(2) $\nabla \cdot \mathbf{A} = div\ \mathbf{A}$

$$\nabla \cdot \mathbf{A} = div\ \mathbf{A} = \left(\mathbf{i}\frac{\partial}{\partial x} + \mathbf{j}\frac{\partial}{\partial y} + \mathbf{k}\frac{\partial}{\partial z}\right)\left(\mathbf{i}A_x + \mathbf{j}A_y + \mathbf{k}A_z\right) = \mathbf{i}\frac{\partial A_x}{\partial x} + \mathbf{j}\frac{\partial A_y}{\partial y} + \mathbf{k}\frac{\partial A_z}{\partial z}$$

A의 발산(여기서는 확산의 의미)을 표시하는 스칼라량이 된다.

(3) $\nabla\times\mathbf{A} = rot\ \mathbf{A}$

$$\nabla\times\mathbf{A} = rot\ \mathbf{A} = \left(\mathbf{i}\frac{\partial}{\partial x}+\mathbf{j}\frac{\partial}{\partial y}+\mathbf{k}\frac{\partial}{\partial z}\right)\times\left(\mathbf{i}A_x+\mathbf{j}A_y+\mathbf{k}A_z\right) = \mathbf{i}\left(\frac{\partial A_z}{\partial y}-\frac{\partial A_y}{\partial z}\right)+\mathbf{j}\left(\frac{\partial A_x}{\partial z}-\frac{\partial A_z}{\partial x}\right)+k\left(\frac{\partial A_y}{\partial x}-\frac{\partial A_x}{\partial y}\right)$$

$$=\begin{vmatrix} \mathbf{i} & \mathbf{j} & \mathbf{k} \\ \frac{\partial}{\partial x} & \frac{\partial}{\partial y} & \frac{\partial}{\partial z} \\ A_x & A_y & A_z \end{vmatrix}$$

A의 회전을 의미하는 벡터량이 된다.

(4) Laplacian (∇^2)

$$\nabla^2 = \nabla\bullet\nabla = \left(\mathbf{i}\frac{\partial}{\partial x}+\mathbf{j}\frac{\partial}{\partial y}+\mathbf{k}\frac{\partial}{\partial z}\right)\left(\mathbf{i}\frac{\partial}{\partial x}+\mathbf{j}\frac{\partial}{\partial y}+\mathbf{k}\frac{\partial}{\partial z}\right) = \frac{\partial^2}{\partial x^2}+\frac{\partial^2}{\partial y^2}+\frac{\partial^2}{\partial z^2}$$

★벡터 계산에 의해, $rot(grad\ f) = \nabla\times(\nabla f) = (\nabla\times\nabla)f = 0$

$$div(rot\mathbf{A}) = \nabla\bullet(\nabla\times\mathbf{A}) = \langle\nabla,\nabla\times\mathbf{A}\rangle = 0$$

$$\nabla\times(\nabla\times\mathbf{A}) = \nabla(\nabla\bullet\mathbf{A}) - \nabla^2\mathbf{A}$$

$$\nabla\bullet(\nabla U) = \nabla^2 U$$

※ $\nabla\mathbf{A}$ 처럼 사용하는 표현은 의미 없음.

※ $f(x,y)=z$ 일 때, $dz = \frac{\partial f}{\partial x}dx + \frac{\partial f}{\partial y}dy$, $\frac{\partial f}{\partial x} = f_x(x',y)$

(※ y는 상수)

2.7.3 Gauss 정리와 Stokes 정리

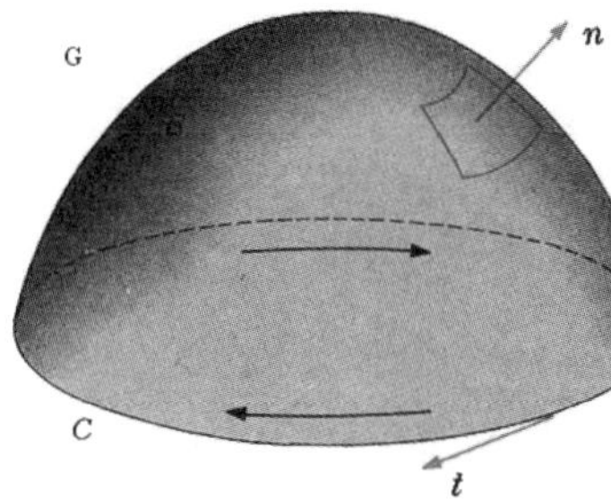

(1) 가우스의 정리

매끄러운 폐곡면 *S*를 둘러싸는 영역을 *G*로 하고, *n*을 *S*위의 단위외향법선 벡터로 하면, *G*에서 정의된 연속미분 가능한 벡터장 *F*에 대해,

$$\int_G \nabla\cdot\mathbf{F}\ dG = \oint_S \mathbf{F}\ dS$$

$$\iiint_G \nabla\cdot\mathbf{F}\ dxdydz = \iint_S <\mathbf{F},\mathbf{n}>dS$$

가 성립한다. 여기서 ***ds***는 곡면 ***S*** 위의 곡면적분이다.

(2) 스토크스의 정리

3차원 공간상의 폐곡선에서 수행되는 선적분은 스토크스의 정리에 의해 주어진 폐곡선이 둘러싼 임의의 곡면 R에서의 면적분으로 변환될 수 있다. 역도 가능하다.

위의 그림과 같은 곡면의 경계선을 C로 하면, ***S***의 점에 대해 정의된 벡터장 ***F***에 대해,

$$\int_S (\nabla\times\mathbf{F})\ dS = \oint_C \mathbf{F}\ dt$$

$$\iint_S <\nabla\times\mathbf{F},\mathbf{n}>dS = \int_C <\mathbf{F},t>dt$$

가 성립한다. 여기서 t는 곡선 C 위에서 양(陽)의 방향을 가지는 단위접선벡터이며, 우변은 곡선적분이다. 가령, 가우스정리의 응용으로 유체 속에 폐곡선 S를 취하고, ρ를 밀도, $v(x,y,z)$를 속도로 하여 $F=\rho v$로 놓으면, 우변은 S에서 단위 시간에 유출되는 양이며, 이것은 가우스의 정리에 의해

G 안에서부터 분출되거나, 흡수되거나 하는 총량과 같다는 것을 제시하고 있다. 따라서 $div(\rho v)$는 S의 점에서의 분출량 또는 흡입량을 나타낸다고 말할 수 있다. 앞서 설명한 그린 정리와 마찬가지로, 스토크스의 정리를 이용하면 벡터장 $\boldsymbol{F}$가 퍼텐셜을 가지는 필요충분조건은 $rot\boldsymbol{F}=0$이며, 이 조건을 만족할 때, $\boldsymbol{F}$의 P에서 Q까지 곡선적분은, P, Q를 연결하는 곡선과는 관계가 없으며, $F = grad\phi$로 하면,

$$\int_P^Q < \text{grad } \varphi, \boldsymbol{t} > dt = \varphi(Q) - \varphi(P)$$

가 성립된다. 이상의 정리들은 일반의 $\boldsymbol{n}$ 차원공간에서도 성립한다.

2.7.4 퍼텐셜 (potential)

전기장이나 중력장과 같은 벡터장에서 벡터의 공간 분포를 이끌어 내기 위한 위치함수이며, 역학·전자기학 등의 물리학에서의 장을 나타내기 위해 쓰이는 중요한 개념이다. 퍼텐셜을 $U(x, y, z)$라 할 때, 벡터 해석의 기호로 힘 $\boldsymbol{F}$는

$$\boldsymbol{F} = -\nabla U = -\text{grad } U \quad \cdots\cdots ①$$

로 나타내는데, 이것은 $\boldsymbol{F}$의 x, y, z 방향의 성분을 F_x, F_y, F_z라 하면

$$F_x = -\frac{\partial u}{\partial x}, \quad F_y = -\frac{\partial U}{\partial y}, \quad F_z = -\frac{\partial U}{\partial z} \quad \cdots ①'$$

를 의미한다. 이와 같이 하여 주어지는 힘을 특히 보존력이라 하는데, 이것은 이 힘을 받아 운동하는 질점의 역학적에너지(운동에너지와 위치에너지의 합)가 보존되므로 붙여진 명칭이다. 이 때의 위치에너지(퍼텐셜에너지)가 퍼텐셜 U 이다. 먼저 공간이 1차원적인 경우 ① 은

$$F_x = \frac{dU(x)}{dx}$$

가 된다. 따라서 힘은 함수 U 의 기울기의 부호를 바꾼 것이 된다. 각

진동수(角振動數) ω로 단진동하는 단진동자(單振動子 ; 질량 m)에 대해서는, $F_x = -m\omega^2 x$ 이므로

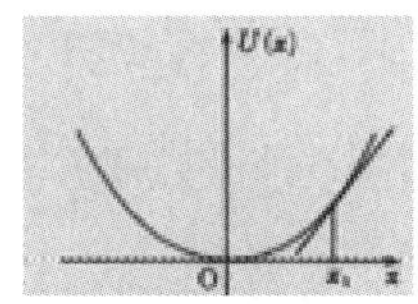

$$U = \frac{1}{2} m\omega^2 x^2$$

[그림 2.13]

이 된다(U 에는 상수항만큼의 不定性이 있다. 위의 예에서는 $U(0)=0$이다). 이것을 그림으로 나타낸 것이 [그림 2.13]이다.

$x = x_1$ 에서의 기울기도 접선의 형태로 표시되어 있다. 그림의 예에서는 기울기는 양이므로 힘은 음, 즉 원점으로 향하고 있다는 것을 나타내고 있다. 이 힘을 받는 질점은 마치 퍼텐셜의 골짜기 밑바닥으로 향하는 듯한 힘을 받음을 알 수 있다. 공간이 3차원인 경우의 중요한 예로는 만유인력이 있다. 원점에 질량 M 인 질점이 있을 때, 거리 r의 위치에 있는 질량 m 인 질점은 중심으로 향해 크기 $F = GMm/r^2$의 힘을 받는다(G 는 만유인력의 상수). 이것을 유도하는 퍼텐셜은,

$$U(x,\ y,\ z) = U(r) = -\frac{GMm}{r} \qquad \cdots ②$$

이다. 여기서 $r \to \infty$이고 $U \to 0$이 되는 정수항을 선택하였다. 힘은 등퍼텐셜면에 수직이며 퍼텐셜의 낮은 쪽으로 향한다. 더 정확하게 말하면 최대 경사의 방향으로 향한다. 힘의 크기는 그 방향으로 잰 기울기이다. 질점은 역시 골짜기 밑바닥으로 굴러 떨어지는 듯한 힘을 받는다고 할 수 있다. 힘이 ①′처럼 주어진 경우 적분가능 조건

$$\partial F_y/\partial x - \partial F_x/\partial y = 0$$
$$\partial F_z/\partial y - \partial F_y/\partial z = 0$$
$$\partial F_x/\partial z - \partial F_z/\partial x = 0$$

이 만족되고, 위치 A에서 B까지 이동하는 사이에 힘이 질점으로 하는 일 $W = \int_A^B F_t\, ds$는 두 점 A, B를 잇는 경로를 취하는 방법에 의존하지 않는다는 것이 증명된다(적분은 A, B를 잇는 곡선을 따라 행해지는 선적분이

며, ds는 곡선상의 미소길이, F_t는 F의 곡선의 접선 방향 성분이다). 또 W는 점 A에서의 퍼텐셜의 값 U_A와, B에서의 퍼텐셜의 값 U_B의 차로서 표시되며, 이 결과 역학적에너지의 보존법칙이 유도된다. 이와 같이 퍼텐셜은 에너지의 보존법칙에서 중심적인 역할을 할 뿐만 아니라, 벡터인 힘을 U라는 스칼라함수로부터 유도한다는 의미에서도 편리한 양이다. 특히 만유인력의 퍼텐셜 ② 는 다음의 푸아송방정식

$$\nabla^2 \Phi(x, y, z) = \frac{\partial^2 \Phi}{\partial x^2} + \frac{\partial^2 \Phi}{\partial y^2} + \frac{\partial^2 \Phi}{\partial z^2}$$

$$= -4\pi G\rho \quad \cdots ③$$

의 해(解)라는 사실도 중요하다. 여기서 $\rho(x, y, z)$는 질량분포를 나타내며, 또 $U = m\Phi$로 하였다. 정전기력(쿨롱힘)은 만유인력과 마찬가지로 거리의 제곱에 반비례하므로 역시 ② 와 마찬가지로 거리에 반비례하는 퍼텐셜로 나타내어진다. 두 전하가 다른 부호인 경우는 인력이므로 퍼텐셜도 두 전하가 같은 부호인 경우는 척력(斥力)이므로 퍼텐셜은 [그림 2.14]처럼 된다. 전기장 $\boldsymbol{E}$ 를,

$\boldsymbol{E} = -\nabla \phi$ =-grad ϕ ……④ ④

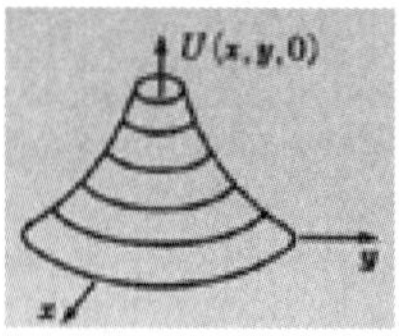

[그림 2.14]

의 꼴로 유도하는 $\phi(x, y, z)$를 쿨롱퍼텐셜이라 하는데, 양의 전하에 의해서 만들어지는 것은 양으로 [그림 2.14]의 꼴, 음의 전하에 의한 것은 음으로 된다. 자기장, 좀더 정확하게는 자기력선속밀도 $\boldsymbol{B}$ 는,

div $\boldsymbol{B}$ =0 ……⑤

를 만족한다. 이것은 자기력선에는 끊어진 데가 없다는 것을 나타낸다. 이 성질을 가진 벡터 $\boldsymbol{B}$ 는 임의의 벡터 $\boldsymbol{A}$ 를 사용하여,

$\boldsymbol{B}$ =rot $\boldsymbol{A}$ ……⑥

으로 주어진다. 즉 ⑥ 은 자동적으로 ⑤ 를 만족한다. 이와 같이 하여 도

입된 $\boldsymbol{A}$ 를 벡터퍼텐셜이라 한다. 이 $\boldsymbol{A}$ 에 스칼라함수 $A(x, y, z)$를 이용하여,

$\boldsymbol{A} \rightarrow \boldsymbol{A} + \nabla A$ ……⑦

라는 변환을 하여도 ⑥ 은 변하지 않고 유지된다. 이 변환 ⑦ 은 게이지 변환이라 하며, 양자역학과의 관계에서 중요한 의미를 가진다. 특수상대성 이론에서는, $\boldsymbol{E}$ 와 $\boldsymbol{B}$ 는 독립적이 아니며, 로렌츠변환에 의해 서로 변한다. 이것에 상응하여 쿨롱퍼텐셜 ϕ (스칼라퍼텐셜)과 벡터퍼텐셜은 하나의 4원(四元)퍼텐셜 A_μ 로 통합된다($A_0 = -\phi_0$).

2.7.5 전기력에 관한 법칙

◎ 전기에 관한 쿨롱의 법칙

균일한 매질(媒質) 속에, 떨어져 정지하고 있는 2개의 점전하(點電荷) 사이에 작용하는 힘은 그것들을 잇는 직선에 따라 작용하고, 그 힘의 크기는 전하의 곱에 비례하며, 전하 사이의 거리의 제곱에 반비례한다는 것. 이 법칙 속의 힘은 전하만에 의거한 것으로, 쿨롱힘이라고 한다. 2개의 점전하를 q,q′, 점전하 사이의 거리를 r라고 할 때 힘의 크기 f는 다음과 같다.

$$f = k\frac{q \cdot q'}{r^2}$$

◎ 자기에 관한 쿨롱의 법칙

전기에 관한 법칙에서의 전하를 자하(磁荷)로 바꾸면 얻어진다. CGS전자기단위를 사용하여 2개의 점전하를 m, m′, 점전하 사이의 거리를 r, 작용하는 힘의 크기를 f라고 하면, 진공 및 일반 매질 속에서는 각각

$$f = \frac{m \cdot m'}{r^2} = \frac{m \cdot m'}{\mu \cdot r^2}$$

가 되고, μ는 투자율(透磁率)이다. 이 힘들은 전기량(또는 자극)이 같은 부호일 때는 척력, 다른 부호일 때는 인력이 된다.

◎ 앙페르의 법칙

외르스테드 – 전기와 자기의 상호성 암시

앙페르- 오른나사의 법칙

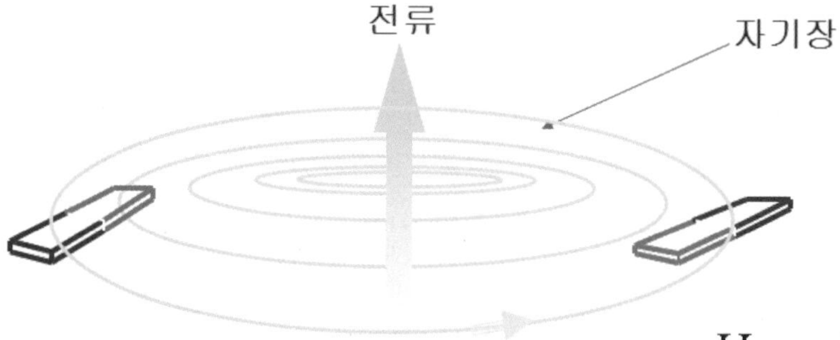

$$H = \frac{I}{2\pi r}$$

◎ 패러데이- 유도전류법칙(Faraday's low)

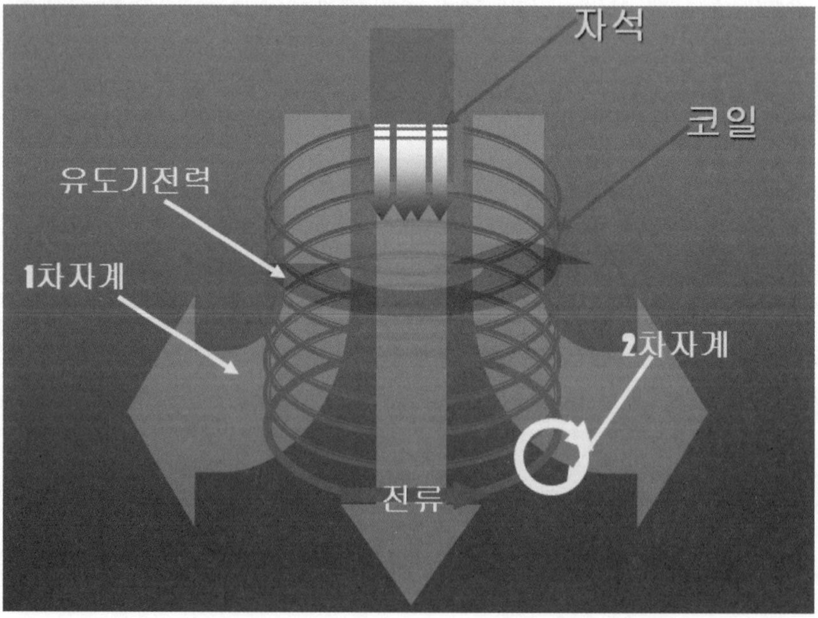

제 3 장

전자파의 이해

3.1 전자파의 의미
3.2 Maxwell 의 방정식
3.3 파동 방정식과 전자파
3.4 경계조건
3.5 전자파의 반사와 굴절
3.6 전자파의 전파
3.7 안테나의 이해

제3장 전자파의 이해

◎ 전파 발생의 역사적 배경과 원리

① 엘스테드, "자침에 미치는 전류의 작용"

② 앙페르, "코일에 전류가 흐르면 오른 나사의 진행 방향의 자기발생"

③ 헨리, "전자석 제작"

④ 패러데이, "전자유도법칙"

⑤ 맥스웰 방정식

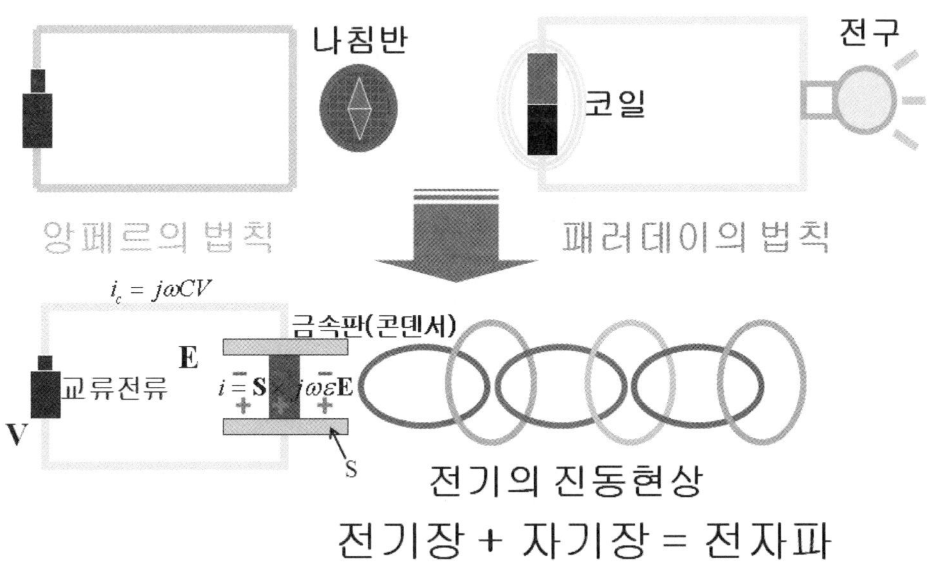

[그림 3.1] 전자파 발생의 원리

3.1 전자파의 의미

전자파란 시간적으로 크기가 변하는 전류(전하의 이동)에 의해 발생되며, 공간(공간 내 도체를 제외한 물질) 내에서 전계와 자계의 보이지 않는 파동형태의 힘의 분포를 말하고, 또는 일반적으로 전계와 자계의 운동을 의미한다.

시간적으로 변하는 전계는 그 주위에 전계변화에 따른 자계를 유기시키고, 유기된 자계의 시간적 변화에 따라 자계 주위에 전계를 발생시켜 전자파의 에너지가 파동형태로 전파된다. 이러한 물리적 전파현상을 이용하여 여러 종류의 정보 또는 에너지를 보내고 받을 수 있다.

(1) 전자장의 주위적인 변화가 공기 중이나 물질 중에 전파되는 횡파로서, 맥스웰의 전자이론에 의해 자외선, 가시광선, 적외선 및 그 이하의 진동수를 가지는 전계와 자계를 소유하는 파동이다.

(2) 전파란 전자파(electromagnetic wave)로부터 적외선 이상의 파장을 가지는 것. 즉, 전자파 중에서 3000GHz 이하의 주파수 대역을 의미한다.

(3) 마이크로파란?

1GHz 보다 높은 주파수의 전파로서 300MHz~300GHz 사이에 있는 주파수의 교류전류 신호를 의미한다.

◎ 전자파의 전달 속도

어떤 한 종류의 매질을 통과할 때 매질의 유전상수와 투자상수에 의해서 결정되며, 주파수와는 무관하다.

규칙적으로 싸인 또는 코싸인 형태로 변하는 전자파가 발생될 때 속도를 주파수로 나눈 값을 파장이라 한다.

실제로 전자파는 파장에 따라 전파 및 Guiding특성이 달라지므로 파장에 따라 사용 용도는 물론 안테나를 비롯한 모든 RF 장비의 설계 또한 달라져야 한다.

• 진공의 유전율 :

$$\varepsilon_0 \cong 8.854 \times 10^{-12} \cong \frac{1}{36\pi} \times 10^{-9} \text{ F/m}$$

• 진공의 투자율 :

$$\mu_0 \cong 4\pi \times 10^{-12} \cong 1.257 \times 10^{-6} \text{ H/m}$$

• 광속, 전기의 속도, 전파의 속도

$$\mathrm{c} = \frac{1}{\sqrt{\varepsilon_0 \varepsilon_r \mu_0 \mu_\mathrm{r}}} \cong 2.997 \times 10^8 \text{ m/s}$$

◎ 자주 사용되는 상수 값

• 유전율 (誘電率 permittivity), ε

전속밀도(電束密度)와 전기장의 비. 보통의 유전체, 즉 상유전체에서 전속밀도 **D** 는 전기장 E에 대해 $D = \epsilon\epsilon_0 E$ 와 같이 비례한다. 비례계수 $\epsilon\epsilon_0$은 절대유전율이다. 여기서ϵ_0는 진공에서의 유전율이고, ε 은 이 유전체의 절대유전율 ε 을 기준으로 하여 표시하는 비유전율(dielectric constant, ϵ_r) 또는 유전상수인데, 보통 ε 을 단순히 유전율이라고 한다. 축전기의 양판 사이에 유전체를 넣었을 때의 전기 용량과 넣지 않았을 때의 전기 용량의 비율. 전기장에 대한 유전체의 특유한 영향력을 나타내는 것이다. 여기서 비유전율이란 유전체의 단위 용적 내에 저장되는 정전 에너지의 양, 즉 1V/m의 전기장에 의하여 $1m^3$의 진공 공간에 저장되는 정전 에너지를 의미한다.

• 투자율 (透磁率 magnetic permeability), μ

자기유도와 자장 크기와의 비. 자기투과율 또는 자기유도용량이라고도 한다. 자장 내에 놓여진 자성체의 자속밀도와 자장의 강도와의 비를 절대투자율이라 하고 이를 진공의 절대투자율로 나눈 것을 말한다.

• 도전율 (導電率, conductivity), σ

도체에 흐르는 전류의 크기를 나타내는 상수로서 도전율(導電率), 전기 전도도, 전기전도율이라고 한다.

[표 3.1] 유전율(비유전율) 표

물질명		화학식	주파수 (Hz)	유전율
액체	벤젠	C_6H_6	10^9	2.3
	에탄올	CH_3OH		9.7
	물	H_2O		61.5
고체	염화나트륨	NaCl	10^6	5.9
	산화마그네슘	MgO		9.7
	수정	SiO_2 (a)		4.5
		SiO_2 (c)		4.6
	루틸	TiO_2 (a)		86
		TiO_2 (c)		170
	얼음 (다결정체) (0℃)			88
	폴리에틸렌			2.2~ 2.4
	폴리스티렌			2.5~ 2.7
	나일론			4.0~ 4.7
	알루미나 자기	Al_2O_3		8.0~11.0
	석영유리	SiO_2		3.5~ 4.0

*주 : 온도는 얼음 이외에는 상온, 화학식 다음의 ( )는 결정축 방향

[표 3.2] 전기 전도율 표

전기전도/전기전도도(상온값)

	σ(℧/㎝)
알루미늄	3.77×10^5
구리	5.98×10^5
금	4.26×10^5
은	6.29×10^5
철	1.03×10^5
티탄	2.38×10^4
백금	9.43×10^4
실리콘	4.3×10^{-6}
게르마늄	1.6×10^{-2}
다이아몬드	10^{13}

- 위상정수

파(wave)가 단위장(1파장) 진행한 경우, 위상이 어느 정도 회전(변화)하는가를 표시하는 상수 값, 단위 : [rad/m], [度/m]

$$k_0 = \frac{2\pi}{\lambda_0} = \omega\sqrt{\varepsilon_0\mu_0} = \frac{\omega}{c} \ , \ k = \frac{2\pi}{\lambda} = \omega\sqrt{\varepsilon_r\varepsilon_0\mu_r\mu_0} = \frac{\omega}{v}$$

- 고유인피던스 : 어느 순간의 전계와 자계의 비는 매질에 있어서 일정하다.

공기 또는 진공상태 일 경우 : $Z_0 = \sqrt{\frac{\mu_0}{\varepsilon_0}} = \frac{|E|}{|H|} = 120\pi \cong 377[\Omega]$

유전체(매질 안) 일 경우 :

$$Z = \frac{|E|}{|H|} = \sqrt{\frac{\mu}{\varepsilon}} = \sqrt{\frac{\mu_r\mu_0}{\varepsilon_r\varepsilon_0}} = \sqrt{\frac{\mu_r}{\varepsilon_r}}\sqrt{\frac{\mu_0}{\varepsilon_0}} = Z_0 \times \sqrt{\frac{\mu_r}{\varepsilon_r}} \cong 377 \times \sqrt{\frac{\mu_r}{\varepsilon_r}} \ [\Omega]$$

◎ 맥스웰 방정식에 등장하는 주요 벡터량의 의미

① **E** : Electric field strength [v/m]

► 전기력이 작용하는 공간. 한편 시간에 의존하지 않는 전기장을 정전기장이라고 한다.

② **H** : Magnetic field strength [AT/m],

► AT : ampere turn, 1 AT는 코일의 감긴 수와 전류의 곱

(H =N x I = 2πR x H = I/2πR), 즉 코일을 1회 감은 폐회로에 1A의 전류가 흐를 때 생기는 기자력(자기력 선속)

③ **D** : Electric flux density , **D**=εE

► 유전체(절연체) 내부 전기장에 관련시켜 사용되는 보조적 벡터장. 전속밀도 또는 전기변위라고도 한다.

④ **B** : Magnetic flux density, **B** = μ**H**

► 자기장에서의 기본적인 양으로, 자하 m 과 자기장 H 를 사용하여, **B**=m+ μ**H** 로 나타내어지는 벡터량. 자기력선속밀도, 자속밀도라 하며, 단위는 SI단위에서는 테슬라(T) 또는 웨버(Wb/㎡)이다

⑤ **J** : electric current [A/m2], **J** = J_0 + σ**E**

► 전위가 높은 곳에서 낮은 곳으로 전하가 연속적으로 이동한는 현상. 1A는 도선의 임의의 단면적을 1초 동안 1C의 전하가 통과할 때의 크기.

◎ 맥스웰 방정식의 도식적 의미

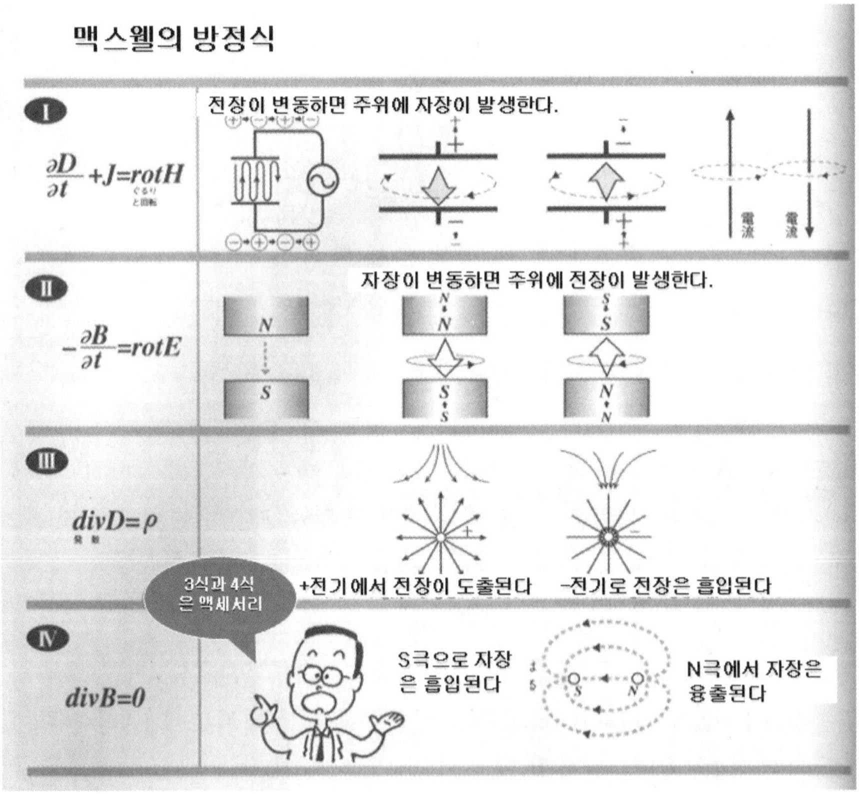

3.2 Maxwell 의 방정식

3.2.1 Ampere 의 법칙

전류의 자기작용, 전류가 흐르거나 전속밀도에 시간변화가 생기면 그 주위에 자계가 생긴다.

◎ 앙페르의 주회적분

$$\oint_c \mathbf{H}dl = NI \quad (\therefore \text{N= turns}) \tag{3.1}$$

$$\int_s (\mathbf{J} + \frac{\partial}{\partial t}\mathbf{D}) \cdot \mathbf{n}ds = \oint_c \mathbf{H}dl \tag{3.2}$$

즉, 자계의 회전적분은 곡면(S)을 횡단하는 전류(J)와 전속밀도의 시간변화량의 총합과 같다.

※ Stokes 의 정리 - 면적분과 선적분의 상호교환

$$\int_s (\nabla \times \mathbf{A}) \cdot \mathbf{n}ds = \oint_c \mathbf{A}dl \tag{3.3}$$

임의의 폐곡면 S 에 대한 벡터장 에 대한 회전 면적분은 폐곡면 주변을 따라 도는 벡터의 선적분과 같다.

식(3.2)에 Stokes의 정리를 이용하면,

$$\int_s (\nabla \times \mathbf{H} - \mathbf{J} - \frac{\partial}{\partial t}\mathbf{D}) \cdot \mathbf{n}ds = 0 \tag{3.4}$$

여기서, 임의의 곡면에 대해서도 성립하기 위해서는 다음의 미문방정식을 얻게 된다.

$$\nabla \times \mathbf{H} = \mathbf{J} + \frac{\partial}{\partial t}\mathbf{D} \tag{3.5}$$

3.2.2 Faraday의 전자기 유도 법칙

자기장에 시간변화가 있으면, 그 주위에서 그 변화를 억제하려는 원형(소용돌이)의 전계가 생긴다.

$$-\frac{d}{dt}\int_s B\cdot nds = \oint_c \mathbf{E}dl \tag{3.6}$$

여기서, Stokes의 정리를 이용하면 다음과 같은 항등식을 얻을 수 있다.

$$\int_s (\nabla\times\mathbf{E}+\frac{\partial}{\partial t}\mathbf{B})\cdot\mathbf{n}ds = 0 \tag{3.7}$$

임의의 곡면에 대해서도 성립하기 위해서는 다음을 만족하여야 하며, 이 관계식이 전자기 유도 법칙을 표현하는 미분형 방정식이 된다.

$$\nabla\times\mathbf{E} = -\frac{\partial}{\partial t}\mathbf{B} \tag{3.8}$$

3.2.3 연속의 방정식 (Continuity equation)

◎ 전하보존의 법칙 **(electric charge conservation law)**

모든 물질은 음전하를 가진 전자와 양전하를 가진 원자핵으로 구성되어 있으며, 전자나 그 밖의 대전소입자 들이 생겨나거나 없어 질 때에도 그 입자들은 항상 쌍으로 생기거나 없어져 전하의 총량에는 변화가 없다.

즉, 고에너지의 전자기복사가 물질과 상호작용을 일으켜 그 결과 전자가 생길 때 반드시 음전하인 전하와 같은 양의 양전하를 가진 양전자가 동시에 생긴다. 마찬가지로 전자와 양전자가 동시에 소멸되어 전자기복사가 생긴다. 이 경우 역시 양전하와 음전하가 동시에 없어져서 전하의 총량에는 변함이 없다.

전하와 전류를 연결하는 관계식

$$\int_s \mathbf{J}\cdot\mathbf{n}ds = -\frac{d}{dt}\int_v \rho dv \tag{3.9}$$

ρ[C/m]: V (공간영역) 내의 전하 (electric charge)

J [A/㎡]: 공간 내에 있는 폐곡면(S)에서 단위시간 동안에 밖으로 흘러나가는 전하, 전류밀도 성분(electric charge)

※ 식 (3.9) 의 해설

단위시간당 전하의 흐름을 그 폐곡면 S 전체에 대하여 적분하면 그 영역에서 밖으로 흘러나오는 총 전류가 된다(좌변).

이 총 전류는 그 폐곡면 속의 전하 P의 시간적 감소율과 같아야 한다(우변).

※ 가우스 (Gauss)의 정리

$$\int_v \nabla \cdot \mathbf{A} dv = \int_s \mathbf{A} \cdot \mathbf{n} ds \tag{3.10}$$

식(3.9)에 가우스의 정리를 이용하여 좌변을 체적적분으로 변환하면

$$\int_v (\nabla \cdot \mathbf{J} + \frac{\partial}{\partial t}\rho) dv = 0 \tag{3.11}$$

식(3.11)을 임의의 공간에서도 성립시키기 위해서

$$\nabla \cdot \mathbf{J} + \frac{\partial}{\partial t}\rho = 0 \tag{3.12}$$

가 되고, 식(3.12)는 전하량 보존의 법칙을 미분형으로 표시한 것이 된다.

식(3.5), 식(3.8) 의 양변에 발산 (div)을 취해서 (∇ · ∇×A = 0), 연속의 식 (3.12)를 대입하면 다음과 같다.

$$\frac{\partial}{\partial t}(\nabla \cdot \mathbf{D} - \rho) = 0 \tag{3.13}$$

$$\frac{\partial}{\partial t}(\nabla \cdot \mathbf{B}) = 0 \tag{3.14}$$

여기서, 초기조건(t=0)를 대입하면 다음과 같다.

$$\nabla \cdot \mathbf{D} = \rho \tag{3.15}$$

$$\nabla \cdot \mathbf{B} = 0 \tag{3.16}$$

3.2.4 맥스웰의 기본 전자기 방정식

$$\nabla\times\mathbf{H}=\mathbf{J}+\frac{\partial}{\partial t}\mathbf{D} \quad \text{(앙페르의 법칙)} \tag{3.17}$$

$$\nabla\times\mathbf{E}=-\frac{\partial}{\partial t}\mathbf{B} \quad \text{(패러데이의 법칙)} \tag{3.18}$$

$$\nabla\cdot\mathbf{D}=\rho \quad \text{(연속의 방정식)} \tag{3.19}$$

$$\nabla\cdot\mathbf{B}=0 \tag{3.20}$$

식(3.17) 및 식(3.18)은 시간적으로 변화하는 전계가 변위전류로서 자계를 유기하고, 그 자계의 변화가 다시 전계를 유기시키는 관계를 수학적으로 표현한 맥스웰의 상호 독립 방정식 이다. 식(3.19) 및 식(3.20)은 맥스웰의 종속 방정식이 된다.

3.2.5 매질 방정식

- 전자파와 매질의 관계를 표현하는 구성 관계식
- 맥스웰 방정식 틀에는 미지함수 **E**, **D**, **J**, **H**, **B**의 5개의 벡터양과 ρ (전하) 1개의 스칼라량이 포함되어 있다.
- 미지의 총 물리량 = 5 (vector) × 3 + 1 = 16 개
  => 식(3.17)과 식(3.18)의 2개의 벡터방정식
- 식(3.19)의 1개의 스칼라 관계식
- 16개의 물리량을 구하기 위해서는 16-7=9 개의 스칼라 관계식이 필요

일반적으로 매질과 전자계의 상호작용을 표현하는 방정식으로, 물질정의 전자에 대한 운동방정식을 이용해 도출할 수 있다. 일반적으로, 전속밀도 D, 자계 H, 전류밀도 J 를 전계 E 와 지속밀도 B로 나타내는 구성관계식은 다음과 같이 이루어진다.

$$\begin{aligned} \mathbf{D} &= \mathbf{D}(\mathbf{E}, \mathbf{B}) \\ \mathbf{H} &= \mathbf{H}(\mathbf{E}, \mathbf{B}) \\ \mathbf{J} &= \mathbf{J}(\mathbf{E}, \mathbf{B}) \end{aligned} \tag{3.21}$$

운동하고 있는 매질이나 초전도매질과 같은 특별한 경우를 제외한 매질의 전기적, 자기적 성질이

a) 界(Field)의 크기에 무관계 (linear)

b) 방향에 무관계 (isotropic, 등방성)

c) 界(Field)의 진동 주파수에 무관계 (non-dispersive, 비분산성)

d) 위치에 무관계 (homogeneous, 균질성)

인 통상의 매질에서는

$$\begin{cases} \mathbf{D} = \varepsilon \mathbf{E} \\ \mathbf{B} = \mu \mathbf{H} \\ \mathbf{J} = \mathbf{J}_o + \delta \mathbf{E} \end{cases} \tag{3.22}$$

로 나타낼 수 있다.

3.3 파동 방정식과 전자파

매질 방정식(3.22)를 이용하며 전자계와 전하 및 전류분포 사이의 관계를 설명 해두고 있는 맥스웰 방정식(3.17)과 (3.18)을 균일 매질에서 정리하면

$$\nabla \times \mathbf{E} = -\mu(\frac{\partial}{\partial t}\mathbf{H}) \quad \text{Faraday's law} \tag{3.23}$$

$$\nabla \times \mathbf{H} = \mathbf{J}_o + \delta\mathbf{E} + \varepsilon(\frac{\partial}{\partial t}\mathbf{E}) \quad \text{Ampere's law} \tag{3.24}$$

(※ $\mathbf{J}_o = \mathbf{J}$: 인가전류, δ가 무 손실 매질일 경우 = 0)

을 얻을 수 있다.

맥스웰 방정식이 전자파의 전파형상을 나타내고 있다는 사실을 개념적으로 야시 할 수 있으나 그 개념을 정량적으로 수학적으로 界를 다루기위해서는, 전계 부분만으로 또는 자계 부분만의 방정식으로 변형할 필요가 있다.

3.3.1 파동방정식

Faraday의 법칙이 양변에 회전을 취하면

$$\nabla \times \nabla \times \mathbf{E} = -\mu\frac{\partial}{\partial t}(\nabla \times \mathbf{H}) \tag{3.25}$$

이 되고, 이식에 (3.24)를 대입하면

$$\begin{aligned}\nabla \times \nabla \times \mathbf{E} &= -\mu\frac{\partial}{\partial t}(\mathbf{J}_o + \delta\mathbf{E} + \varepsilon\frac{\partial}{\partial t}\mathbf{E}) \\ &= -\mu\frac{\partial}{\partial t}\mathbf{J}_o - \mu\delta\frac{\partial}{\partial t}\mathbf{E} - \mu\varepsilon\frac{\partial^2}{\partial t^2}\mathbf{E}\end{aligned} \tag{3.26}$$

를 얻을 수 있으며, E에 대한 방정식이 된다.

※ 벡터항등식 정리

$$\nabla\times(\nabla\times\mathbf{E})=\nabla(\nabla\bullet\mathbf{E})-\nabla^2\mathbf{E}=-\nabla^2\mathbf{E}$$

식(3.26)을 벡터 항등식을 이용해서 정리하면

$$\nabla^2\mathbf{E}=\mu\frac{\partial}{\partial t}\mathbf{J}_o+\mu\delta\frac{\partial}{\partial t}\mathbf{E}+\mu\varepsilon\frac{\partial^2}{\partial t^2}\mathbf{E}$$

$$\nabla^2\mathbf{E}-\mu\delta\frac{\partial}{\partial t}\mathbf{E}-\mu\varepsilon\frac{\partial^2}{\partial t^2}\mathbf{E}-\mu\frac{\partial}{\partial t}\mathbf{J}_o=0 \tag{3.27}$$

이 되고, 이것을 전계에 대한 파동방정식 이라고 한다.

전계에 관한 파동방정식과 같은 방법으로 자계에 관한 파동방정식을 정리하면 다음과 같다

$$\nabla^2\mathbf{H}-\mu\varepsilon\frac{\partial^2}{\partial t^2}\mathbf{H}-\mu\delta\frac{\partial}{\partial t}\mathbf{H}=-\nabla\times\mathbf{J}_o \tag{3.28}$$

인가전류, 전하가 존재하지 않고, 무손실 재질 $(\delta=0)$ 에서는

$$\nabla^2\mathbf{E}-\mu\varepsilon\frac{\partial^2\mathbf{E}}{\partial t^2}=0$$

$$\nabla^2\mathbf{H}-\mu\varepsilon\frac{\partial^2\mathbf{H}}{\partial t^2}=0 \tag{3.29}$$

가 된다.

3.3.2 정현파

정상상태 (stationary state)의 맥스웰 방정식

전자파의 기본적인 장은 monochromatic-field (시간적으로 일정한 빛(파장)을 발생) 라 불리는 정상 상태의 장이다.

단일 주파수 ω 로 시간에 따라 정현적으로 변화 ⇒ 페이저(phasor) 개념

을 이용.

※ **Euler**의 정리에 의해

$e^{j\omega t} = \cos\omega t + j\sin\omega t \qquad (w = 2\pi f)$

$\cos\omega t = \dfrac{e^{j\omega t} + e^{-j\omega t}}{2}, \sin\omega t = \dfrac{e^{j\omega t} - e^{-j\omega t}}{2j}$

장점: 미분이나 적분을 간단히 표시할 수 있다

- 미분($\frac{\partial}{\partial t}$) $\Rightarrow$ $j\omega$를 곱한다
- 적분 $\Rightarrow$ $j\omega$로 나눈다

벡터 표 가 시간에 의해 정현적으로 변하는 전계의 형태는

$$\begin{aligned} \mathbf{E}(x,y,z,t) &= \mathrm{Re}[\mathbf{E}(x,y,z,t)] = \mathbf{E}(x,y,z,t)\cos\omega t \\ &= \mathrm{Re}[\mathbf{E}(x,y,z,t)e^{j\omega t}] \\ &\therefore E = \mathrm{Re}\{\mathbf{E}e^{j\omega t}\} \end{aligned} \tag{3.30}$$

맥스웰 방정식은 페이져 형식을 사용하면,

$$\nabla \times \mathbf{E} = -j\omega\mu_o \mathbf{H} \tag{3.31}$$

$$\nabla \times \mathbf{H} = \mathbf{J} + j\omega\varepsilon_o \mathbf{E} \tag{3.32}$$

식(3.27)의 전계에 대한 파동방정식의 페이저 형식(인가정류가 존재하지 않는 경우)

(시간적변화가 $e^{j\omega t}$ 이면, $\dfrac{\partial}{\partial t} \Rightarrow j\omega$, $\dfrac{\partial^2}{\partial t^2} \Rightarrow -\omega^2$)

$$\nabla^2 \mathbf{E} + \omega^2 \mu\varepsilon \mathbf{E} - j\omega\mu\delta \mathbf{E} = 0 \tag{3.33}$$

여기서, $k^2 = \omega^2 \mu\varepsilon\mathbf{E} - j\omega\mu\delta$ 로 두면

$$\nabla^2\mathbf{E} + k^2\mathbf{E} = 0 \tag{3.34}$$

가 되면, 자계에 대한 파동방정식의 페이저 형식은

$$\nabla^2\mathbf{H} + k^2\mathbf{H} = 0 \tag{3.35}$$

를 얻을 수 있다. 이때 전원의 분포가 없는 무손실 간순 매질 $(\delta = 0)$ 에서는 $k^2 = \omega^2\mu\varepsilon$ 가 되며, 이때의 상수 $k = \omega\sqrt{\mu\varepsilon}$ 를 매질의 전파상수 또는 위상상수라고 한다.

특히, 식 (3.34) 와 (3.35)을 Helmholtz Equation 이라고 한다.

※ Wave(파동) : 일반적으로 어떤 물리적 상태가 전파해서 어느 시간 지연 되어서 다른 지점에 재현되는 현상

3.3.3 평면파

전자파가 발생하기 위해서는 무엇인가의 방생원이 있어야만 한다. 발생원의 크기는 제한되어 있기 때문에, 큰 스케일에서 본다면 하나의 점파원 (point source) 으로 생각할 수 있으며, 전자파는 그 점원을 중심으로 구면 상태로 퍼져나감을 알 수 있다. 이때 점파원을 중심으로 한 구면상에서는 전자계는 동위상이 되어 있고 등위상면의 전자파를 구면 전자파라 한다.

◎ 평면 전자파란 ? (전자파의 진행 방향 = Z축)

① 전파하는 방향에 수직인 면내의 전자계는 일정(불변)하다
② 전파방향의 Z성분은 공간적이나 시간적 에서도 일정
③ E, H 는 Z축에 수직인 방향을 향하는 벡터

◎ 기본적인 평면파 ($\delta = 0$ 인 경우)

$+z$ 방향으로 전파하는 전자계가 x, y 평면에 일정하게 분포하고, x 방양의 전계와 y 방향의 자계성분만 존재하는 평면과 $\nabla \times \mathbf{E} = -j\omega\mu\mathbf{H}$ 의 직각좌표계(i , j , k)를 이용하여

$$\begin{vmatrix} a_x & a_y & a_z \\ \dfrac{\partial}{\partial x} & \dfrac{\partial}{\partial y} & \dfrac{\partial}{\partial z} \\ \mathbf{E}_x & \mathbf{E}_y & \mathbf{E}_z \end{vmatrix} = -j\omega\mu\mathbf{H} = j\omega\mu(a_x\mathbf{H}_x + a_y\mathbf{H}_y + a_z\mathbf{H}_z) \tag{3.36}$$

정리하면

$$\frac{\partial E_z}{\partial y}-\frac{\partial E_y}{\partial z}=-j\omega\mu H_x \Rightarrow \frac{\partial E_y}{\partial z}=j\omega\mu H_x$$
$$\frac{\partial E_x}{\partial z}-\frac{\partial E_z}{\partial x}=-j\omega\mu H_y \Rightarrow \frac{\partial E_x}{\partial z}=j\omega\mu H_y$$
$$\frac{\partial E_y}{\partial x}-\frac{\partial E_x}{\partial y}=-j\omega\mu H_z$$

$\nabla\times\mathbf{H}=\mathbf{J}_0+\delta\mathbf{E}+j\omega\varepsilon\mathbf{E}$ 의 직각좌표계 $(\mathbf{J}_0=0,\delta=0)$

$$\frac{\partial H_z}{\partial y}-\frac{\partial H_y}{\partial z}=(\delta+j\omega\varepsilon)E_x \Rightarrow \frac{\partial H_y}{\partial z}=-j\omega\varepsilon E_x$$
$$\frac{\partial H_x}{\partial z}-\frac{\partial H_z}{\partial x}=(\delta+j\omega\varepsilon)E_y \Rightarrow \frac{\partial H_x}{\partial z}=-j\omega\varepsilon E_y$$
$$\frac{\partial H_y}{\partial x}-\frac{\partial H_x}{\partial y}=(\delta+j\omega\varepsilon)E_x$$

파동방정식 또는 Helmholtz 방정식은 2차 미분 방정식으로 E_x 에 관한 일반해는

$$E_x(z)=E_{x_1}e^{-jkz}+E_{x_2}e^{jkz} \tag{3.37}$$

시간영역에서는

$$E_x(z,t)=E^{+}\omega s(\omega t-kz)+E^{-}e^{j(\omega t+kz)} \tag{3.38}$$

$\therefore E^{+},E^{-}$ 는 초기조건에 의해 결정되면, 진폭값 (E^{+}:입사파, E^{-}:반사파)

$$k=\omega\sqrt{\varepsilon\mu}$$

페이저 형식은

$$E_x(z,t)=E^{+}e^{j(\omega t-kz)}+E^{-}e^{j(\omega t+kz)} \tag{3.39}$$

평면파에 관한 전계와 자계의 비

$$\frac{|E|}{|H|} = \sqrt{\frac{\mu_0}{\varepsilon_0}} = Z_0 \tag{3.40}$$

$$H_y(z,t) = \frac{E^+}{Z_0}\cos(\omega t - kz) + \frac{E^-}{Z_0}\cos(\omega t + kz) \tag{3.41}$$

전자계의 벡터는 공간적 위치 함수이자 시간에 대해 정현파형으로 변화하는 함수이다.

전계 및 자계의 Z성분 => 전계나 자계는 전자파의 진행방향의 성분을 가지지 않는다(횡파).

평면 전자파는 $(E_x, H_y), (E_y, H_x)$의 조합

$$\frac{dE_x}{dz} = -j\omega\mu E_y, \quad \frac{dE_y}{dz} = -j\omega\mu E_x \tag{3.42}$$

-faraday's law- -Ampere's law-

$$\frac{dE_y}{dz} = -j\omega\mu E_x, \quad \frac{dE_x}{dz} = -j\omega\mu E_y \tag{3.43}$$

도전 매질중의 평면파 (손실이 있는 경우) $\delta >> \omega\varepsilon$

$\mathbf{J} = \delta\mathbf{E}$ 의 관계를 이용

$(\mathbf{J} = \mathbf{J}_0 + \delta\mathbf{E})$

$$\nabla \times \mathbf{E} = -j\omega\mu\mathbf{H} \tag{3.44}$$

$$\nabla \times \mathbf{H} = (\delta + j\omega\varepsilon)\mathbf{E} \tag{3.45}$$

파동 방정식 도출과정과 같이, rot(회전)을 취하면

$$\nabla^2\mathbf{E}-(j\omega\mu)(\delta+j\omega\varepsilon)\mathbf{E}=0 \tag{3.46}$$

Holmholtz의 방정식을

$$\nabla^2\mathbf{E}-\gamma^2\mathbf{E}=0 \tag{3.47}$$

$$\therefore \gamma=\sqrt{-\omega^2\varepsilon\mu+j\omega\mu\delta} \tag{3.48}$$

얻을 수 있다.

전계가 x방향, 전자파가 Z방향으로 진행하는 평면파는

$$E_x=E^+e^{-\gamma z}+E^-e^{\gamma z} \tag{3.49}$$

$$H_y=\frac{1}{z}(E^+e^{-\gamma z}+E^-e^{\gamma z}) \tag{3.50}$$

$$Z=\frac{j\omega\mu}{\gamma} \tag{3.51}$$

$$\gamma=\sqrt{-\omega^2\varepsilon\mu+j\omega\mu\delta}=a+j\beta \tag{3.52}$$

α 와 β 의 값 (양변을 2승해서 실수부와 허수부를 동등하게 두면)

$$\alpha=\omega\left\{\frac{\varepsilon\mu}{2}\left(\sqrt{1+\frac{\delta^2}{\omega^2\varepsilon^2}}-1\right)\right\}^{\frac{1}{2}}$$

$$=\omega\sqrt{\varepsilon\mu}\left\{\frac{\sqrt{1+\frac{\delta^2}{\omega^2\varepsilon^2}}-1}{2}\right\}^{\frac{1}{2}} \tag{3.53}$$

$$\beta = \omega\left\{\frac{\varepsilon\mu}{2}\left(\sqrt{1+\frac{\delta^2}{\omega^2\varepsilon^2}}+1\right)\right\}^{\frac{1}{2}}$$

$$= \omega\sqrt{\varepsilon\mu}\left\{\frac{\sqrt{1+\frac{\delta^2}{\omega^2\varepsilon^2}}+1}{2}\right\}^{\frac{1}{2}} \tag{3.54}$$

γ : Propagation constant

α : Attenuation constant (감쇠 상수)

β : Phase constant (위상 상수)

$\delta \to 0$ 이면, 절면체가 되어

$\alpha = 0$, $\beta = \omega\sqrt{\varepsilon\mu}$

$\delta \to Big$ 이면, 완전도체가 되어

$\alpha \to Big$, $\beta \to Big$

$\delta / \omega\varepsilon >> 1 \Rightarrow (\delta / w\varepsilon)^2 >> 1$

식(3.53) 및 식(3.54)은 다음과 같이 근사화하여 이용할 수 있다.

$$2=\beta \simeq \sqrt{\frac{\omega\mu\delta}{2}} \tag{3.55}$$

3.3.4 Skin Depth(표면 두께, 침투깊이)

도체 내에서 전자파는 $e^{-\alpha z}$로 감쇠 한다. 전자계의 세기가 도체표면 Z=0 에서의 값보다 $1/e$ ≒0.368로 감쇠하는 거리를 $z=\delta$를 표피두께(skin depth)라 한다.

$$\delta = \frac{1}{2} = \sqrt{\frac{2}{\omega\mu\delta}} = \sqrt{\frac{1}{\pi f \mu_0}}\sqrt{\frac{1}{\delta}} \tag{3.56}$$

※ Skin depth는 도체 내에 전자파가 어디까지 전파 되는지, 또는 도선의 어느 부분까지 고주파 전류가 흐르는지를 파악하는 척도가 된다.

f = 10 GHz에서 금과 은의 표피두께

금 $\Rightarrow 7.86\times10^{-7}$ m, 구리 $\Rightarrow 6.60\times10^{-7}$ m

은 $\Rightarrow 6.40\times10^{-7}$ m, 알루미늄 $\Rightarrow 8.14\times10^{-7}$ m

양질의 도체 내에서 대부분의 전류는 도체의 표면부근의 아주 얇은 영역 내에서만 흐름을 알 수 있다.

3.3.5 원편파 (elliptically polarized wave)

- 평면파 : 전자계가 일정한 방향
  편파면이 시간적으로 일정 - 직선편파
- 원편파 : 편파편이 시간적으로 회전
  전자계의 선단(先端)이 우회전 - 정원편파
  전자계의 선단(先端)이 좌회전 - 부원편파

$$E_x = \hat{x}E_x e^{j(\omega t - kz + \phi)},\ e_x(z,t) = E_x \cos(\omega t - kz + \phi) \tag{3.57}$$

$$E_y = \hat{y}E_y e^{j(\omega t - kz + \theta)},\ e_y(z,t) = E_y \cos(\omega t - kz + \theta) \tag{3.58}$$

▸ 합성편파

$$\mathbf{E} = E_x e^{j(\omega t - kz + \phi)} + E_y e^{j(\omega t - kz + \theta)} \tag{3.59}$$

① $\phi - \theta = n\pi$ $(n = 0,1,2,\cdots)$ 일 경우 직선편파

② $\phi - \theta = +\pi/2$: E_x 의 위상이 90° 앞 : 우회전 원편파

RHCP (Right Hand Circular Polarization)

$-\pi/2$: E_y 의 위상이 90° 앞 : 좌회전 원편파

↳ $ey(z,t) = E_y \sin(wt - kz)$

LHCP (Left Hand Circular Polarization)

③ $E_x \neq E_y$, 이고 위상차가 $\dfrac{\pi}{2}$ 가 아닐 경우: 타원편파

3.3.5 포인팅 벡터 (전류의 흐름) Poynting Vector

- 전자파가 진행할 경우 $1m^2$ 당 운반할 수 있는 전력

- 포인팅 벡터의 일반식

$$S = \mathbf{E} \times \mathbf{H} \tag{3.60}$$

- 포인팅 벡터는 임의의 시각에 대해서 성립
- 전계, 자계, 포인팅 벡터는 서로 직교
- 포인팅벡터의 방향은 파의 진행방향과 일치

- 단일 정현파의 포인팅벡터 (정현파의 평균 전력)

정현파의 경우는 어느 특정 시각 때의 순시값 보다는, 1주기에 대해서 평균한 평균 포인팅 벡터를 이용

$$S_{av} = \frac{1}{2}\{\mathbf{E} \times \mathbf{H}^*\}$$ 복소 전력

(전계와 자계가 동일한 위상이면 *는 없어진다)

$$S_{av} = \frac{1}{2}(\mathbf{E} \times \mathbf{H})$$

$$= \frac{1}{2} \cdot \frac{E^2}{Z_0}$$

$$= \frac{E_{eff}}{Z_0} \qquad [W/m^2]$$

$$S_{av} = E_{eff} \times H_{eff}$$

(예제) 전계 최대 전폭이 $E_{\max}[v/m]$로 +Z방향을 향하고 있는 (f=300MHz의)단일 정현파가 +y방향으로 진행하고 있다

이 전파의 각주파수$w[rad/s]$, 위상정수 $k[rad/m]$, 초기위상$\phi[rad]$일 때,

(1) 전계 벡터 **E**의 식을 표시 하시오.

$$\mathbf{E} = \hat{z}E_{\max}e^{j(\omega t - ky + \phi)} \quad [v/m]$$

(2) 전계 벡터의 순시값 e 의 식을 표시 하시오

$$e(y,t) = \mathrm{Re}[\hat{z}E_{\max}e^{j(\omega t - ky + \iota)}]$$

$$= \hat{z}E_{\max}\cos(\omega t - ky + \phi) \quad [v/m]$$

(3) 자계 벡터의 순시값 h 의 식을 표시 하시오.

$$h(y,t) = \hat{z}\frac{E_{\max}}{Z_0}\cos(\omega t - ky + \phi)$$

(4) $E_{\max} = 10[v/m], f = 300MHz$, $\phi = 0$일 때의 **E**의 순시값을 표시 하시오.

$$\lambda = \frac{c}{f} = lm \text{ , } w = 2\pi f = 6\pi \times 10^8$$

$$K = \frac{2\pi}{\lambda} = 2\pi \quad [rad/m]$$

$$e(y,t) = \hat{z}10\cos(6\pi \times 10^8 t - 2\pi y)$$

(5) 이 전파의 전계의 실효치가 $1[mV/m]$이 었다면, 이때의 소비전력을 구하시오

$$S = \frac{\mathbf{E}^2{}_{eff}}{Z_0} = \frac{(1\times 10^{-3})^2}{377} = 2.65\times 10^{-9}[W/m^2]$$

전계의 진폭이 $10[V/m]$ 이면

$$S_{av} = \frac{10^2}{2} \cdot \frac{1}{377} = \frac{50}{377}[W/m^2]$$

3.4 경계조건

물리적 성질이 서로 다른 2개 이상의 매질이 존재할 때, 그 경계면에서는 매질의 전자기적 성질이 불연속적이기 때문에 전자계 성분의 일부가 불연속적으로 변화 한다. 따라서 매질의 특징을 표시하는 ε,μ,δ 등이 불연속적으로 변화 하고 있는 경계에서는 맥스웰 방정식을 그대로 적용 할 수 없다.

- 경계조건: 경계면에 있어서 전계와 자계의 점선 성분이 동등하도록 만들어 주는 것, 즉 접선 성분이 연속이 되도록 한다.

전계, 자계의 접선 성분의 경계 조건

맥스웰 방정식의 적분형 식 (3.2)와 식(3.6)을

$$\oint_c \mathbf{H}\cdot dl = \int_s (\mathbf{J} + j\omega\varepsilon\mathbf{E})\cdot nds \quad \text{Ampere's law}$$

$$\oint_c \mathbf{E}\cdot dl = \int(-\mathbf{J}_m - j\omega\mu\mathbf{H})\cdot \mathbf{n}ds \quad \text{Faraday's law}$$

경계 면에 접근 $(\Delta \to 0)$ 시키면, 우변의 전계, 자계는 유한값을 취하므로, 그 면적분은 0에 접근 한다.

전계, 자계의 경계면의 접선부분의 연속조건으로서, $\Delta \to 0$ 접근 하면,

$$n\times(\mathbf{E}_1 - \mathbf{E}_2) = -J_{sm} = 0 \tag{3.61}$$

$$n\times(\mathbf{H}_1 - \mathbf{H}_2) = -J_s \tag{3.62}$$

$\therefore J_{sm}[V/m]$: 표면 자류 밀도

$J_s[A/m]$: 표면 전류 밀도

$$\int_{\Delta v}\nabla\cdot\mathbf{D}dv = \int_{\Delta s}\mathbf{D}\cdot ds = \int_{\Delta v}\rho dv \tag{3.63}$$

$$\int_{\Delta v} \nabla \cdot \mathbf{B} dv = \int_{\Delta s} \mathbf{B} \cdot ds = \int_{\Delta v} \rho_m dv \tag{3.64}$$

$\Delta v \to 0$ 하면

$$n \cdot (\mathbf{D}_1 - \mathbf{D}_2) = \rho_s \tag{3.65}$$

$$n \cdot (\mathbf{B}_1 - \mathbf{B}_2) = \rho_{sm} = 0 \tag{3.66}$$

$\therefore \rho_s [c / m^2]$: 표면 전하 밀도

$\rho_{sm} [wb / m^2]$: 표면 지하 밀도

(1) 매질 1, 2가유전체일 경우. (유한의 도전율을 가질 경우, 표면 전류=0)
⇒유전체의 경계표면에서는 전하, 지하, 전류, 자류 가 존재하지 않음.

$$\begin{aligned} n \times (\mathbf{E}_1 - \mathbf{E}_2) = 0 \\ n \times (\mathbf{H}_1 - \mathbf{H}_2) = 0 \\ n \times (\mathbf{D}_1 - \mathbf{D}_2) = 0 \\ n \times (\mathbf{B}_1 - \mathbf{B}_2) = 0 \end{aligned} \tag{3.67}$$

(2) 매질2가 전기적 완전도체 ($\delta = \infty$)일 경우

Ohm의 법칙에 의해 $\mathbf{E}_2 = \mathbf{H}_2 = 0$ 전자파 투과 없슴

$$\begin{aligned} n \times \mathbf{E}_1 = 0 \\ n \times \mathbf{H}_1 = \mathbf{J}_s \\ n \times \mathbf{D}_1 = n \cdot \mathbf{E}_1 = \frac{\rho_s}{\varepsilon} \\ n \times \mathbf{B}_1 = \mathbf{n} \cdot \mathbf{H}_1 = 0 \end{aligned} \tag{3.68}$$

금속표면에 있는 전계의 접선 성분은 단락되지만, 경계면에 평행한 자계가 존재해, 도체에는 가계는 존재하지 않지만, 도체표면상에 자계에 직교하는 표면전류 $\mathbf{J}_s$가 유기된다.

3.5 전자파의 반사와 굴절

3.5.1 전자파가 물체에 수직으로 입사하는 경우

+z방향으로 무한히 넓은 유전체 (반무한 유전체 매질)에 평면 전자파가 수직 입사한 경우

① 매질1에서

$$E_x = \begin{cases} E^+ = E_i = E_0 e^{-jk_1 z} \\ E^- = E_r = \Gamma E_0 e^{jk_1 z} \end{cases} \quad k_1 = w\sqrt{\varepsilon_1 M_1}, z_1 = \sqrt{\frac{M_1}{\varepsilon_1}} \tag{3.69}$$

$$H_y = \begin{cases} H^+ = \frac{1}{z_1} E_i = \frac{E_0}{z_1} e^{-jk_1 z} \\ H^- = -\frac{1}{z_1} E_r = -\Gamma \frac{E_0}{z_1} e^{jk_1 z} \end{cases} \tag{3.70}$$

② 매질2(유전체)에서

$$E_x' = \begin{cases} E^{+\prime} = E_t = TE_0 e^{-jk_2 z} \\ E^{-\prime} = 0 \end{cases} \quad k_2 = w\sqrt{\varepsilon_2 M_2}, z_2 = \sqrt{\frac{M_2}{\varepsilon_2}} \tag{3.71}$$

$$H_y' = \begin{cases} H^{+\prime} = \frac{1}{z_2} E_t = T \frac{E_0}{z_2} e^{-jk_1 z} \\ H^{-\prime} = 0 \end{cases} \tag{3.72}$$

z=0에서, 전자계의 접선성분이 연속이 되는 경계조건에서

$$E_x = E_x' \Rightarrow E_i + E_r = E_t$$

$$H_y = H_y' \Rightarrow H_i + H_r = H_t \tag{3.73}$$

◎ 반사계수 **(Reflection Coefficient)**

$$\Gamma = \left|\frac{E_r}{E_i}\right| = \left|\frac{z_2 - z_1}{z_1 + z_2}\right| = \left|\frac{\sqrt{\varepsilon_1\mu_1} - \sqrt{\varepsilon_0\mu_0}}{\sqrt{\varepsilon_0\mu_0} + \sqrt{\varepsilon_1\mu_1}}\right| \tag{3.74}$$

이때의 계수Γ를 진폭 반사 계수

$\varepsilon = \varepsilon_0$ 이면$\Gamma = 0$ (반사 없음)

$\varepsilon >> \varepsilon_0$ 이면$\Gamma = 1$ (완전 반사)

◎ 투과 계수 **(Transmission)**

$$T = \left|\frac{E_t}{E_i}\right| = \left|\frac{2z_2}{z_1 + z_2}\right| \tag{3.75}$$

$\therefore T = 1 + \Gamma$

$$\begin{aligned} E_i(z) &= E_0 e^{j(\omega t - r_1 z)} \\ E_r(z) &= \Gamma \cdot E_0 e^{j(\omega t + r_1 z)} \\ E_t(z) &= T \cdot E_0 e^{j(\omega t - r_2 z)} \end{aligned} \tag{3.76}$$

$E_i + E_r = E_t$ - ① $\quad H_i + H_r = H_t$ - ②

$H_i = \frac{Ei}{Z_1} = \sqrt{\frac{\varepsilon_1}{M_1}} E_i, H_r = \sqrt{\frac{\varepsilon_1}{M_1}} E_r, H_t = \sqrt{\frac{\varepsilon_2}{M_2}} E_t$ - ③

②는 $\sqrt{\frac{\varepsilon_1}{M_1}} E_i - \sqrt{\frac{\varepsilon_1}{M_1}} E_r = \sqrt{\frac{\varepsilon_2}{M_2}} E_t$ - ④

①과 ④를 E_r, E_t에 대해서 해를 구해, ③에 대입 하여 정리하면

$$E_r = \frac{\sqrt{\frac{\varepsilon_1}{M_1}} - \sqrt{\frac{\varepsilon_2}{M_2}}}{\sqrt{\frac{\varepsilon_1}{M_1}} + \sqrt{\frac{\varepsilon_2}{M_2}}} E_i \Rightarrow E_r = \Gamma \cdot E_i \qquad \therefore \Gamma = \frac{z_2 - z_1}{z_2 + z_1}$$

$$E_t = \frac{2\sqrt{\frac{\varepsilon_1}{M_1}}}{\sqrt{\frac{\varepsilon_1}{M_1}} + \sqrt{\frac{\varepsilon_2}{M_2}}} E_i \Rightarrow E_r = T \cdot E_i \qquad \therefore T = \frac{2z_2}{z_2 + z_1}$$

반사율 : $r = (\frac{E_r}{E_i})^2$

투과율 : $t = (\frac{E_t}{E_i})^2$

3.5.2 임의 방향으로 전파하는 전자파

전계 E_0의 방향은 $+z$, 전파는 x-y평면상에서 $+x$축에서 $+y$축 방향으로 α 회전한 방향으로 진행한다면

$$\mathbf{E} = a_z E_0 e^{-jkx} \tag{3.77}$$

$x = x\cos\alpha + y\sin\alpha$를 대입 $(Y = -x\sin\alpha + y\cos\alpha)$

$$\mathbf{E} = a_z E_0 e^{-jk(x\cos\alpha + y\sin\alpha)} \tag{3.78}$$

① α=0 이면 $\mathbf{E} = a_z E_0 e^{-jkx}$

② α=90° 이면 $\mathbf{E} = a_z E_0 e^{-jky}$

식 (3.78)을 다시 정리 하면

$$\mathbf{E} = a_z E_0 e^{-jk_{0x}x - jk_{0y}y}$$

$$\therefore k_{0x} = k_0 ws\alpha,\ k_{0y} = k_0 \sin\alpha$$

이때의 k_{0x}, k_{0y} 를 x, y축 방향의 위상 정수라 한다.

$$\lambda_{0x} = \frac{2\pi}{K_{0x}}, \lambda_{0y} = \frac{2\pi}{K_{0y}}$$

3.6 전자파의 전파

◎ 파의 형태

橫波(transverse wave , secondary wave, S파) : 매질중의 각 점의 진동 변위의 방향이 전파(진행)방향에 대해 수직인 파.

縱波(longitudinal wave , primary wave , P파) : 매질중의 각 점의 진동 변위의 방향이 전파 방향과 일치하는 파.

◎ 전파와 음파의 차이점

① 물리현상의 차이점

전파 : 전자계의 진동에 의해 발생하며, 전계와 자계가 존재.

전자계의 에너지가 존재함으로 전파는 진공상태에서도 전파(propagation) 될 수 있다.

음파 : 음향 에너지, 진동매체(기체, 액체, 고체)가 필수조건

아무것도 없는 상태에서 음파는 전달되지 않는다.

② 파의 형태

전파 - 횡파

음파 - 종파

③ 공통점 : 파동에너지를 가진다. 파장, 진폭, 주기, 진동수, 반사, 흡수, 토플러현상

◎ 초단파와 초음파의 비교

비교항목		초단파	초음파
진동수		30~300MHz	20kHz이상
파장		1~10m	1.7cm이하
전파속도	공기	30만km/sec	343m/sec(상온)
	수중	거의 전파 안됨	1480m/sec
	고체(철)	반사한다	5180m/sec
	진공	공기중와 동일	전파안됨
그 외의 특징		전파거리가 길다 방송, 통신용	반사하기 쉬움 감쇠되기 쉬움

◎ 전자파의 전파 형태

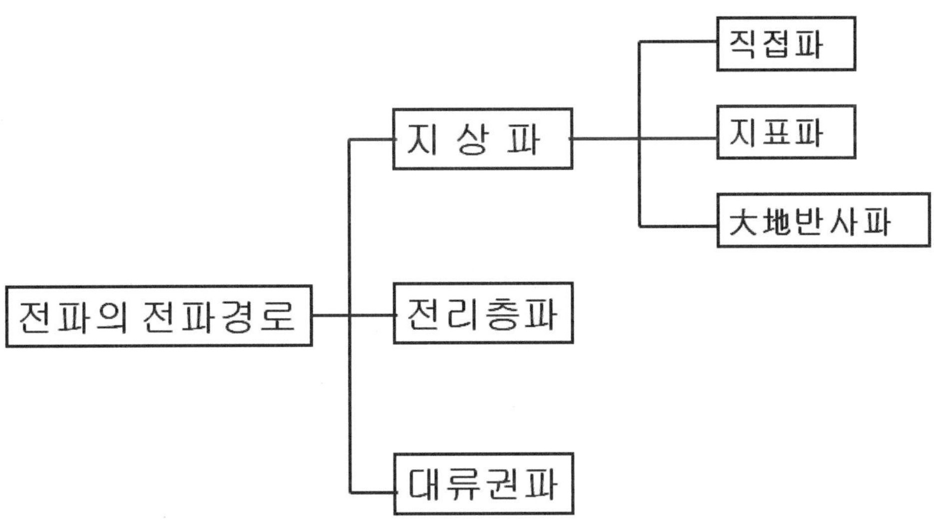

◎ 전리층의 전파

전리층 - 이온층·케넬리헤비사이드층 이라고도 한다. 지표에서 약 50km 이상인 고도의 대기는 전자 또는 양(陽)이온이 많이 존재하며 전체적으로는 중성인데 일종의 이온화 플라스마를 형성하고 있다. 도체의 성질을 가진 곳.

D층 : 지상에서 70km 부근 - 장파통신

E층 : 지상에서 100km 부근 - 중파통신

F층 : 지상에서 200 ~ 400km 부근 - 단파통신

전리층의 최대전자밀도에서 반사되는 임계주파수의 영향으로 약30MHz 이하의 긴 파장만 반사 된다.

◎ 페이딩(fading) 현상

전자파의 전파에는 복수의 경로가 존재가 하며, 그러한 다중파 전파에는 전파하고 있는 대류권이나 전리층의 매질이 시간적으로 변동하기 때문에 수신점에서의 전계의 진폭과 위상이 변동하는 현상

◎ 전자파의 회절

회절→키리호프 • 호이겐스의 회절이론

P점에서 Q까지의 수선의 길이를 d로 할때 거리 d에서 반파장(λ/2) 만큼의 차가 있는 동심원을 프레넬 존이라고 한다.

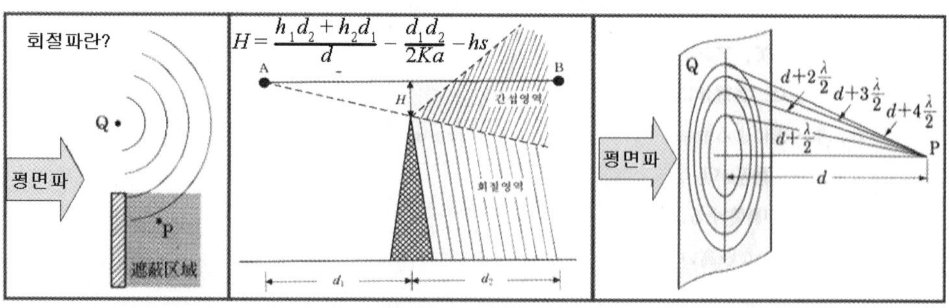

회절현상 나이프 에지에 의한 회절이론 프레넬존이란?

◎ 프레넬 존(**Fresnel Zone)**

- 전자파의 전파를 가능한 자유공간 중의 전파 상태에 가깝게 하기 위해서는 송신안테나를 가능한 장해물에 영향을 받지 않는 높은 지점에 설치하는 것이 바람직하다
- 송신점과 수신점을 초점으로 하는 타원
- 송신점(A)과 수신점(B) 사이에 장해물(C) 가 있을 경우, C점에서의 n차 프레넬 존의 반경

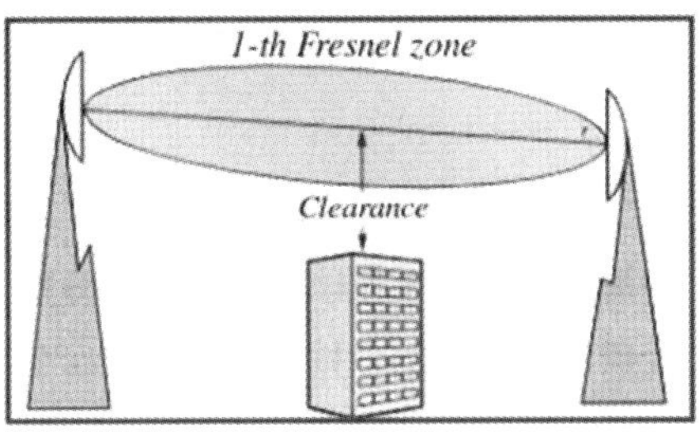

전파경로의 확보

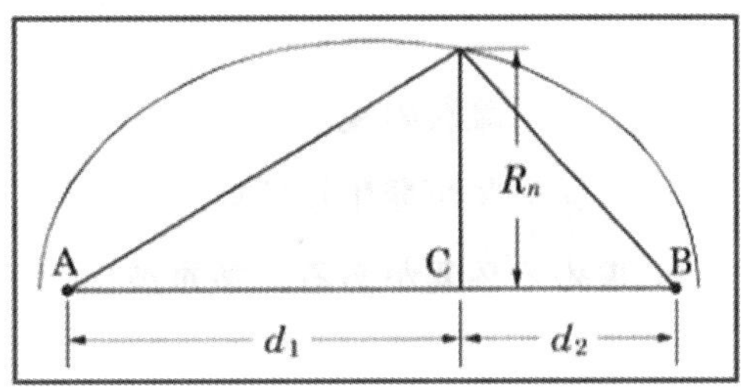

프레넬존의 반경→ $R_n = \sqrt{\dfrac{n\lambda d_1 d_2}{d_1 + d_2}}$

◎ 전자파 산란 및 레이더의 원리

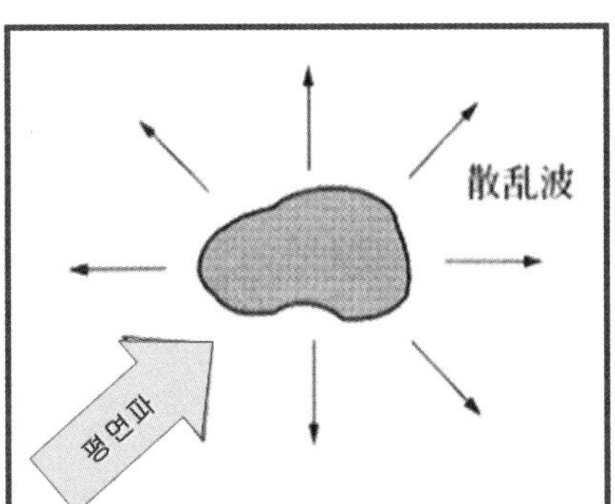

전자파의 산란

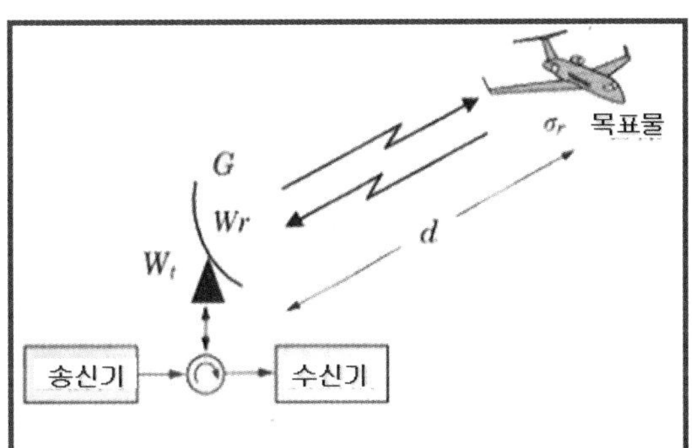

레이더의 원리

▸거리 측정, $d = \dfrac{c \times t}{2}$ (※ c : 전자파의 속도, t:왕복시간)

◎ 전자파의 전파 경로

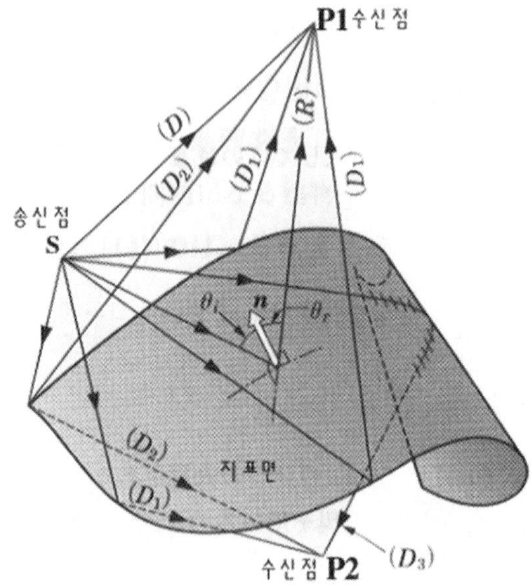

(D) 직접파

(R) 기하광학적반사파

(D1) Edge 회절파

(D2) Corner 회절파

(D3) 표면파

◎ 주파수란 무엇인가?

주파수란 매질 내에서 속도와 파장과 함께 전자파를 규정짓는 세 개의 변수 중 하나이다.

주파수는 대기를 포함하는 매질 내의 어는 한 지점에서 1초에 규칙적으로 변하는 전계 또는 자계의 힘이 완전히 변화되는 수로 정의할 수 있다.

- 1초에 몇 번 진동하는가에 따라 주파수가 결정
- 주기(cycle) / 초(second) -> Hz (Hertz)
- 파장 : 한번 진동하는데 움직이는 거리

(예제) 다음 신호의 주파수와 파장을 구해 보세요.

$$f(t) = 10\cos(6\times10^6 \pi t)$$

$$\omega = 2\pi f,\ f = 3\times10^6 = 3MHz$$

$$\lambda = \frac{c}{f} = \frac{3\times10^8}{3\times10^6} = 100m$$

◎ 주파수 스펙트럼의 대역별 호칭과 용도

	주파수대역	명칭	파장	용도
전파	3~30kHz	VLF	100~10km	수중음파탐지
	30~300kHz	LF	10~1km	항행
	300~3000kHz	MF	1km~100m	중파방송,해상통신
	3-30MHz	HF	100m~10m	단파방송,생활무선
	30~300MHz	VHF	10m~1m	TV,FM방송,무선호출
	0.3~3GHz	UHF	1m~10cm	이동통신,레이더,TV
	3~30GHz	SHF	10cm~1cm	위성통신,레이더
	30~300GHz	EHF	1cm~1mm	레이더, 군사통신,우주
빛	43~430THz	적외선	7~0.7㎛	
	430~750THz	가시광선	0.7~0.4㎛	광통신
	750~3000THz	자외선	0.4~0.1㎛	

- 주파수 대역폭:통신시스템에서 신호가 전달되기 위해서 사용하는 주파수
- Laser : Light Amplification by Stimulated Emission of Radiation(유도방출과정에 의한 빛의 증폭)

V	very	L	low
M	Medium	H	high
U	Ultra	S	super
E	extremely	F	frequency

주파수의 부류에 사용되는 약칭

	microwave									
GHz	1.0	2.0	4.0	8.0	12.4	18	26	40	60	
Band		L	S	C	X	Ku	K	Ka	U	

레이더의 사용주파수에 의한 6개의 밴드 분류

◎ 주파수 관리

통신은 상호적인 행위→ 전파통신은 상호간의 위치에 관계없이 대기공간을 통한 자유로운 해동

▸정보별 통로의 구별화 – 주위의 공간에 산재하고 있는 주파수의 사용 질서

▸ 외부 잡음원

1. 자연발생적인 방사잡음 - 번개

2. 비의도적인 인공방사 잡음 – EMI/EMC (electromagnetic interference /compatibility)

3. 타 통신장비로부터의 방사잡음 – 혼신, 간섭

▸ 주파수 관리의 가장 중심적인 임무 → 간섭의 조정

▸주파수 사용을 위한 조직적인 관리계획의 필요성→ ①전파통신의 자유로운 행동 반경에 따른 주파수의 수요 증가(무선국의 기하급수적 증가) ②다양한 채널 확보 ③대량의 정보→ 보다 많은 넓은 전파통로의 요구

◎ 통신 부호화 정리 (채널용량공식)

$$C = W \ \log_2\left(1 + \frac{S}{N}\right) \ [\text{bps}] \tag{3.79}$$

C : 전송 가능한 단위 시간당 최대정보량[bps]

W : 전송로(신호)의 대역폭 [Hz]

S : 신호의 평균 전력

N : 잡음의 평균 전력

(예제) SNR이 7일 때, 2.4Mbps의 최대 전송속도를 만족하기 위한 대역폭(W)을 구하시오.

$$2400000\,[\text{bps}] = W \times \log_2(1+7) = W \times \log_2 8 = W \log_2 2^3$$

$$\therefore W = 2400000/3 = 800000[Hz] = 800[kHz] = 0.8[MHz]$$

◎ **ISM - Band**

- ISM(Industrial, Scientific, Medical frequencies) Band→ 900MHz, 2.4GHz, 5.7GHz의 주파수 대역
- 우리나라→ 900M (902~928MHz)와 2.4GHz (2.4~2.4835GHz)가 라이센스 없이 사용 가능.
  - ▸ 5GHz→군사용으로 사용, 802.11a 장비의 시장 진입이 불가능한 상태 입니다.
  - ▸ 900MHz→는 무선전화기가 주로 이용 중 입니다.
  - ▸ 2.4GHz→전자레인지(이 주파수대가 물의 공진주파수와 관련), 무선 네트워크, 블루투스
- IEEE 802.11 무선랜 규격 :
  - ▸ 802.11a규격→는 5.7GHz에서 54Mbps
  - ▸ 802.11b규격→이 2.4GHz에서 최대 속도는 11Mbps
  - ▸ 802.11g규격→2.4GHz에서 54Mbps까지의 속도와802.11b와의 호환성 제공

3.7 안테나의 이해

3.7.1 안테나의 개념

안테나 : "곤충의 촉각"의 뜻을 지닌 라틴어로 유래
안테나는 전자파를 발생시키는 장치.
송수신을 위해 전자파를 공간으로 보내거나 받기 위한 장치.

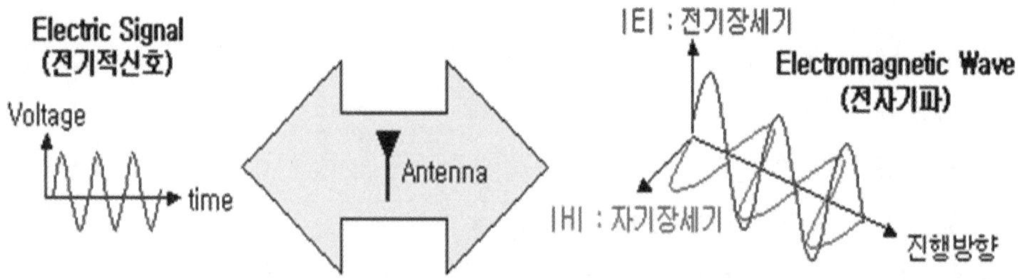

• 변위전류 : 공간을 흐르는 전류. 콘덴서 속의 도전전류가 변위전류로 변함. 이것을 밖으로 빠져나가게(방사) 하는 것이 안테나이다

• 방사 원리 : ①평행선로의 선단부분을 개방→②전계의 방출→③변위전류의 자기작용→④자력선의 변화→⑤기전력 발생→⑥전자파 발생

• Huygens-Fresnel의 원리 : 평면전자파의 파면의 각 점은 2차 파원이 된다.

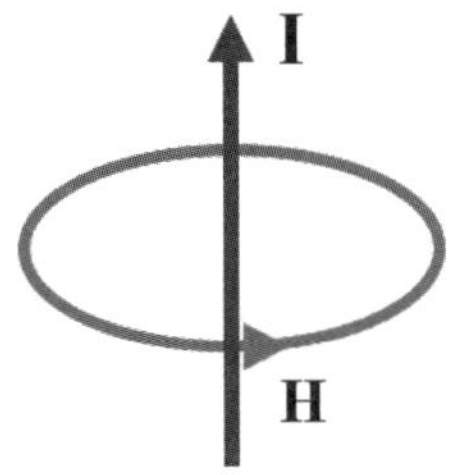

$$\oint \mathbf{H} dl = I$$

$$\nabla \times \mathbf{H} = j\omega\varepsilon\mathbf{E}$$

• Equivalence Theorems(등가원리) : 개구면에 변화하는 전자계(변위전류)가 존재 할 경우, 등가적으로 자류나 전류로 치환하여 생각 할 수 있다.

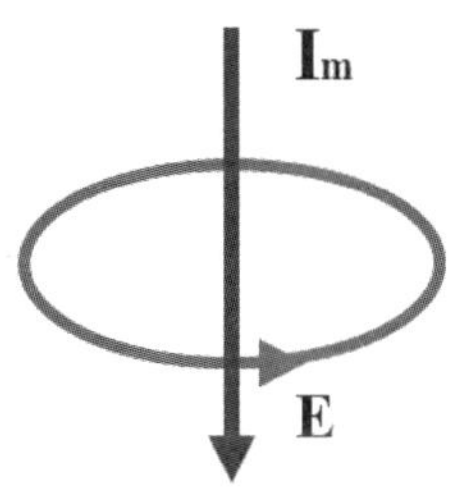

$$\oint \mathbf{E} dl = -I_m$$

$$\nabla \times \mathbf{E} = -J_m - j\omega\mu\mathbf{H}$$

◎ 안테나의 특성

① 임 피 던 스

전류가 흐르기 어려움을 나타내는 양

RIG(무전기)와 동축케이블, 안테나 모두 임피던스 값 존재(세 임피던스 값이 일치 할 때 가장 효율적으로 전파가 전해짐)

② 이득

안테나의 성능을 의미(단위: dB)

안테나에 일정한 출력을 보내져도 안테나의 성능에 따라 더 높은 출력의 전파

를 보낸 것과 같은 효과가 발생

이득이 높은 안테나를 사용하면 작은 출력으로도 멀리 교신 할 수 있다

③ 지향성

안테나가 특정한 방향으로 전파를 더 많이 보내는 성질

지향성이 있는 안테나 (지향성 안테나)

지향성이 없는 안테나 (무지향성 안테나)

목적하는 방향으로 보내기 위해서 방향을 바꾸어줄 필요 있음

④ 공진

구조적/전기적으로 주파수 선택 현상을 가리키는 말

어떤 구조물의 주기성과 신호의 주기성이 일치할 때, 그 주기에 해당하는 주파수 에너지가 손실되지 않고 보존되거나 전달되는 물리적 현상

• 공진의 발생 - 밀고 당기는 힘이 서로 평형을 이룰 때, 서로 다른 에너지/특성의 주파수가 일치할 때 발생

◎ 안테나의 좋고 나쁨은 수신감도나 송신능력에 좌우

수신능력 → 가능하면 많은 전파를 수집 할 수 있는 능력 → 高位置, 넓은 개구면을 요구→안테나는 공진현상을 이용

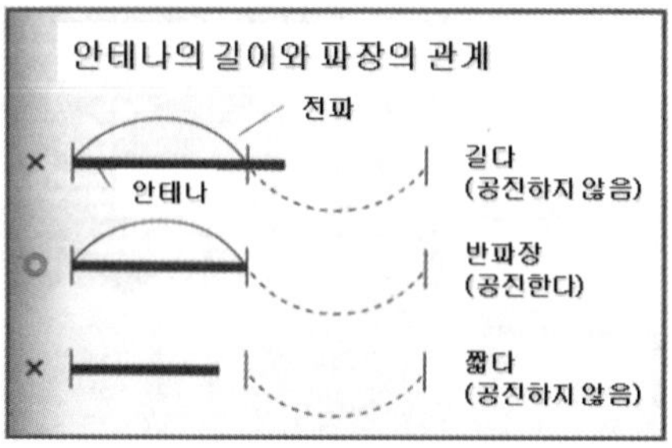

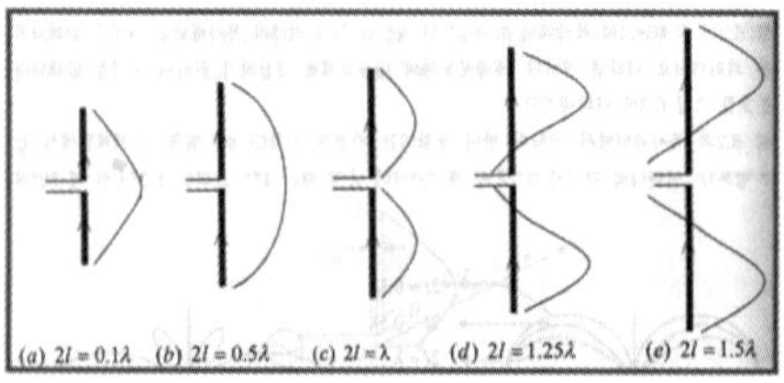

◎ 안테나는 왜 금속을 사용 하는가?

전기제품에 銅線이 사용되는 이유 → 전기를 잘 통하기 때문

도체 → 은(Ag), 알루미늄(Al), 銅(Cu), 철(Fe)

절연체 → 고무, 플라스틱, 유리, 세라믹

금속이 전기를 잘 통하는 이유 → 자유전자가 많이 존재 + 외부의 전압(전류)

= 電子流(금속 내를 흐름)

절연체는 원자핵과 전자의 결합이 강해 자유전자가 없음

① 깨끗한 전파를 방사시키기 위해서는?

→ 안테나의 필요

② 좋은 안테나란 어떤 것인가?

→ 고주파 전류가 많이 흐를 수 있는 안테나

정해진 전파를 효율성 있게 멀리 방사

수신 측에서도 같은 효과

전기의 共振 현상을 잘 활용

③ 특성이 좋은 안테나란?

→ 전파는 먼 거리를 전파 할 수 있다.

3.7.2 발생원이 만드는 전자계

구하고자 하는 전자계 P점의 지속 밀도 B와 그 점의 벡터 퍼텐셜 A의 관계

$$\mathbf{B} = \mu\mathbf{H} = \nabla \times \mathbf{A} \tag{3.80}$$

$$\mathbf{E} = -\nabla \psi - j\omega\mathbf{A} \tag{3.81}$$

ψ는 스칼라 퍼텐셜로서 로렌츠 조건 (Lorentz gage)에 의해 정의

$$\nabla \cdot \mathbf{A} + j\omega\varepsilon\mu\psi = 0 \tag{3.82}$$

로렌츠 조건을 사용하면

$$\nabla^2 \mathbf{A} + k^2 \mathbf{A} = -\mathbf{J} \tag{3.83}$$

의 관계식을 얻을 수 있고, 이때의 벡터 퍼텐셜은

$$\mathbf{A} = \frac{1}{4\pi} \int_{v'} \frac{\mathbf{J} e^{-jk|r-r'|}}{|r-r'|} dv' \tag{3.84}$$

로 표시 된다.

스칼라 퍼텐셜과 벡터 퍼텐셜을 알게 되면 관측점의 전계와 자계를 구할 수 있다.

$$\mathbf{E}(x,y,z) = \frac{1}{4\pi} \int_s \{-j\omega\varepsilon(\mathbf{n}\times\mathbf{H})\varnothing + (\mathbf{n}\times\mathbf{E})\times\nabla'\varnothing + (\mathbf{n}\cdot\mathbf{E})\nabla'\varnothing\} d_1 s$$

$$\mathbf{H}(x,y,z) = \frac{1}{4\pi} \int_s \{j\omega\varepsilon(\mathbf{n}\times\mathbf{E})\varnothing + (\mathbf{n}\times\mathbf{H})\times\nabla'\varnothing + (\mathbf{n}\cdot\mathbf{H})\nabla'\varnothing\} d_1 s \tag{3.85}$$

$\varnothing = \dfrac{e^{-jk|\mathbf{r}-\mathbf{r}'|}}{|\mathbf{r}-\mathbf{r}'|}$: 전파가 $\mathbf{r}'$ 에서 $\mathbf{r}$ 에 도달하는 사이의 우방지면을 표시

∇': 파원의 좌표(x', y', z')에 관한 미분

식(3.85)는 파면상의 각 점을 새로운 파원으로서 2차 파가 발생하는 호이겐스・프레넬의 원리를 전자계에 대하여 엄밀히 표현한 식으로서, 방사, 산란, 회절 등의 많은 문제에 있어서 중요한 개념이 되는 간계식이다.

3.7.3 미소(微少) 다이폴에 의한 방사 전파계

미소 전류 소자, 미소 전류 소자 ; 안테나의 길이 (ℓ)이 파장 (λ)에 비해 충분히 작은 다이폴 안테나

다이폴 A → 정전하(Q) 다이폴 B → 부전하 (-Q)

$I = j\omega Q$ (도선의 임의의 단면적을 1sec 동안 1C(쿨롱)의 정전하가 통과할 때의 값)

다이폴의 모멘트 = $Q\ell$ = $2aQ$ = ρ (전하와 다이폴 길이의 면적)

I와 Q는 $e^{j\omega t}$ (페이저)가 걸려있음.

안테나가 만드는 전자계는 급전점을 중심으로 사방팔방으로 전파해 나가기 때문에 직각좌표 보다 구면 좌표계를 사용한다.

$r \gg \lambda \Longrightarrow r \parallel r_1 \parallel r_2$로 간주

$r_1 = r - a\cos\theta$, $r_2 = r + a\cos\theta$

◎ 점 P의 스칼라 퍼텐셜

$$\varnothing = \frac{Q}{4\pi\varepsilon_0}\left(\frac{e^{-jkr_1}}{r_1} - \frac{e^{-jkr_2}}{r_2}\right) \simeq \frac{\rho}{4\pi\varepsilon}e^{-jkr}\left(\frac{1}{r^2} + \frac{jk}{r}\right)\cos\theta \tag{3.86}$$

◎ 점P의 벡터 퍼텐셜 $(Q/\varepsilon_0 \to \mathbf{J})$

$$\mathbf{A} = \frac{1}{4\pi}\int\frac{\mathbf{J}}{r}dv = \frac{1}{4\pi}\int\frac{\mathbf{J}e^{-jk|r-r'|}}{|r-r'|}dv$$

$\Rightarrow |r-r'| = r,\ \int\mathbf{J}dv = \int\mathbf{J}\Delta s\Delta\ell = I\cdot\Delta\ell = j\omega Q\ell = j\omega\rho$ 을 이용하면

$$\mathbf{A} \cong \frac{I}{4\pi r}\Delta\ell = \frac{jwp}{4\pi r}e^{-jkr} \tag{3.87}$$

ψ 와 $\mathbf{A}$ 를 식(3.80), (3.81)에 대입하면 전자계의 극좌표 성분을 구할 수 있다. (전기다이폴에서의 방사)

$$E_r = \frac{\rho e^{-jkr}}{2\pi\varepsilon}(\frac{1}{r^3} + \frac{jk}{r^2})\sin\theta \tag{3.88}$$

$$E_\theta = \frac{pe^{-jkr}}{4\pi\varepsilon}(\frac{1}{r^3} + \frac{jk}{r^2} - \frac{k^2}{r})\sin\theta \tag{3.89}$$

$$H_\varnothing = \frac{j\omega\rho e^{-jkr}}{4\pi}(\frac{1}{r^2} + \frac{jk}{r})\sin\theta \tag{3.90}$$

$\omega \neq 0$ 의 경우 전자계는 3계의 성분으로 나누어 생각

(1) r^3 에 반비례 하는 함 ⇒ 준정전계

(2) r^2 에 반비례 하는 함 ⇒ 유도계

(3) r 에 반비례 하는 함 ⇒ 복사계

(1) ⇒ E_r, E_θ 에 포함, 파원에서 충분이 가까운 곳($kr \ll 1$)

$$E_r = \frac{\rho\cos\theta}{2\pi\varepsilon r^3}e^{-jkr},\quad E_\theta = \frac{\rho\sin\theta}{4\pi\varepsilon r^3}e^{-jkr} \tag{3.91}$$

(2) ⇒ E_r, E_θ, $H_\varnothing$, 파원에서 파장정도 떨어진 거리에서 출현 ($kr \simeq 1$)

저주파 회로소자의 근방에서 생기는 전자계

$$H_\varnothing = \frac{j\omega\rho e^{-jkr}}{4\pi r^2}\sin\theta = \frac{I\ell\sin\theta}{4\pi r^2}e^{-jkr} \tag{3.92}$$

(3) E_θ, $H_\varnothing$ 파원에서 충분히 떨어진 곳 ($kr \gg 1$)

(1), (2)항의 전자계에 비해 가장 멀리 전파하는 전자계 (방사 전자계)

$$E_\theta = \frac{\rho k^2 e^{-jkr}}{4\pi\varepsilon r}\sin\theta = jkI\ell\frac{1}{4\pi}\sqrt{\frac{\mu}{\varepsilon}}\frac{e^{-jkr}}{r}\sin\theta$$

$$\simeq \frac{j60\pi I\ell}{\lambda}\frac{e^{-jkr}}{r}\sin\theta \tag{3.93}$$

$$H_\varnothing = -\frac{j\rho k^2 e^{-jkr}}{4\pi r}\sin\theta = \frac{jkI\ell}{4\pi}\frac{e^{-jkr}}{r}\sin\theta \tag{3.94}$$

방사전자계는 R방향으로 전파하며, 전파 방향에 직교하는 전계 및 자계를 가진다.

$$\frac{E_\theta}{H_\varnothing} = \sqrt{\frac{\mu}{\varepsilon}} = Z \tag{3.95}$$

◎ 미소 다이폴의 방사 저항

$$R_r \cong 80\pi^2(\frac{\ell}{\lambda})^2 \tag{3.96}$$

3.7.4 안테나의 방사지향성

안테나에서 방사되는 전파의 방향 특성

안테나가 원점에 놓여 있을 경우, 점P $(r,\theta,\varnothing)$에 의한 방사 전자계는 다음과 같이 표시 된다.

$$E \simeq C\frac{e^{-jkr}}{r}D(\theta,\varnothing) \tag{3.97}$$

※ C : 안테나, 파장, 급전전류 등에 의해 정해지는 비례 정수

미소 다이폴의 경우 : $C = \frac{j60\pi I\lambda}{\lambda}$

◎ $D(\theta,\varnothing)$는 거리에 무관계하고, $\theta,\varnothing$ 성분을 포함하며, 전계의 크기, 편파, 위상을 표시한다.

◎ $D(\theta,\varnothing) = E_\theta(\theta,\varnothing)\hat{\theta} + E_\varnothing(\theta,\varnothing)\hat{\varnothing}$: 진행 방향 r에 대해서 수직인 $\theta,\varnothing$ 성분

◎ 복사 지향성 ⇒ 안테나의 형상이나 파원분포에 의해 고유의 형태를 결정, 안테나를 관측점에서 본 위피에 의해서 진폭, 위상이 변화는 정보를 제공, 방향과 데시벨(dB)로 표시

◎ Radiation Pattern

• E면 지향성: E_θ 성분, 전계에 평행한 면내의 지향성

• H면 지향성: $H_\varnothing$ 성분에 평행한 xy면에서 균일한 지향성 자계에 대해서 평행한 면의 지향성

• 무지향성(isotropic) 안테나의 경우 ⇒ E면, H면 → 원, 최대⇒1

◎ 전력 지향성

$$\left|\mathbf{D}(\theta,\varnothing)\right|^2 = \sin^2\theta$$

방사패턴(전력패턴)

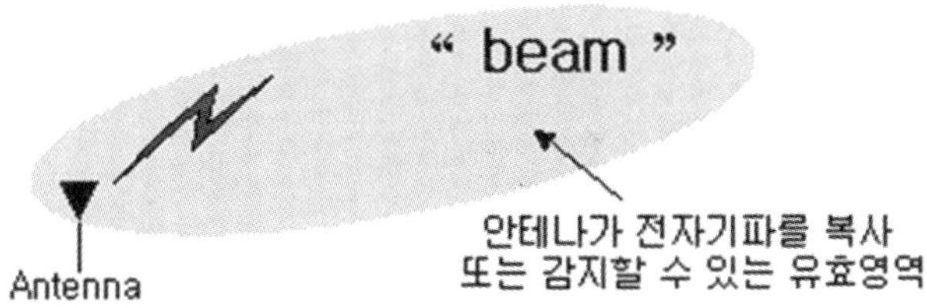

Beam - 안테나가 송수신이 가능한 특정한 전자기파 방향,형상 또는 위치를 지칭

Antenna beam은 특정한 방향성과 모양을 가짐

Beam pattern or Radiation pattern

• Half Power Beam width (HPBW): 주 빔의 정면방향에서 좌우로 3[dB] 떨어지는 지점 사이의 각도

전압 레벨 → $\frac{1}{\sqrt{2}}$ 이 되는 지점

전력 레벨 → $\frac{1}{2}$ 이 되는 지점

지향 특성의 첨예도로 안테나에서 복사된 전력은 대부분 반치폭 내에 집중된다.

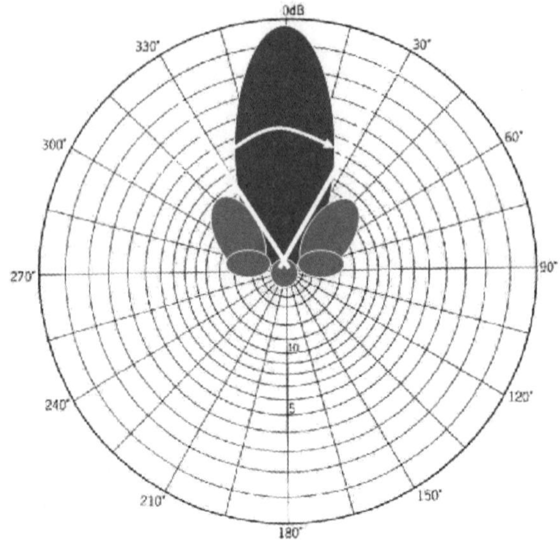

◎ 등방성 안테나 **(isotropic antenna)**

- 무지향성 안테나
- 어느 방향으로나 복사 강도가 일정하게 되는 안테나
- 안테나의 이득에 관하여 표준으로 쓰이는 가상적인 것
- 실질적으론 균등하게 전자파가 복사되도록 설계 불가능
- 실제 안테나는 '방향성'을 가지는 빔패턴을 형성

※ 무지향성 미소 다이폴 안테나의 경우

전계가 최대방향 $\theta = 90^\circ$ 에서 3dB저하 되는 지점의 각도는

$$D(\theta,\varnothing) = \sin\theta = \frac{1}{\sqrt{2}} \quad , \ \therefore \theta = 45^\circ , \quad HPBW = 2\theta = 90^\circ$$

(예) $\left|D(\theta,\varnothing)\right|^2 = \cos^2\theta$ for $0 \le \theta \le 90^\circ$ 일 때 HPBW = ?

$\cos^2\theta = \frac{1}{2}$

$\cos\theta = (\frac{1}{2})^{\frac{1}{2}} = \frac{1}{\sqrt{2}}$

$\therefore \theta = 45^\circ$

$HPBW = 2\theta = 90^\circ$

3.7.5 이득

(1) 전력 이득

기준 안테나의 몇 배의 전력을 방사 할 수 있는지를 표시

$$G(\theta,\varnothing) = \frac{\left|E(\theta,\varnothing)\right|^2 / W}{\left|E_0\right|^2 / W_0} \tag{3.98}$$

W: 해당 안테나의 입력 전력

$\left|E(\theta,\varnothing)\right|$: 관측점의 전계강도의 실효치 (측정 안테나)

W_0: 기준 안테나의 입력 전력

$\left|E_0\right|$: 관측점의 전계강도의 실효치 (기준 안테나)

해당안테나로부터 어떤 방향 $(\theta,\varnothing)$로 방사 되는 전자파의 전력밀도(전계 강도의 2승에 비례)가 해당 안테나와 동일 전력을 공급하는 기준 안테나 보다 동일 관측점에 방사되는 전력밀도의 몇 배가 되는지를 표시하는 값

→ 측정 안테나가 특정 방향으로 어느 정도 유효하게 복사하는가를 평가

※기준 안테나 : 무지향성 안테나, 등방성 안테나, 미소 다이폴 안테나

(2) 지향성 이득

($\theta,\varnothing$)방향으로의 방사 강도와 전방향으로의 평균 방사 강도의 비.
특정 방향의 방사가 평균치의 몇 배

$$G_d(\theta,\varnothing)=\frac{|E(r,\theta,\varnothing)|^2}{\frac{1}{4\pi}\int_0^{2\pi}d\varnothing\int_0^{\pi}|\mathbf{E}(r,\theta,\varnothing)|^2\sin\theta d\theta} \tag{3.99}$$

※ 전력 이득과 지향성 이득의 관계

$$\therefore G_a(\theta,\varnothing)=\frac{\eta G_d(\theta,\varnothing)}{G_0} \tag{3.100}$$

(절대이득) = (기준 안테나의 지향 이득)

무지향성(등방성) 안테나의 이득: $G_0=1$ (절대 이득) - G_a

반파장 다이폴 안테나의 이득: $G_0=1.64$ (상대 이득) - G_h

η: 안테나의 방사효율 (W_r(방사 전력)= ηW (입력 전력))

※ 미소 다이폴 안테나의 지향성 이득 구하기
→미소 다이폴에 의한 방사전자계식 (3.93)를 대입하면

$$G_s(\theta,\varnothing)=4\pi\frac{\left|-\frac{pk^2}{4\pi\varepsilon r}e^{-jkr}\sin\theta\right|^2}{\int_0^{2\pi}d\varnothing\int_0^{\pi}\left|-\frac{pk^2}{4\pi\varepsilon r}e^{-jkr}\sin\theta\right|^2\sin\theta d\theta}$$

$$= \frac{|\sin\theta|^2}{\frac{1}{4\pi}\cdot 2\pi\int_0^{\pi}\sin^3\theta d\theta} = \frac{3}{2}\sin^2\theta$$

3.7.6 안테나 실효 길이

선형 안테나에 흐르는 전류는 일정치 않다.

전류분포의 적분값(면적)이 동등하도록 균일한 전류 분포를 가지는 안테나를 설계.

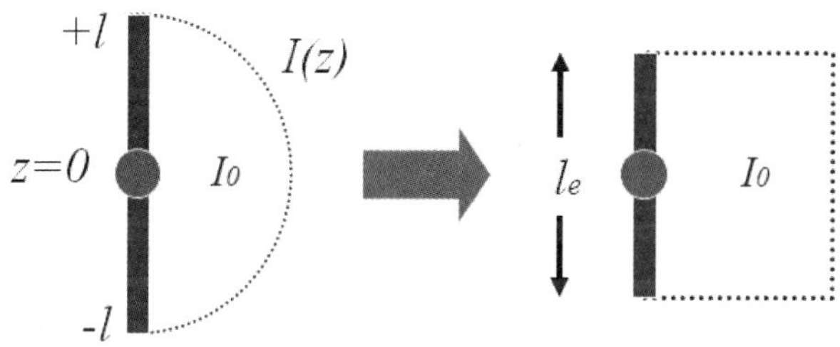

$$\int_{-l}^{+l} I(z)dz = I_0 l_e \quad \rightarrow \quad l_e = \frac{1}{I(0)}\int_{-l}^{+l} I(z)dz \tag{3.101}$$

3.7.7 수신안테나의 동작

수신안테나에서 최대 유효전력과 최대 개방 전압을 일으키기 위한 조건?
안테나의 급전점과 도래 전파 방향이 수직이 되게 한다.
전계 방향과 일치되게 수신 안테나를 설치한다.

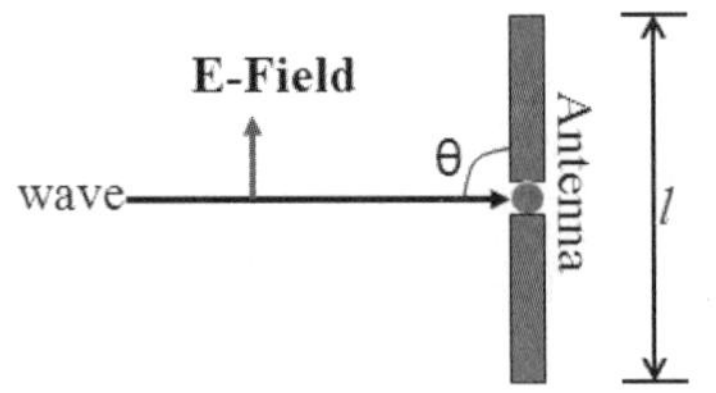

$$V_0 = \mathbf{E}l\sin\theta \quad [v]$$

3.7.8 반파장 다이폴 안테나의 특징

반파장 다이폴 안테나 (half wavelength dipole antenna)는 공진형 안테나 (resonant antenna)로서 입력 임피던스 (input impedance)는 약 70+j0 Ω 이다. 입력 임피던스의 저항 성분이 복사저항[radiation resistance) 이므로, 반파장 다이폴 안테나의 복사 저항은 약 70 Ω 이다. 두 도체 사이에 전압 V를 인가할 때 흐르는 전류가 i 라면, 입력 임피던스는 z=v / i 가 되며, 전류는 급전점에서 최대이며 다이폴의 양 끝점에서 0이 된다.

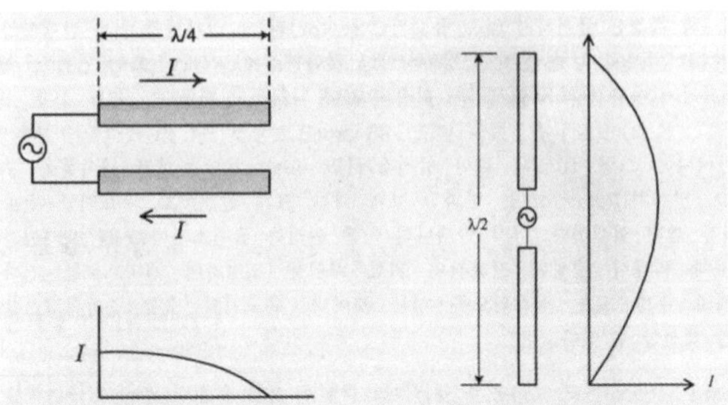

a) λ/4 전송선과 전류분포　　b) λ/2 다이폴 안테나와 전류분포

안테나의 전류는 z축을 따라 흐르며 전류분포는 다음과 같다.

$$I(z) = I_0 \sin\left[k\left(\frac{\lambda}{4} - |z|\right)\right] \quad (3.102)$$

식(3.102)에 의하면 급전점인 z=0 에서 $I(z)=I_0$ 가 되고, 끝점인 z=+λ/4 or -λ/4 에서 I(z)=0가 된다. 식(3.102)에 의한 복사 전계는 다음과 같다.

$$E_\theta(\theta) = j\omega\mu \sin\theta \frac{e^{-jkr}}{4\pi r} \int_{-\lambda/4}^{\lambda/4} I(z) e^{ikz\cos\theta} dz = j\omega\mu \frac{2I_0}{k} \frac{e^{-jkr}}{4\pi r} \frac{\cos[(\pi/2)\cos\theta]}{\sin\theta} \quad (3.103)$$

전계 복사 패턴

$$D(\theta) = \frac{E_\theta(\theta)}{E_{\max}} = \frac{\cos[(\pi/2)\cos\theta]}{\sin\theta} \quad (3.104)$$

전력 패턴

$$P(\theta) = |D(\theta)|^2 = \left(\frac{\cos[(\pi/2)\cos\theta]}{\sin\theta}\right)^2 \quad (3105)$$

식(3.105)를 이용하여 θ=0°~360°까지 그린 복사패턴(이론치)

θ=90°, 270° 에서 최대 복사가 유기

θ=0°, 180° 방향으로 전파가 복사 되지 않음.

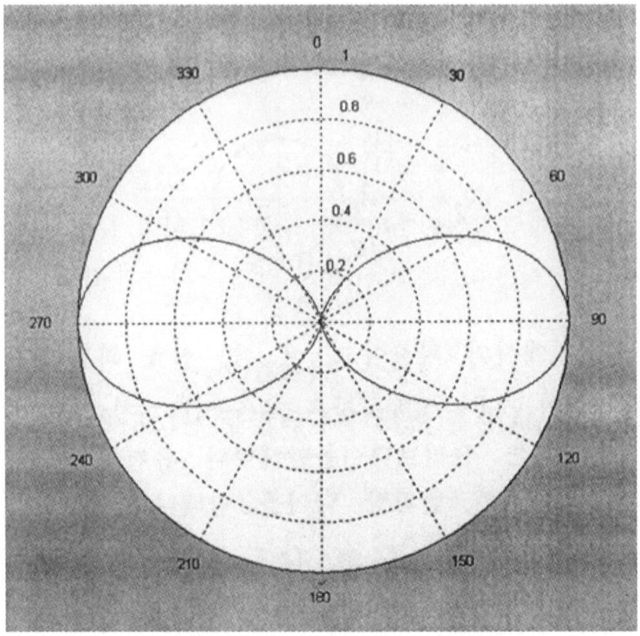

반파장 다이폴 안테나의 복사패턴

• 반파장 다이폴 안테나의 빔패턴의 특징

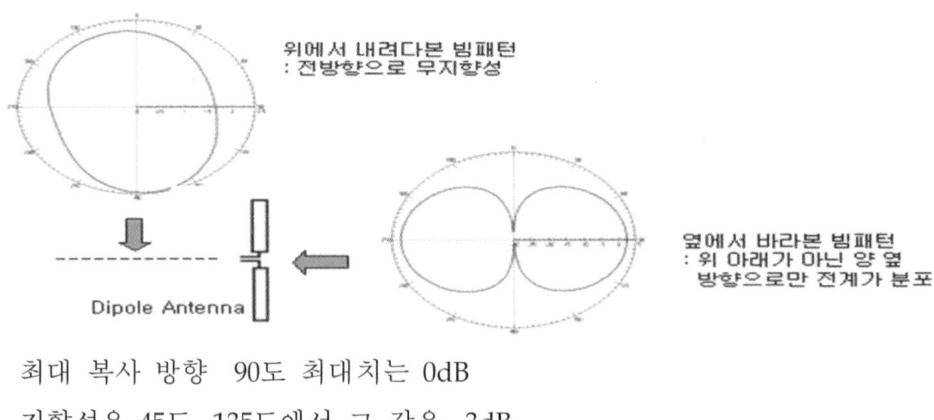

- 최대 복사 방향 90도 최대치는 0dB
- 지향성은 45도, 135도에서 그 값은 -3dB
- 최대 복사 방향 복사전력의 $\frac{1}{2}$ 이 복사, 반치폭은 78도

제4장

전자파 환경

제 4 장 전자파 환경

4.1 전자기기 상호간의 영향

방송기기, 컴퓨터, 정보기기, 가전제품, 통신장비 등의 모든 전기, 전자제품들의 급속한 발전은 우리 인간에게 엄청난 편익을 제공 해 준다.

이러한 편익기기들로부터 발생되고 있는 EMI(Electromagnetic Interference = 전자파 간섭)는 편익을 상응하는 만큼의 피해를 주기도 한다. 기기상호간의 간섭으로 기기 자체의 고유기능을 흐리게 하는가 하면 오동작으로 인한 막대한 피해를 초래하기도 한다.

이러한 피해는 우리가 가정에서 Hair Dry를 사용할 때 TV 화면에 나타나는 잡음 현상처럼 잠깐 기다리면 해결되는 것이 아니고 기기들을 사용하는 한 EMI의 패해가 그림자처럼 나타나가 때문에 연구, 검토가 시급한 형편이다.

사례: TV의 ghost 현상, 오디오의 잡음, 열차무선 장해, 항공기관제 시스템의 장해, Apache 헬기의 추락, 혼신 등

자연계에 존재하는 우주잡음→ Cosmic Noise : 태양이 흑점, 외계나 은하계에서 오는 미지의 전자파

인공적인 EMI →기기들에서 발생하기 때문에 생산자 측에서 책임감을 가지고 기준치(각국의 규격 및 규정) 이하로 낮추는 데 노력.

인위적 전자파환경에 기인하는 대표적인 잡음

- 무선통신/계측/제어 시스템으로 인한 잡음
- 전력시스템으로 인한 잡음
- 고주파를 이용하는 설비에 의한 잡음

- 정보기기에 의한 잡음
- 수송기계에의한 잡음
- 전지기기, 조명기기에 의한 잡음 등

◎ **Project of the Search for Extra Terrestrial Intelligence**

- SETI@home 은 인터넷에 연결된 수많은 컴퓨터를 활용하여 외계의 지적 생명체를 찾는 프로젝트
- 외계의 지적 생명체가 보내는 전파 신호를 찾기 위해 미국령 프에르토리코의 아레시보 전파 망원경은 매일 우주로부터 35Gbyte 분량의 전파 신호를 수신
- 매일 매일 들어오는 이 엄청난 양의 데이터를 처리하기에 UC 버클리 대학의 컴퓨터는 역부족
- 아레시보 전파 천문대에서 보내지는 데이터를 0.25 Mbyte 단위로 쪼개서 전 세계 인터넷 사용자들에게 인터넷을 통해 나눠주고, 놀고 있는 컴퓨터는 이 데이터를 계산하도록 하는 것

◎ 전자파 환경의 의미

1.전자파간섭(EMI : Electromagnetic Interference)

기기로부터의 불필요한 전자파의 방출을 억제하는 문제 → 능동적인 장해(Active Interference) 규제

2.전자파감응(EMS : Electromagnetic Susceptibility)

주변 전자파로부터 어느 정도 견딜 수 있는 가를 규제하는 문제→ 전도감응, 복사감응, 정전기방전 등 → 수동적인 장해(Passive Interference)규제 → 전자파 내성기준

3. 전자파양립성/전자파적합성(EMC : Electromagnetic Compatibility)

EMI와 EMS에 대한 대처 방안 → 복잡 다양화 되어가는 전자파환경에 질서를 부여하여 조화를 이루어 전기전자 장치들이 서로 조화를 이루어 공존 할 수 있는 능력→전자파환경의 현대적 개념

◎ 자동차 **EMC**

자동차 등의 내연기관의 점화계는, 점화장치의 불꽃 방전에 의해, UHF대에 까지 미치는 넓은 주파수 스펙트럼을 가진 전자기 잡음을 방사하여 통신 등에 장해를 일으킨다.

자동차에는 마이크로프로세서에 의해 제어되는 여러 가지 전자기기들이 있다.

연료의 양을 자동적으로 모니터링 해주는 기기, 자동변속을 해주는 기기, 브레이크를 제어해주는 기기 등의 차량에 탑재된 제어용 컴퓨터에도 간섭을 일으키게 되어 자동차 운행상의 안전을 위협하는 경우가 발생하기도 한다.

정보통신 및 자동차 전자부품의 발달은 자동차의 전자화에 비약적인 변화를 가져오고 있다.

첨단 전자시스템 및 통신 시스템의 적용으로 전자파에 의한 영향 및 안전성에 대한 검토 요구(예: ITS(Intelligent Transport System), 텔레메틱스, 환경 친화적 하이브리드 자동차) → 첨단 전자제어 시스템이 적용되는 차량에 대한 EMC 관련법규 및 시험방법 등이 변경되고 있다.

◎ 전자파장해 현상의 장해원

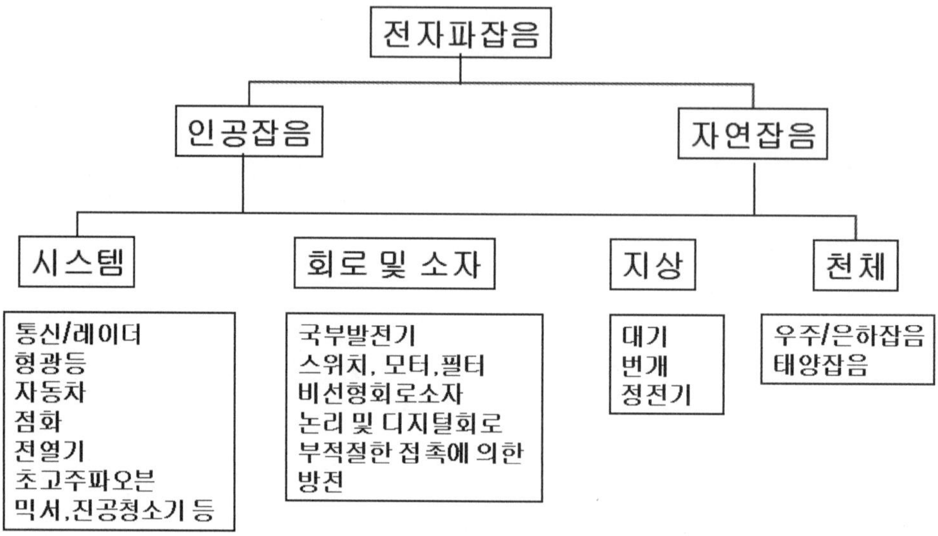

◎ 설계단계의 전자파장해 대책

컴퓨터 및 주변기기를 비롯한 여러 종류의 전기/전자기기에 대한 전자파 장해측정/대책을 위해서 전자파에 대한 기본적 이론과 특성을 고려하여 설계 초기단계부터 적용하고, 대책을 위한 방법과 순서에 세심한 주의를 기울여 진행한다면 그리 어려운 일만은 아니라고 말할 수 있다.

반면 방법과 순서를 무시하고(때로는 몰라서)진행한다면 많은 시간과 노력을 허비하면서도 전자파장해 문제를 해결하지 못하는 경우가 많이 존재한다.

EMI 문제를 해결하는 지름길은 사전조치로서 설계 단계에서부터 대책을 진행하는 것이 시간과 비용을 절감할 수 있는 가장 중요한 일이다.

EMI 대책이라는 것은 정량적으로 취급하게 곤란하기 때문에, 우선 설계단계에서 고려하는 것이 가장 중요하다.

◎ 설계단계의 정확한 원인 파악

EMC문제란? → 어떤 기기가 다른 기기와 전자기 환경적으로 상호공존이 가능하며 각기 제기능을 발휘할 수 있는 성질을 말한다. 방해(잡음)를 발생하는 기기만을 문제가 있다라고 하는 것은 적절하지 않으며, 또한 잡음을 받아 장해를 일으키는 기기만을 나쁘다고 할 수 없는 상호 연관성 있는 양립직 문제인 것이다.

EMI 규격→ 시스템 전체측면에서 조화가 되도록 잡음을 발생시키는 측과 잡음의 영향을 받는 측의 양자의 입장에서 최적이라고 생각되는 잡음레벨을 규제하는데 있다.

※ 군용구격(MIL-ST) Vs. 상용규격(CISPR)의 문제점 → 적용되는 환경적 기반이 다르다. 각각의 시스템에서 요구되는 적절한 레벨의 규격치를 정해야 한다.

제품을 설계하기 전 → 그 제품이 어떠한 EMI 규격을 만족시켜야 하는지, 또한 그 규격에서 요구하는 잡음 레벨은 어느 정도이며, 규제하고 있는 주파수 범위는 어떠하며, 측정되는 조건 등은 어떠한가 등을 정확히 알고 설계를 진행하여야 하는데, 대부분은 이러한 것을 정확히 파악하지 않고 진행하고 있다.

EMI 대책설계로서 가장 확실한 방법은 과거에 설계/제작된 유사 제품의 EMI 측성 및 문제점을 정확히 측정 및 파악하는 것과 과거 설계도면을 참조하고 새로 설계하려는 신제품과의 상세한 비교에 의해 대책설계 방법을 찾는 것이다.

과거 유사제품의 EMC 견지에서 본 성공 예(또는 성공 부분), 실패 예(또는 실패부분과 그 원인)를 명확하게 파악하고, 그것과 비교해서 새로운 설계는 무엇이 다른가를 검토하는 데 있다.

EMI 특성상 설계 단계에서 적용된 사항이 양산 제품에서 적용 가능여부를 판단하고, 그에 대한 대책사항의 변경이 필요한 경우도 있게 된다.

설계에 따라 변경되는 개별 생산제품에 있어서는 설계 단계에서 크고 작은 과다한 대책을 세우더라도 제품을 완성하는 과정에서 큰 문제점은 발생하지 않을 수 있다.

대량 생산제품에 있어서는 EMI 대책 시작단계에서 양산에 착수하는데 있어 생산성의 적절성 여부를 미리 판단하여 생산성을 크게 저해하지 않는 방법 등으로 채택하는 것이 매우 중요한 사항이다(비용 대비 효과를 고려).

설계하려는 대상제품에 대하여 다음과 같은 사항에 대하여 미리 예상하고, 모델화가 필요한데, 모델화는 실제적인 설계의 시작인 것이다.

① 잡음을 발생하는(가능성 있는)부분은 어디인가? 그 레벨, 주파수 스펙트럼은 어떠한가? 방출경로는 어디인가?

② 오동작하기 쉬운 부분은 어디인가? 그 레벨, 외부의 침입 예상경로는 어디인가?

③ 기기와 장치 내부에서 높은 레벨에서 동작하는 부분과 오동작하기 쉬운 부분을 점검한다. 주파수도 고려하면서 그것들의 연결통로를 찾는다.

④ PCB기판 설계는 기기내부는 물론 외부와의 간섭에 있어서 매우 중요한 요소이다. 부품의 배치, PCB패턴과 그것의 결합 등 각종 대책 설계원칙에 따라서 신중하게 설계를 고려한다.

⑤ 이러한 모델화에 있어서는 어느 정도의 경험이 필요한데, 가능한 한 계산이 쉽도록 단순화화는 것이 좋다. 그 계산의 결과, 필요하면 필터의 추가, 차폐의 추가, 배선의 격리 등 적절한 대책을 강구하여야 한다.

◎ 인터페이스를 명확히 확인

①그 기기가 시스템 전체 중에서 어떠한 위치를 점하고 있는가?

②어떠한 기기가 어떤 신호와 상호 관계가 있는가?

상대 기기 내의 접지 요령에 있어서도 충분히 점검하는 것은 인터페이스 설계의 기본이다.

EMI적 환경에 관련해서 신호의 전송에서 요구되는 신호와 잡음간의 비가 얻어지지 않는 경우

- 신호 레벨을 증대하는 방법
- 광섬유에 의한 전송

※기본적인 EMC 기술 습득

EMI 대책설계는 반드시 필요하고 중요한 것이지만 고도의 기술적인 것이 반드시 필요한 것은 아니다. 전자기 이론과 교류이론, 안테나이론의 기본적 부분 정도가 이해된다면 EMI 대책설계의 기술적 기반으로는 충분하다. 여기서 설계자 자신이 전자기이론과 교류이론에 다소 부족하고 현재 다른 기술 분야에 종사하는 경우에는 그 기술 분야의 사람에게 조금의 도움을 받으면 된다.

◎ **OPEN SITE**

전기·전자기기 등으로부터 방출되는 방사방해전자파의 표준 측정장소

주위잡음에 영향을 받지 않고, 전파 반사물이 없는 大地面

측정거리 → 3m, 10m, 30m, 100m

크기 →장축의 길이 2배, 단축의 길이 $\sqrt{3}$ 배 인 타원

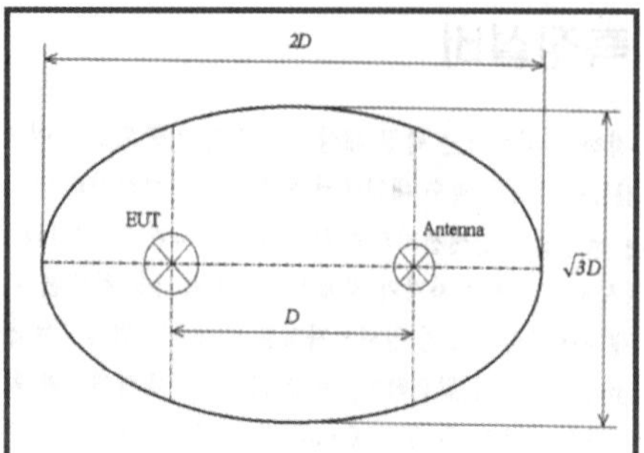

그림 3.11 야외시험장의 크기

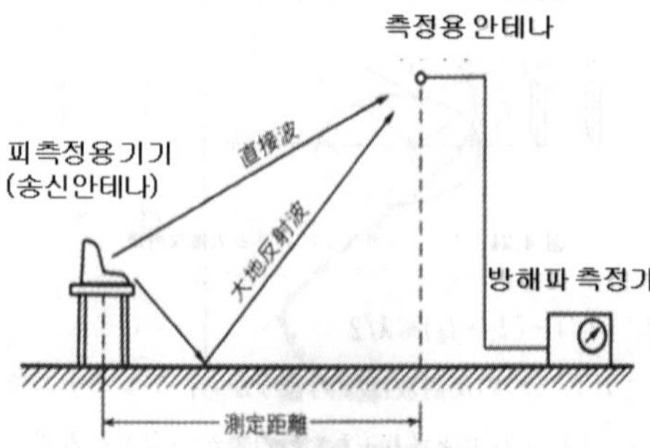

◎ 시험장 감쇠량 (**SA : Site Attenuation)**

야외 시험장이 방사성 장해전자파의 측정시설로서 적합한지 또는 적합하지 않는가를 판정하는 시험장 평가량

측정방법 : 야외시험장 위에 송신 및 수신 안테나를 설치하고 3m법과 10m법인 경우는 수신 안테나를 1~4m 스캔, 30m법인 경우는 수신 안테나를 2~6m 사이에서 최대의 전기장(최소의 전송손실)이 수신되도록 조정하여 시험장 감쇠량을 측정한다. 즉, 송신 안테나와 수신 안테나 사이의 삽입손실 또는 전송손실을 측정하면 된다.

$$SA = 10\log_{10}(P_S/P_R) \quad [dB]$$

PS : 송신안테나의 입사전력, PR : 측정용 안테나의 유능전력(available power)

$$SA = V_2 - (V_1 + \alpha_1 + \alpha_2) \quad [dB]$$

V1 : 수신전압(전송손실 포함), V2 : 수신전압(송수신 동축 게이블을 직접 연결한 경우)

◎ 전자파 무반향실**(EM Anechoic Chamber)**

전자파 관련 장비에 대한 정확한 전파 특성 측정과 분석을 하기 위한 시험장

1) 외부와의 전자파 간섭을 제거하기 위한 차폐 능력과

2) 시험장 내부에서 발생되는 전자파 반사를 줄이기 위한 전자파 흡수 능력을 보유하고 있음.

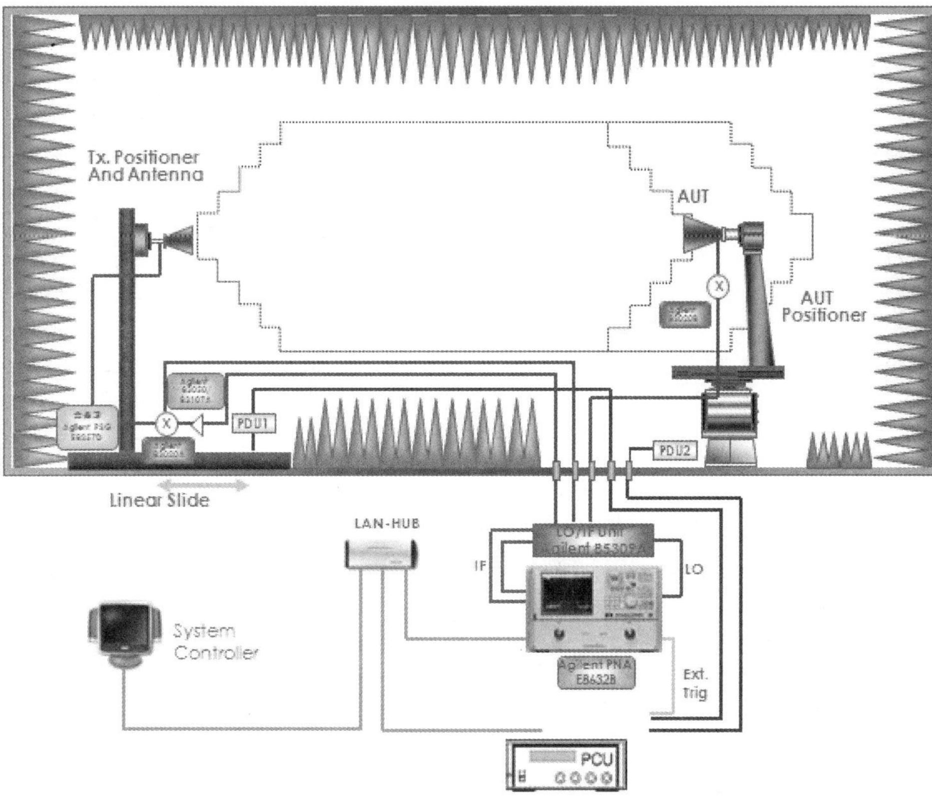

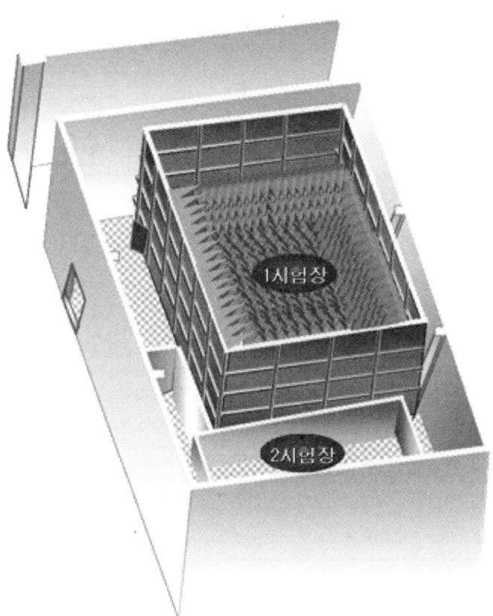

[그림 4.1] 챔버 3D Lay-Out 도

[그림 4.2] 전자파 무반향실의 종류

► 밀리미터파(~110GHz) 측정용 하이브리드(FF/PNF/CNF) 안테나 측정시스템

► 3D 단말기/안테나 측정시스템 (6m×3m×3m, Rectangular Chamber)

► 대형안테나 측정 시스템 (10m×5m×5m, Rectangular Chamber)

[그림 4.3] 안테나 측정 설비

4.2 전자파와 생체자기

◎ 생체자기(Biomagnetics)

가. 생물에서의 자기관계

- 지구 자체가 하나의 자석 (지자기) 역할 :북극, 남극→강, 적도→약
- 지자기를 이용한 동물의 귀소 본능 : 비둘기 머리에 자석을 부착하고 둥지에서 멀리 떨어진 곳에서 날려 보내면 어떻게 될까?
- 자기를 감지하는 동물 : 벌, 달팽이, 상어, 돌고래, 거북, 참치, 철새, 불개미 등

나. 인간에서의 자기관계

- 인간을 이용한 방향 검출 실험(B. Becker)
- 자연적인 지자기의 영향 속에서 생활
- 문제점 : 인공적인 자계의 영향이 문제→ 각종 전기기기, 고압선로, 마이크로웨이브 통신 등은 지가기 보다 강도가 센 자계를 발생 하므로 인체에 해를 줄 수 있다.

다. 의학에서 이용 사례

- 골절치료 : 뼈에 이상이 있어 골절된 뼈가 붙지 않는 경우 → 엉덩이 뼈를 떼어 골절 된 부위에 이식하는 수술(Bone Graft) → 그래도 붙지 않을 경우 → 골절된 부위에 자계를 걸어 골절된 뼈 사이에 유도전류가 흐르면 아교같이 끈끈한 교원골(Collagen)이라는 물질이 생성
- 편두통, 류마티스, 통증치료, 신경재생, 불안과 불면증 치료

라. 자기 섬광현상 실험 : 측 두부의 관자놀이에 초저주파계(1~100Hz)를 가하면 시야주위에 파리한 빛의 섬광을 감지

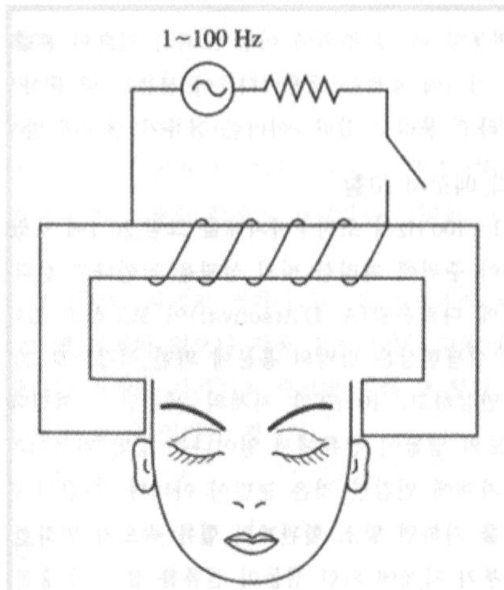

[그림 4.4] 자기 섬광현상 실험 다르손발(A. D'Arsonval) 1898

◎ 전자파는 인체에 위험하지 않을까?

- 열작용 : 조직내부에 전계가 생기면 전류밀도가 발생하여 열이 발생(고주파)
- 자극작용 : 일정한 전류가 흐를 때, 신경이나 근육의 흥분현상을 유도, 세포차원의 작용, 생리적 변화(저주파)
- 의학에서 이용 사례 : 골절치료 : 뼈에 이상이 있어 골절된 뼈가 붙지 않는 경우 → 골절된 부위에 자계를 걸어 골절된 뼈 사이에 유도전류가 흐르면 아교 같이 끈끈한 교원골(Collagen)이라는 물질이 생성

가. 열적 현상

전자파가 물 분자에 영향을 주면 H(수소)에 붙어 있는 두 개의 O(산소)가 진동하여 마찰열을 발생시킨다 → 체온상승

나. 비열적 현상

체온상승 증상 이외의 모든 경우

- 사건 : 모스크바에 위치한 미 대사관에 소련 당국이 약한 전자파를 계속 쏘

아 대사관 직원의 청각, 신경, 정신상의 이상을 발생 시키려고 했던 사건

- 병아리, 고양이 등에서 저주파를 쏘이면 칼슘이온 유출
- 칼슘이온→정보의 전달, 면역계통의 기능, 세포의 증식에 사용하는 중요한 요소
- 실험결과→가정용 전력에도 위험성이 상존
- ELF 또는 VLF → 칼륨, 나트륨, 염소 등의 이온분포에 변화→호르몬 분비에 영향

다. VDT (Video Display Terminal) 증후군

단말기의 플라이트백 트랜스에서 나오는 50Hz 이하의 초저주파계, 브라운관에서 발생하는 軟 X선, β선, 이온정전기

- 시각기능 장해-근시, 난시, 결막염, 각막염, 눈물분비장애
- 목, 어깨의 결림
- 스트레스와 긴장-정신피로, 초조감, 단조로움, 소외감
- 정신적 장해-불안, 우울, 심신증, 실조증
- 임산부에 관한 문제

라. 기타

- 초고압 송전선 주위 - 인체에 120㎂의 전류가 흐름→사람의 머리 부분에 강하게 집중(피뢰침의 원리)→백혈병과 암발생률이 높음
- 휴대용무선전화기 - 전화기로부터 주위공간에 전파 복사 에너지 발생 (0.3W)
- SAR(Specific Absorption Rate;흡수율) : 안전한 SAR값 → 10MHz이상에서 6분 동안 평균한 값이 0.4W/kg 이내

◎ 피해사례 및 연구보고

① 1980 토론토스타 신문사(캐나다)에서 과거 13개월 간 VDT 작업에 종사한 임신부 7명 중 4명이 1979년 10~12월에 장애자 출산으로 화제 VDT

의 위험성이 문제가 되는 계기

② 1996 캐나다의 리버드 논문 : 임신 중에 전자파에 노출된 환경에서 일을 한 어머니로부터 태어난 자녀의 백혈병 발생 빈도는 보통의 경우보다 5.78배나 되었다.

③일본의 니카타 시립병원의 소아신경과 전문의인 사토마사히사가 중학교 2학년생 4천 4백 70명을 대상으로 조사한 보고서 - 비디오게임을 즐기는 학생들 중 30%가 게임 중이나 직후에 두통 및 눈의 피로를 비롯해 각종 건강상의 문제를 호소했다.(견비통 722명, 집중력 장애 435명, 어지러움증 292명, 눈의 피로 287명, 두통 256명, 모든 것이 까맣게 보였다 64명, 구토 34명, 발작 15명, 졸도 6명)

◎ 전자파 차폐 문제

가. 전계의 차폐 : 전계는 도체에 의해 차폐 가능.

- 전계선(electric field line)들이 다른 전하와 부딪히면 멈춤. 전계선이 통과하는 곳에 자유전자가 많은 물체, 벽, 지붕이 있다면 대부분의 전계선은 그 물체의 전하와 충돌하여 전진 하지 못함.
- 집이 전계를 차폐 할 수 있는 양은 건축 자재나 습도의 양, 즉 자유전자의 양에 의해 결정.

나. 자계의 차폐 : 대부분의 물질에 의해 차폐 되지 않음. → 자계선(magnetic field line)은 전류가 흐르는 도체 주위에 연속적인 루프 형성

- 자계선은 나무, 공기, 사람과 같은 대부분의 물체를 통과
- 철과 같은 자성체는 통과 할 수 없음
- 전기기기에서 나오는 60Hz의 전자파는 전계와 자계를 발생하지만, 전계는 인체를 통과 못하지만, 자계는 통과

다. 실생활에서의 차폐문제

- 60Hz의 전자파 = 전계 + 자계

- 전계는 전하가 다른 곳에 있는 전하를 밀거나 끌어당기는 힘에 의해 형성되므로 전계 발생 부근의 전기를 잘 통하는 물, 인체, 수분이 많이 함유한 선인장, 활엽수 등에 의해 전계강도가 감소
- "물이나 선인장은 전자파를 흡수한다" (X)
- 시판되는 거의 모든 전자파 흡수(차단) 제품은 인체에 유해한 자계는 차폐하지 못하는 실정임
- 전자파 차폐 문제는 자계의 차폐 기술이 문제이다.
- 생체의 자계가 다른 생체에 영향을 준다면?
- 60Hz의 상용주파수의 초저주파 자계에 대해서는 극히 조금이지만 몸 속으로 침투한다. 이 자기장이 변동하기 때문에 맴돌이 전류에 의한 전류가 생체 내로 흘러서 신경계나 생체 조직에 작용하게 된다.

◎ 자기장 차폐의 해결책은?

- 전기장은 접지 기술을 이용하여 차단 할 수 있으나 자기장은 속수무책이다. 전기장은 접지나 주변물체의 흡수에 의해서 거의 99퍼센트까지 차폐시킬 수 있다. 하지만 자기장은 물체를 통과하기 때문에 차폐가 쉽지 않다. 다행히 자기장과는 달리 거리가 멀어질수록 세기가 감소한다.
- 자기장을 차폐하려면 제품을 설계를 할 때부터 자기장을 상쇄할 수 있는 구조를 갖추어야 한다. 그러나 이렇게 하려면 많은 비용이 들어서 현재 실용화 되지 못하고 있다. 결국 아직까지는 자기장을 효과적으로 차폐할 수 있는 실용적인 기술은 나오지 못하고 있다.

◎ 예방법과 대책

(ㄱ) 따뜻한 물에 의한 샤워→신진대사 촉진

(ㄴ) 충분한 수분 흡수→ 체내의 유해물질 배설

(ㄷ) 영양보충→멸치, 미역국, 인삼차

(ㄹ) 충분한 운동

(ㅁ) 컴퓨터 작업 시→바른 자세 유지

(ㅂ) 단말기를 눈높이 보다 10~20도 아래 배치

(ㅅ) TV 시청 시→ 일정거리 유지

(ㅇ) 전자파 방어벽으로 만든 전자기기의 개발

제 5 장

전자파 산란 특성

제 5 장 전자파 산란 특성

5.1 빌딩벽면에서의 전자파산란 특성

최근 이동단말기의 급속한 보급과 발전에 의하여, 통상의 시가지에서의 전자파전파 특성을 해명해야할 뿐만 아니라, 빌딩으로 둘러싸인 시가지 및 실내 공간 등의 종래에는 電波不感地帶로 불려오던 공간에 있어서도 안정적으로 통신을 이용 할 수 있는 무선통신환경 개선의 중요성이 높게 요구되고 있다. 더욱이, 이동통신의 디지털화와 더불어 건물 등에 의한 반사에 의해서 생기는 멀티패스에 기인하는 수신펄스의 시간지연이 고속디지털통신의 장해가 되고 있다. 이러한 도심 시가지에대한 전자파전파의 특성을 보다 정도 높게 추정하기 위해서는 건물벽면의 구조 및 간판 등의 영향도 고려 대상으로 포함 시킬 필요성이 있다. 향후의 이동통신의 신기술은, 복잡하고 다양화 되어 가는 건축물의 어떠한 공간에 있어서도, 빈약한 전파를 사용하여, 다양하고도 고도한 사용자의 통신수요에 응할 수 있도록 기술적으로 매우 가파른 장벽을 넘어 가야만 한다. 이러한 문제들을 극복하기 위해서는, 지금까지의 실험과 통계적 데이터해석 위주의 시가지 전자파전파의 연구개발에 전자파의 기초이론인 전자계(electromagnetic field)의 해석적 요소를 포함시키는 새로운 관점에 입각한 기술혁신이 필요하다고 생각된다. 이러한 관점에서 볼 때, 무선통신환경에서의 시가지, 산림, 해면, 빌딩 벽면 등의 문제를 불규칙조면(random rough surface)으로 모델링하여 전자파 산란문제의 그 특성을 상세히 파악 하는 것과 2차원 전파환경(傳播環境)모델들에 대한 전자파전파특성의 기초적 개념들을 설명할 수 있어야 한다.

또한, 시가지 전체의 傳播特性을 파악 한다든지, 시가지를 둘러싼 산림, 구릉지 및 빌딩 벽면의 구조에 의한 영향을 해석하는 것은, 실험결과의 본질을 밝혀내기 위해서도, 전자파 산란문제의 결과에 대한 통계적 처리가 필요하게 된다. 불규칙조면에 의한 산란문제를 다룰 때에는 어떤 확률조건의 아래에서 불규칙조면을 생성해서, 다수의 샘플에 의해서 얻어진 계산결과의 평균값으로 그 특성을 평가 하고 있다. 이러한, 불규칙조면에서의 전자파 산란문제를 해석하는 방법으로는, 이전부터 Perturbation Method, Kirchhoff Approximation, Integral Equation Method 등이 대표적 해석 방법으로 이용되고 있다. 최근에는 입사각 및 산란각 보다 작은 slope angle을 가진 표면에 대해서는 비교적 정확한 해(解)를 구할 수 있다는 Small-Slope Approximation법이 이용되고 있기도 하다. 그렇지만, 적분방정식법을 제외한 이러한 해석적 방법들에는 적용 가능한 조면(rough surface)에 다음과 같은 제약이 따르고 있다. Perturbation Method에 적용 가능 한 조면의 조건은 평균 높이가 1λ 이하의 조건을 만족해야 하고, Kirchhoff Approximation은 조면의 곡률반경이 1λ보다 클 경우에만 적용이 가능 하다. 특히, 산란체 또는 입사면에 대해 입사각이 낮은 경우(low-grazing angle)의 문제에 있어서 보다 정도 높은 결과를 얻기 위해서는, 위와 같은 이론적 방법으로는 적용이 불가능 하며, 수치해석적 방법에 기대할 수밖에 없다.

지금까지 개발된 시가지내의 전파추정 시스템 구축에 있어서는 통상의 빌딩벽면은 평면으로 가정하여 처리하고 있다. 이 문제는 시스템의 소형화와 처리 시간의 단축화에 있어서도 필요한 요건이기도 하다. 그러나 실제 문제에 있어서는 간판과 같은 빌딩의 부착물, 창, 테라스 등과 같은 규칙적 벽면 구조, 또는 불규칙적 벽면 구조를 가지고 있는 경우가 일반화 되어 있는 실정이다. 본 논문에 있어서는 FVTD(finite volume time domain)법을 적용하여 기초적인 산란 특성 평가를 위하여 3분류에 의한, 즉 주기적 구조에 의한 산란 특성, 불규칙적 구조에 의한 산란 특성, 주기적 및 불규칙의 복합형 구조에 의한 산란 특성을 분석 하고, 특히 주기적 표면을 가지고 있는 구조에서는 수신펄스의 시간지연의 원인을 제공하는 Bragg reflection의 영향을 조사하여, 그 영향을 무시할 수 있는 조건을 검토하도록 한다.

5.1.1 2차원 FVTD 관계식

계산의 편리를 위해 자유공간의 고유임피던스로 정규화된 자계를 이용하며, 수평편파의 FVTD 관계식을 정리하면 다음과 같이 주어진다.

$$H_x^{n+1}(i,j) = \Xi^{i,j} H_x^n(i,j) - \Gamma_y^{i,j} A^{i,j}[E_z^n(i,j+1) - E_z^n(i,j-1)] \tag{5.1}$$

$$H_y^{n+1}(i,j) = \Xi^{i,j} H_y^n(i,j) - \Gamma_x^{i,j} A^{i,j}[E_z^n(i+1,j) - E_z^n(i-1,j) \tag{5.2}$$

$$E_z^{n+1}(i,j) = \Omega^{i,j} E_z^n(i,j) - \Gamma_y^{i,j} B^{i,j}[H_x^{n+1}(i,j+1) - H_x^{n+1}(i,j-1)] + \Gamma_x^{i,j} B^{i,j}[H_y^{n+1}(i+1,j) - H_y^{n+1}(i-1,j)] \tag{5.3}$$

수직편파의 FVTD 관계식은

$$H_z^{n+1}(i,j) = \Xi^{i,j} H_z^n(i,j) - \Lambda_y^{i,j} A^{i,j}[E_x^n(i,j+1) - E_x^n(i,j-1)] + \Lambda_x^{i,j} A^{i,j}[E_y^n(i+1,j) - E_y^n(i-1,j) \tag{5.4}$$

$$E_x^{n+1}(i,j) = \Omega^{i,j} E_x^n(i,j) + \Gamma_y^{i,j} B^{i,j}[H_z^{n+1}(i,j+1) - H_z^{n+1}(i,j-1)] \tag{5.5}$$

$$E_x^{n+1}(i,j) = \Omega^{i,j} E_x^n(i,j) + \Gamma_x^{i,j} B^{i,j}[H_z^{n+1}(i+1,j) - H_z^{n+1}(i-1,j) \tag{5.6}$$

으로 표현되며, 위의 관계식들에 포함된 step parameters 는 다음과 같이 정의 된다.

$$\Xi^{i,j} = \exp(-\alpha_{mi,j}) \tag{5.7}$$

$$\Lambda_{x,y}^{i,j} = \frac{c\Delta t}{2\mu_{ri,j}\Delta x, y} \tag{5.8}$$

$$A^{i,j} = \frac{1-\exp(-\alpha_{mi,j})}{\alpha_{mi,j}} \tag{5.9}$$

$$\Omega^{i,j} = \exp(-\alpha_{i,j}) \tag{5.10}$$

$$\Gamma_{x,y}^{i,j} = \frac{c\Delta t}{2\varepsilon_{ri,j}\Delta x, y} \tag{5.11}$$

$$B^{i,j} = \frac{1-\exp(-\alpha_{i,j})}{\alpha_{i,j}} \tag{5.12}$$

$$\alpha_{mi,j} = \frac{\sigma_{mi,j}\Delta t}{\mu_0\mu_{ri,j}} \tag{5.13}$$

$$\alpha_{i,j} = \frac{\sigma_{i,j}\Delta t}{\varepsilon_0\varepsilon_{ri,j}} \tag{5.14}$$

여기서 Δx와 Δy는 spatial increment 이며, Δt 는 time difference를 표시한다. 또한, $c = 1/\sqrt{\varepsilon_0\mu_0}$는 자유공간의 전파속도를 나타낸다.

유한한 구조의 해석을 위한 흡수경계조건은 PML(perfectly matched layer)의 흡수경계 조건을 적용한다.

5.1.2 산란 문제

수치계산에서 사용되는 입사파는 다음과 같이 수정된 Gaussian beam pattern 으로 가정 한다.

$$F_z^i(x,y) = \exp\{-jk(x\sin\theta_i - y\cos\theta_i)[1+w(x,y)]\} \cdot \exp\{-(x+y\tan\theta_i)^2/g^2\} \tag{5.15}$$

여기서 F_z^i는 사용편파에 따라 E_z^i 또는 H_z^i 로 사용된다. 식 (5.12)의 θ_i 는 입사파의 입사각을 나타내며, $k = 2\pi/\lambda$ 는 파수이며, λ는 자유공간의 파장(electromagnetic wavelength)을 의미한다.

또한, 식(5.15)의

$$w(x,y)=\frac{2(x+y\tan\theta_i)^2/g^2-1)}{(kg\cos\theta_i)^2} \tag{5.16}$$

로 정의되며, 여기서 g는 tapcring을 조정하는 계수로 g=L/N (L is the finite surface length, N=4)로 사용한다.

2차원 FVTD법을 이용하는 경우, 수평 및 수직편파에 대한 원방계(far field)는 다음과 같이 구할 수 있다.

$$\begin{aligned}&E_z^s=\\&-jk\frac{e^{-j\pi/4}}{2\sqrt{2\pi k}}\frac{e^{-jkr}}{\sqrt{r}}\int_{-x}^{x}[-E_z(x,y)\sin\theta_s-H_x(x,y)]dx\\&\times\exp\left(jk(x\cos\theta_s+y\sin\theta_s)\right)\end{aligned} \tag{5.17}$$

$$\begin{aligned}&H_z^s=\\&-jk\frac{e^{-j\pi/4}}{2\sqrt{2\pi k}}\frac{e^{-jkr}}{\sqrt{r}}\int_{-x}^{x}[-H_z(x,y)\sin\theta_s+E_x(x,y)]dx\\&\times\exp\left(jk(x\cos\theta_s+y\sin\theta_s)\right)\end{aligned} \tag{5.18}$$

산란특성을 평가하기 위하여 NRCS(bistatic normalized radar cross section)를 다음과 같이 정의하며,

$$\sigma^0(\theta_i,\theta_s)=\lim_{r\to\infty}\frac{2\pi r\left|F^s\right|^2}{\int\left|F^i(x,0)\right|^2dx} \tag{5.19}$$

여기서, F^s 는 식(5.17), (5.18)에 의해 수평편파일 경우는 $F^s=E^s$, 수직편파일 경우는 $F^s=H^s$로이용 되며, 불규칙조면의 경우에는, 50개의 조면 샘플을 이용하여 NRCS를 계산하였다.

5.1.3 수치 계산 결과 및 분석

FVTD시뮬레이션에 있어서 사용된 주파수는 1.0GHz 이며, 빌딩벽면의 재질은 콘크리트로 가정하여 유전율(permittivity:ε_r)을 6.76으로, 도전율

(conductivity:σ)을 0.0023(S/m)으로 설정 하였다. 전체 해석영역은 8000Δx×2000Δy로 모델링 하여, 셀 사이즈를 Δx=Δy=λ/40으로 설정하였다. Tapered incident wave를 사용하여 유한영역의 시뮬레이션을 이용하는 경우, 입사각이 10도 이하에서는 유한영역의 edge 영향을 피하기위해서 충분한 surface length를 고려해야 하지만, 계산영역 및 처리시간의 절약을 위해서, 본 수치계산에 있어서는 벽면에 대한 입사각을 45도로 설정하였다. 각 모델들에 대한 산란 특성은 식(5.19)을 이용하여, 수평 또는 수직 편파에 대하여 NRCS를 계산하였다.

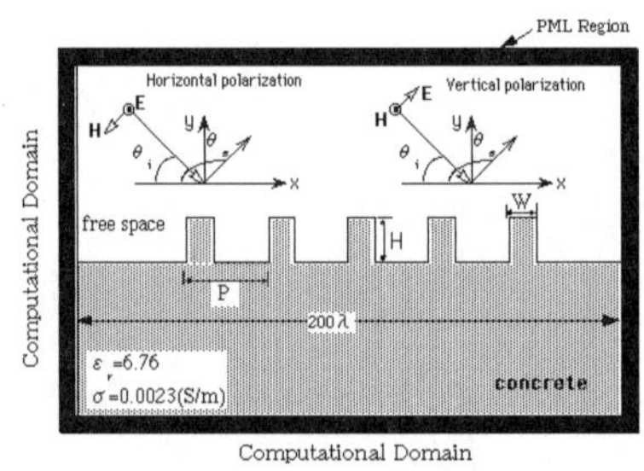

[그림 5.1] 주기적 벽면의 산란 특성 파악을 위한 **FVTD** 시뮬레이션 구조

먼저 주기적 벽면의 산란 특성 파악을 위한 FVTD 시뮬레이션 구조를 그림 5.1에 표시 하였다. 규칙적 벽면 구조의 주기장(periodic length)을 P, 높이를 H, 폭을 W로 표시한다. 특히, 주기적 구조의 표면에 대해서는 Bragg reflection의 조건을 조사해야하며. 다음과 같은 관계를 만족한다.

$$\Theta_n = \pi - \cos^{-1}(\cos\theta_i + \frac{\lambda}{P}n) \tag{5.20}$$

여기서, Θ_i는 입사각이며, λ는 파장, P는 벽면의 공간적 주기장을 나타내며, 이때의 n=0,-1,-2,⋯ 이다. n=0일 경우, Θ_0=π-Θ는 일반적인 광학적 반사각을 의미한다. 그림 5.2는 주기장(P)이 2λ일 경우의 수치 결과를 평면 구조와 비교하였다.

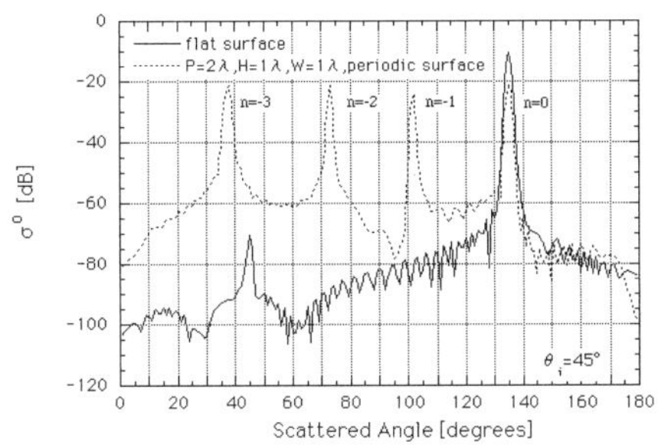

[그림 5.2] Bragg reflection의 특성

그림 5.3에서는 수평편파를 사용한 규칙적 벽면구조의 경우, 높이(H)와 폭(W)을 각각 1λ와 2λ로 고정하고, 주기장(P)을 5, 10, 15, 20λ로 변화 시켰을 경우의 산란 특성과 일률적인 평면구조에서 일어나는 산란 특성을 비교한 결과이다. 그림 5.4는 수직편파를 사용한 경우의 수치결과이다. 규칙적 벽면 구조에서는 주기적 형상을 결정하는 주기장의 영향이 강하게 작용하고 있으며, 그 주기장(P)이 20λ 이하의 조건에서는 Bragg reflection의 영향이 강하게 나타나고 있음을 보여 주고 있다. 그러나 주기장(P)이 20λ 이상에서는 Bragg reflection의 영향이 감쇠되어 있는 것을 확인할 수 있다.

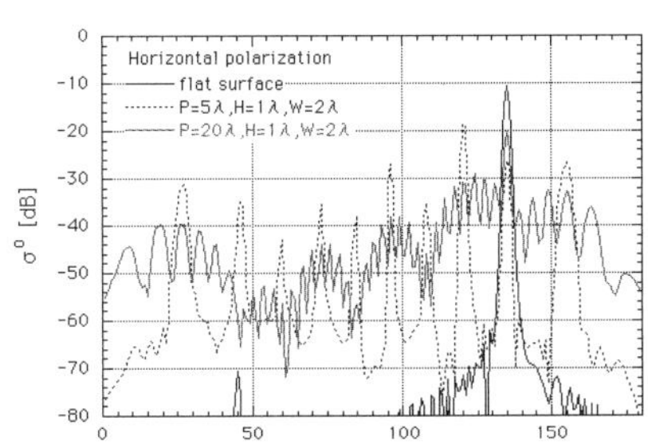

(a) 주기장의 영향(5λ,20λ)

(a) Effect of periodic length(5λ,20λ)

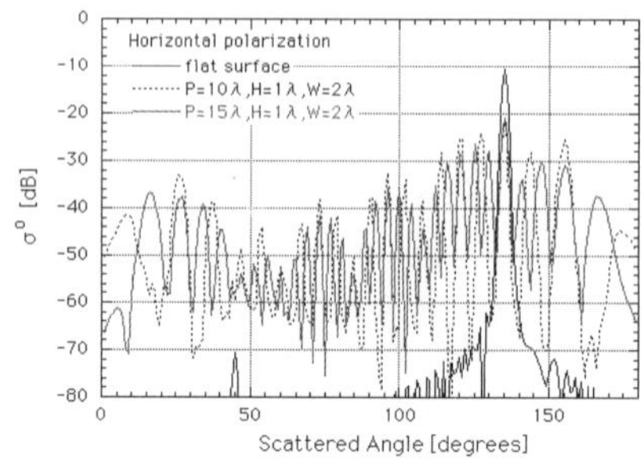

(b) 주기장의 영향(10λ,15λ)

(b) Effect of periodic length(10λ,15λ)

[그림 5.3] 수평편파를 사용한 주기적 벽면 구조에서의 산란 특성.

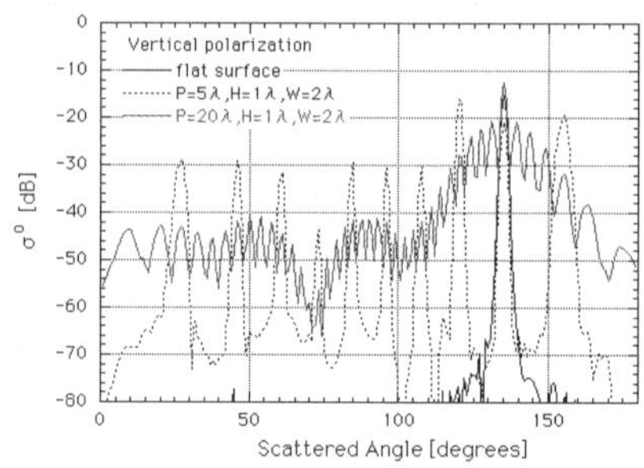

(a) 주기장의 영향(5λ,20λ)

(a) Effect of periodic length(5λ,20λ)

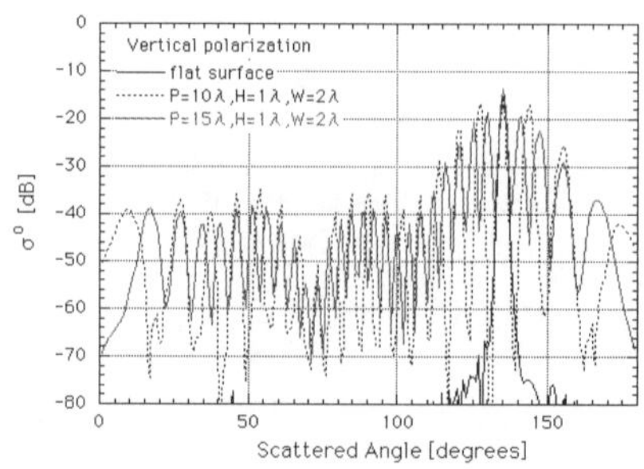

(b) 주기장의 영향(10λ,15λ)

(b) Effect of periodic length(10λ,15λ)

[그림 5.4] 수직편파를 사용한 주기적 벽면 구조에서의 산란 특성.

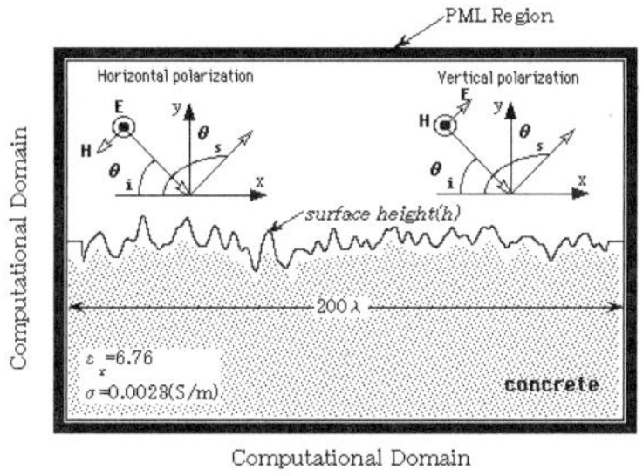

[그림 5.5] 주기적 벽면의 산란 특성 파악을 위한 **FVTD** 시뮬레이션 구조

그림 5.5는 불규칙 벽면에서 일어나는 전자파산란 특성을 파악하기 위한 시뮬레이션 구조도를 표시하고 있다. 시가지 전체의 전파특성을 파악 한다든지, 시가지를 둘러싼 산림, 구릉지 및 빌딩 벽면의 구조에 의한 영향을 해석하는 것은, 실험결과의 본질을 밝혀내기 위해서도, 전자파 산란문제의 결과에 대한 통계적 처리가 필요하게 된다. 불규칙 구조의 벽면 생성에는 Gaussian spectrum 을 이용하여 50개의 불규칙조면을 생성해서 얻어진 샘플에 의해서 계산된 NRCS의 평균값을 이용하여 산란특성을 평가 하였다.

조면의 rms surface height(h)는 0.2λ과 1.0λ으로, correlation length(*cl*)은 1.0λ로 모델링 하였다. 또한 평면에서 일어나는 원방계의 산란 패턴(far field scattering pattern)과도 비교 하였다. 그림 5.6과 5.7은 각각 수평 및 수직편파를 사용한 경우, cl을 1λ로 고정하여 h를 0.2λ와 1λ로 변화시켜, 조면의 높이가 산란특성에 미치는 영향을 조사 하였다. FVTD 시뮬레이션 결과를 보면 조면의 높이(h)가 1λ 정도로 높아지면 난반사(diffuse scattering)의 영향이 증가하여 후방산란(backscattering)의 NRCS값이 커지는 것을 확인할 수 있다.

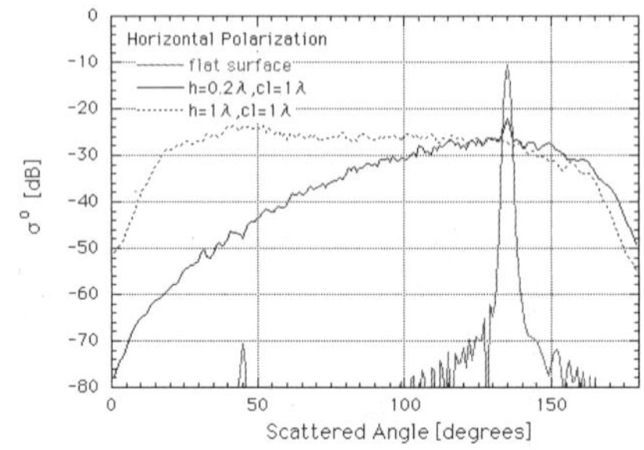

[그림 5.6] 수평편파를 사용한 불규칙적 표면 구조에서의 산란 특성.

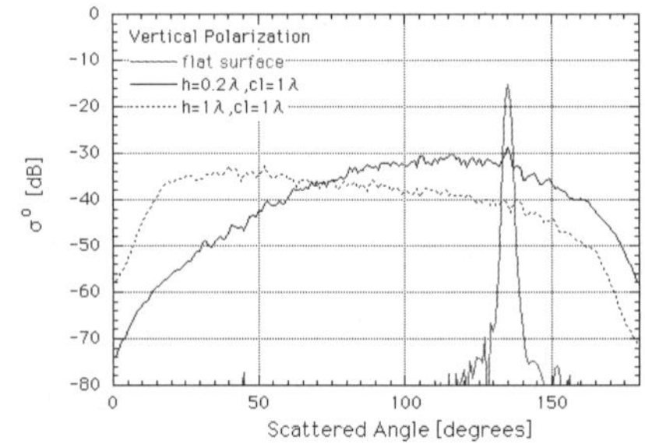

[그림 5.7] 수직편파를 사용한 불규칙적 표면 구조에서의 산란 특성.

그림 5.8은 복합형 표면 구조로서 앞에서 언급한 규칙적 구조와 불규칙적 구조를 조합하여 모델링한 경우의 NRCS의 특성을 파악하기 위한 구조도를 나타낸다. 그림 5.8의 (a)는 규칙적구조의 상단 벽면의 폭(W)에만 불규칙조면을 생성 시킨 경우이며, (b)는 벽면 전체가 불규칙조면으로 형성된 규칙적 구조를 모델링 하였다. 그림 5.9와 5.10은 각각 수평 및 수직편파를 사용한 경우의 수치 결과를 나타낸다. 위에서 언급한 그림 5.1과 같은 주기적 구조만을 가지는 경우와 비교하였을 경우, (a)와 (b)에서는 규칙적 구조에서 발생하는 Bragg reflection 보다는 불규칙조면에 의한 난반사의 성질이 높게 나타나고 있다.

또한 (a)가 (b)보다 Bragg reflection의 특성이 전방산란

(forward-scattering) 방향에서 발생하고 있음을 확인할 수 있다.

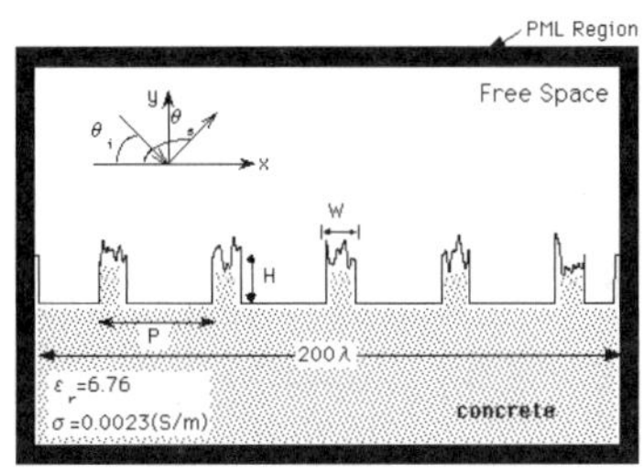

(a) 복합형 구조 a
(a) Composite structure a

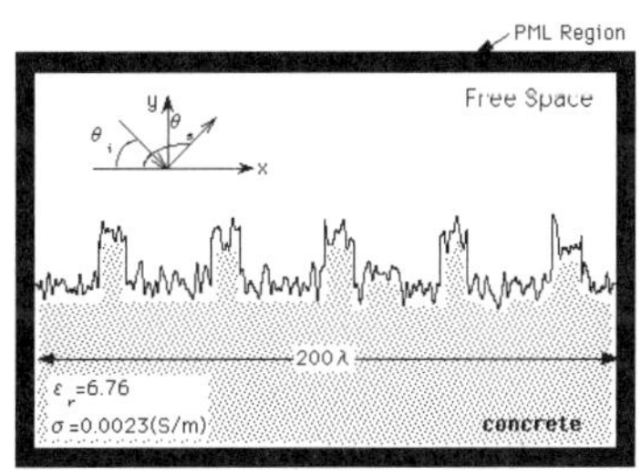

(b) 복합형구조 b
(b) Composite structure b

[그림 5.8] 복합형 구조를 가진 벽면에서의 산란 특성 파악을 위한 시뮬레이션 구조

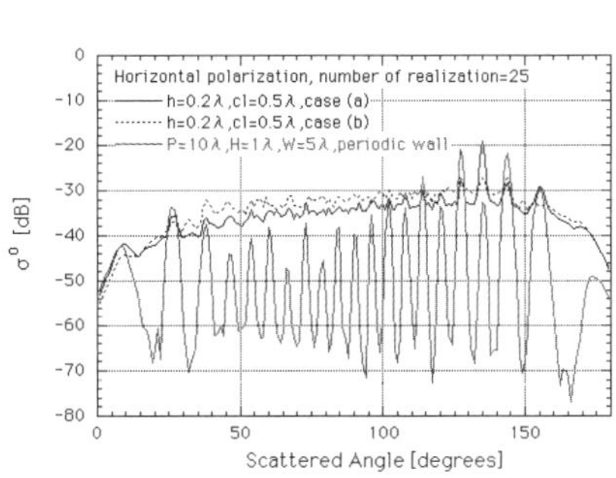

[그림 5.9] 수평편파를 사용한 복합형 구조의 벽면에서의 산란 특성.

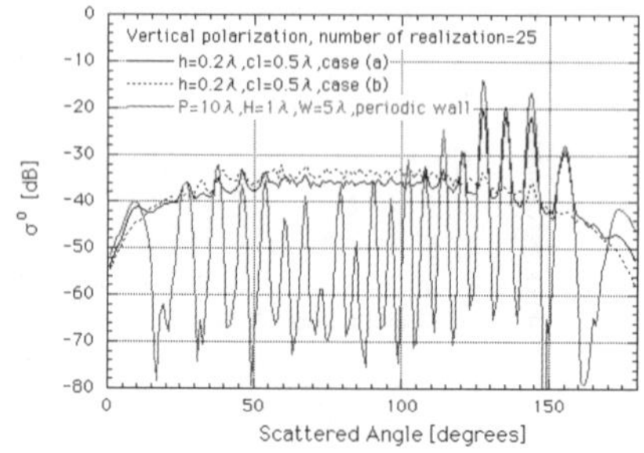

[그림 5.10] 수직편파를 사용한 복합형 구조의 벽면에서의 산란 특성.

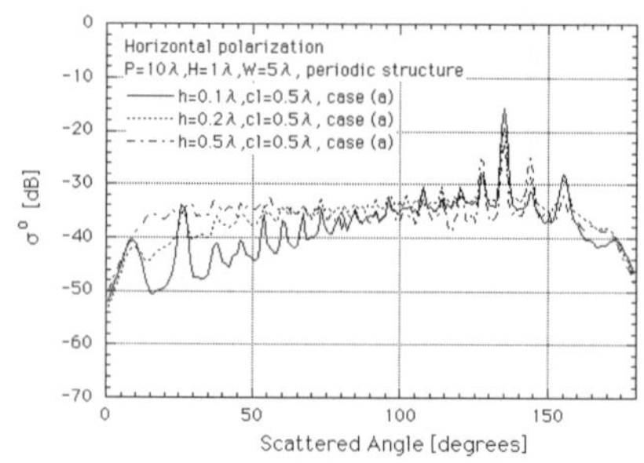

[그림 5.11] 수평편파를 사용한 복합형 구조에서의 불규칙표면 높이에 대한 영향.

그림 5.11은 그림5.8의 (a)의 구조에서 불규칙조면을 형성하는 h를 0.1~0.5λ까지 변화하여 산란특성을 비교하였다. 규칙적 구조 안에서 불규칙조면의 높이가 높아질수록 후방산란방향에서 Bragg reflection 보다는 난반사의 성질이 커지는 것을 확인할 수가 있다.

5.1.4 빌딩벽면 구조에 대한 전자파 특성

시간적 변화를 갖는 맥스웰 방정식을 체적적분에 기초하여 이산화한 FVTD법을 이용하여, 규칙적 및 불규칙적 벽면구조에 의한 전자파산란의 특성을 분석하였다.

실제 문제와 관련하여 빌딩 외벽에 부착된 창, 테라스 등과 같이 주기적 또는 불규칙적으로 배열되어 있는 경우, 그 주기의 요소와 파장의 관계를 이용하여 부착물이 없는 평면구조에서 일어나는 산란 특성과 비교하였다. 주기적 벽면구조에서는 높이가 2λ 이하, 길이가 20λ 이상에서는 Bragg reflection의 영향을 무시할 수 있지만. 그 외의 경우에는 Bragg reflection의 영향이 예측 이상으로 강한 점을 고려해야만 한다. 불규칙적인 벽면 구조에서 일어나는 산란 특성 조사에서는 조면을 형성하는 평균 높이가 1λ 이상 에서는 후방산란의 강한 난반사에 의해 무선통신환경에 나쁜 영향을 미칠 수 있으나, 그 이하의 조건이라면, 그 영향을 무시 할 수 있다고 볼 수 있다. 본 연구 결과를 기초로 하여 향후 2차원 전파환경모델들에 대한 전파특성을 추정하는 수치 시뮬레이션을 개발하는데 효과적으로 이용할 수 있을 것이다.

5.2 큰 규모의 불규칙 조면에 의한 전자파 전파 특성

최근 이동단말기의 급속한 보급과 발전에 의하여, 통상의 시가지에서의 전자파전파 특성을 해명해야할 뿐만 아니라, 빌딩으로 둘러싸인 시가지 및 실내 공간 등의 종래에는 음영지역으로 불려오던 공간에 있어서도 안정적으로 통신을 이용 할 수 있는 무선통신환경 개선의 중요성이 높게 요구 되고 있다. 더욱이, 이동통신의 디지털화와 더불어 건물 등에 의한 반사에 의해서 생기는 멀티패스에 기인하는 수신펄스의 시간지연이 고속디지털통신의 장해가 되고 있다. 이러한 도심 시가지에대한 전자파전파의 특성을 보다 정도 높게 추정하기 위해서는 건물벽면의 구조 및 간판 등의 영향도 고려 대상으로 포함 시킬 필요성이 있다. 또한, 시가지 전체의 전파특성(propagation characteristic)을 파악 한다든지, 시가지를 둘러싼 산림, 구릉지 등에 의한 영향을 해석하는 것은, 실험결과의 본질을 밝혀내기 위해서도, 전자파 산란문제의 결과에 대한 통계적 처리가 필요하게 된다. 이러한 연구의 문제들을 불규칙 조면(Random Rough Surface)에 의한 전자파의 산란문제로서 다루고 있으며, 어떤 확률조건의 아래에서 불규칙 조면을 생성해서, 다수의 샘플에 의해서 얻어진 수치계산 결과의 평균값으로 산란특성을 평가 하고 있다. 특히, 불규칙 조면에서의 전자파 산란문제를 해석하는 방법으로는, 이전부터 Perturbation Method, Kirchhoff Approximation, Integral Equation, FDTD, FVTD 법 등이 해석 방법으로 이용되고 있다.

본 연구에서는 산란체의 크기가 사용 주파수대역의 파장 보다 충분히 큰 경우의 불규칙 조면에 의한 산란특성 해석에 ray tracing 기법을 적용하였다. 레이(ray) 추적 방법에는 수신기에 도달하는 모든 신호의 경로를 정확히 찾아주는 image method와 수많은 신호가 송신기에서 방사된 후 수신기에 도달한 신호를 합하여 결과를 구하는 ray-launching method가 있다. 본 논문에서는 전자의 image method를 채용하여 불규칙 조면에 의한 산란 특성 해석에 회절계(diffracted field)를 고려하였다. 특히 시가지, 산림, 해면과 같은 실외공간에 존재하는 2차원 전파환경모델에 의한 전자파 전파현상의 복잡성은 다양한 산란체의 형태 및 그 배치의 다양화에 기인한다. 이러한 문제들은 결정론적으로 단정하기는 매우 어려우며, 통계적 수법을 이용하여 전파특성을 평균적 의미로 취급하여야 한다. 본 논문에서 다루는 실외공간에 의한 전자파 전파특성을 불규칙 조면으로 모델링하여 산란 특성을 고찰 하였다. 불규칙 조면에 대해서는 산림이나 해면과 같은 파도 모양의 표면(wave-like-surface)과 시가지의 빌딩 모양의 표면(building-like-surface)으로 취급하여, 수치 시뮬레이션을 통한 반사 레이(ray), 회절 레이(ray) 및 산란특성에 대해서 고찰하였다.

5.2.1 Ray Tracing Method

송수신단간의 전파 경로에서 각각의 레이(ray)는 여러 전파현상을 나타내게 된다. Ray tracing 기법은 송신점에서 방사되는 전파를 레이로 가정하여 그 레이가 전파 도중의 산란체에서 기하학적으로 반사, 투과 및 회절을 반복해서 수신점에 도달하는 경로를 추적(trace)하는 것으로 전자계(electromagnetic field)는 수신점에 도달하는 모든 레이를 가산하는 것으로 구할 수 있다. 전파 경로를 따라 N번의 레이가 결정되면 반사계수와 회절계수를 이용하여 식 (5.21)과 같이 전자계를 계산 할 수 있다.

$$E_v, E_h = \sum_{n=1}^{N} \prod_{k=1}^{K} D_{n,k}^{v,h} \prod_{m=1}^{M} R_{n,m}^{v,h} \frac{e^{-jkr_n}}{r_n} \tag{5.21}$$

이때, k는 자유공간의 파수(wavenumber)를 의미하며, 다음 식으로 정의된다.

$$k = \omega\sqrt{\varepsilon_0 \mu_0} \tag{5.22}$$

또한, r_n은 n 번째 레이의 송신점에서 수신점까지의 거리이며, $R_{n,m}^{v,h}$는 m 회의 반사계수, $D_{n,k}^{v,h}$는 k회의 회절계수를 의미한다. 여기서 v, h는 각각 수평편파(horizontal polarization) 및 수직편파(vertical polarization)를 표시한다.

식 (5.21)에서 사용하는 프레넬(Fresnel)의 반사계수는 다음과 같이 정의된다.

$$R^{v} = \frac{\varepsilon_{c}\cos\theta - \sqrt{\varepsilon_{c} - \sin^{2}\theta}}{\varepsilon_{c}\cos\theta + \sqrt{\varepsilon_{c} - \sin^{2}\theta}} \tag{5.23}$$

$$R^{h} = \frac{\cos\theta - \sqrt{\varepsilon_{c} - \sin^{2}\theta}}{\cos\theta + \sqrt{\varepsilon_{c} - \sin^{2}\theta}} \tag{5.24}$$

이때 Θ는 입사각도이며, ε_c는 조면을 구성하는 매질의 복소유전율을 의미하며, 다음 식 (5.25)로 표현된다.

$$\varepsilon_{c} = \varepsilon_{r} - j\frac{\sigma}{\omega\varepsilon_{0}} \tag{5.25}$$

여기서 εr은 상대유전율(dielectric constant) 이며, σ는 도전율(conductivity)을 표시한다.

한편, 다음 식 (5.26)에는 knife edge에 의한 회절계수를 개선한 형태로 프레넬 함수로서 주어진다.

$$D = \begin{cases} RF(X) & \text{(in reflection region)} \\ -F(X) & \text{(in shadow region)} \end{cases} \tag{5.26}$$

이때, R은 반사계수 이며, F(X)는 복소수형 프레넬 함수로서 다음 식 (5.27)과 같이 정의된다.

$$F(X) = \frac{e^{j4/\pi}}{\sqrt{\pi}} \int_{X}^{\infty} e^{-ju^{2}} du \tag{5.27}$$

또한, 회절계수의 인수를 프레넬 함수의 점근식(漸近式)으로부터 역산하여 다음과 같이 주어진다.

$$X = \sqrt{k(r_{1} + r_{2} + r_{0})} \tag{5.28}$$

여기서 r_0는 송신점에서 수신점까지의 거리이며, r_1은 송신점에서 edge까지의 거리이며, r_2는 edge에서 수신점까지의 거리를 의미한다.

우선 이 방법의 정확도를 조사하기 위해 Wiener - Hopf 법에 의한 엄밀해(rigorous solution)와 비교 하였다. 폭이 40 파장인 유한한 얇은 스트립 도체판과 같은 간단한 산란 구조체에 대해 선형파(linearly wave)가 수직 입사하는 경우, 반사 영역의 산란계(scattered field)를 구하였다. 파원의 위치는 도체판의 중심에서 100 파장 떨어진 지점에 두었으며, 관측점의 거리도 100 파장 떨어진 지점에 설정 하였다. 입사파의 진폭은 도체판의 중심에서 1이 되도록 하였다. 실선(WH)은 엄밀해(rigorous solution)인 Wiener-Hopf 법에 의한 결과, 점선(RTM)은 회절계를 고려한 ray tracing 기법에 의한 결과, 중심선(GO)은 회절계를 고려하지 않은 Geometrical optics method에 의한 결과를 그림 1에 표시하였다. 그림 5.12에서 보듯이 회절계를 무시한 경우, 반사 영역과 그 밖의 영역에서 산란계 분포의 불연속이 발생하지만 회절 계수를 사용한 ray tracing 기법에서는 정확한 결과를 얻을 수 있다는 것을 알 수 있다.

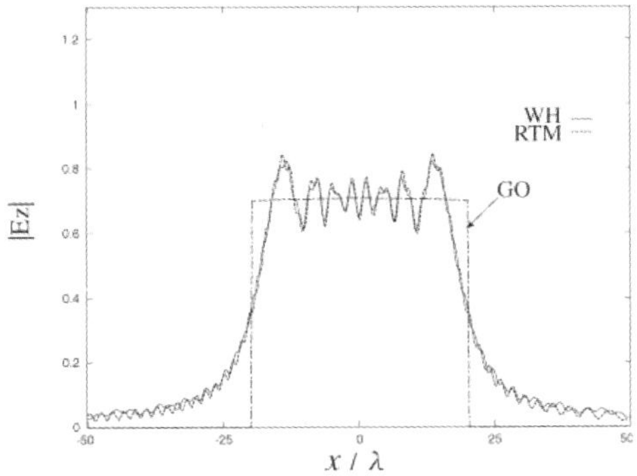

[그림 5.12] 산란계의 분포(반사 영역)

5.2.2 수치계산 결과

불규칙 조면에 대해서는 산림이나 해면과 같은 파도 모양의 표면(wave-like-surface)과 시가지와 같은 빌딩 모양의 표면(building-like-surface)으로 모델링 하였다. 본 논문에서 취급하는 파도 모양의 조면에 대해서는 각 선 스펙트럼(line spectrum)에 대응하는 성분파의 중첩성분으로 표시 할 수가 있다.

$$Y(x) = \sum_{n=1}^{N} A_n \cos(K_n x + \phi_n) \tag{5.29}$$

N은 성분파의 수, A_n은 진폭이며, $K_n(=2\pi/\lambda)$은 파수를 의미하며, ϕ_n은 파의 위상을 표시한다. 여기서 불규칙 조면의 생성에는 기본 공간 파장을 18m로 하여 해양파(ocean-like-wave)의 주파수 스펙트럼인 Pierson-Moskowitz spectrum을 이용하였으며, 11개의 선 스펙트럼으로 근사시켜 조면의 각 파라미터를 결정하였다. 각 성분의 확률분포는 Monte Carlo 법을 사용하였다. 진폭의 최대값은 5m로 하였으며, 진폭과 위상은 랜덤 변수로 사용하였다.

우선 파도 모양의 불규칙 조면에 의한 전자파의 산란 현상을 자세히 고찰하기 위하여 불규칙 조면에서의 반사 레이, 회절 레이, 회절 레이에서 반사 레이, 반사 레이에서 회절 레이로 변환한 수치 시뮬레이션 결과를 그림 2에서 그림 5까지 표시하였다. 수치 시뮬레이션에 있어서 식 (5.21)의 m=5로 설정한 경우의 반사 계수와 k=2로 설정한 경우의 회절 계수를 사용하였으며, 송신점은 (-200, 200)에 두고, 수신점은 (0, 200)에서 (200, 200)까지 x축을 20 m 간격으로 설정 하였다.

그림 5.13에 반사 레이를 표시 하였다. 관측점에 따라서는 레이가 존재하지 않는 점이 있다는 것과, 폐쇄된 공간과는 다르게 다수의 반사를 반복하는 경우가 적다는 것을 알 수 있다. 그림 5.14에 회절 레이에 관한 수치 결과를 제시하였다. 특히 그림 3의 시뮬레이션에서는 식 (5.21)의 k=2인 회절

계수를 사용하였음에도 불구하고 모든 수신점에서 많은 회절 레이가 도착되었다는 것을 알 수 있다. 그림 5.15에서는 회절 레이에서 시작하여 반사 레이로 변환한 결과를 표시하였다. 그림 5.16은 반사 레이에서 회절 레이로 변환한 결과 이다. 이러한 수치계산 결과에서 보듯이 불규칙 조면에 의한 산란 특성에서는 회절 레이를 고려 할 경우, 탐색하는 레이의 수가 극단적으로 증가 한다는 것을 알 수 있다.

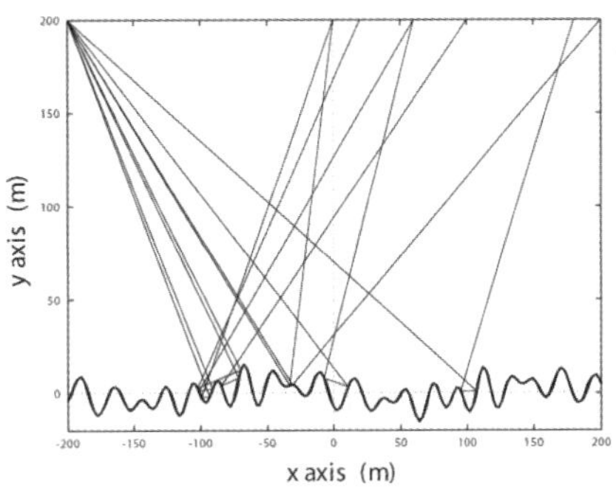

[그림 5.13] 반사 레이

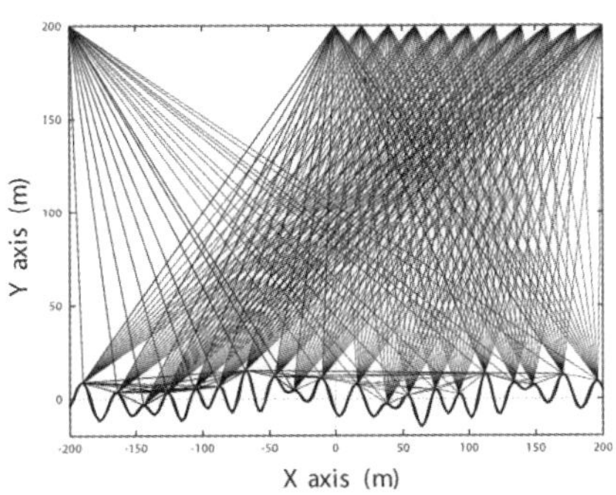

[그림 5.14] 회절 레이

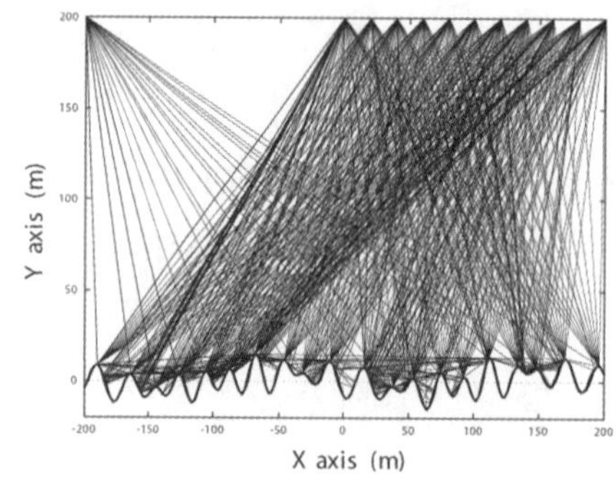

[그림 5.15] 회절 레이에서 반사 레이로 변환한 레이

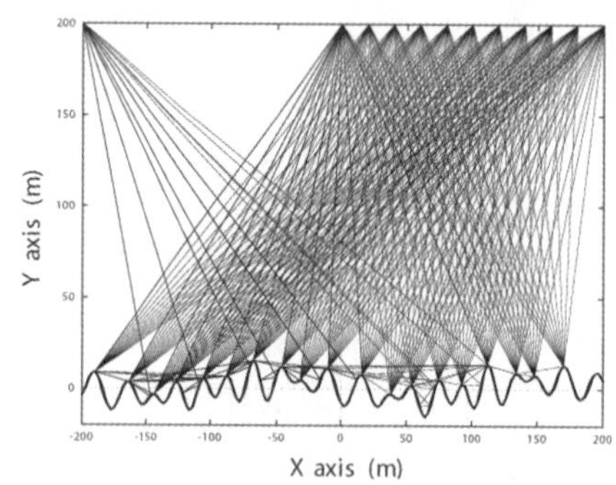

[그림 5.16] 반사 레이에서 회절 레이로 변환한 레이

다음으로 시가지의 빌딩 군(群)을 가상하는 불규칙 조면을 모델링하여 각 레이의 특성에 대한 수치계산 결과를 그림 5.17에서 그림 5.20에 표시하였다. 빌딩의 높이와 도로의 폭을 랜덤 변수로 사용하였다. 빌딩의 높이는 최대 50 m에서 최소 10 m로 하였으며, 도로의 폭은 5 m에서 50 m 사이로 설정하였다. 송·수신점의 위치 및 좌표계는 앞에서 설명한 것과 동일하게 두었다. 회절 레이가 발생하는 정점을 비교하면 앞의 그림 5.13에서 5.16까지의 경우에서는 산의 정점 1 개소에서 발생 하였으나, 빌딩의 경우 윗면 2 개소에서 회절 현상이 발생하고 있다. 그 외의 현상은 산림 형태의 불규칙 조면과 동일한 결과를 보여 주고 있다.

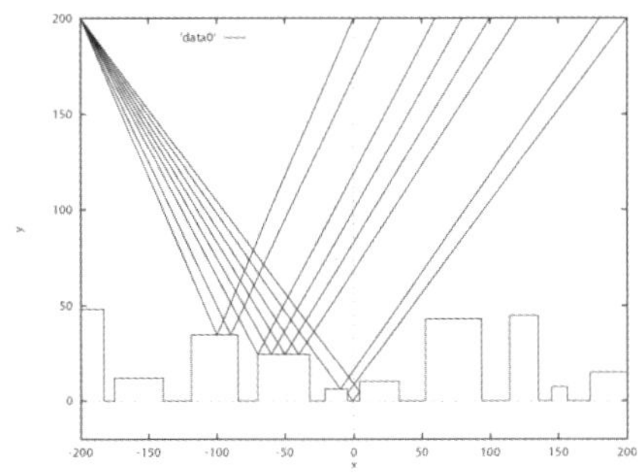

[그림 5.17]. 빌딩 표면에 의한 반사 레이

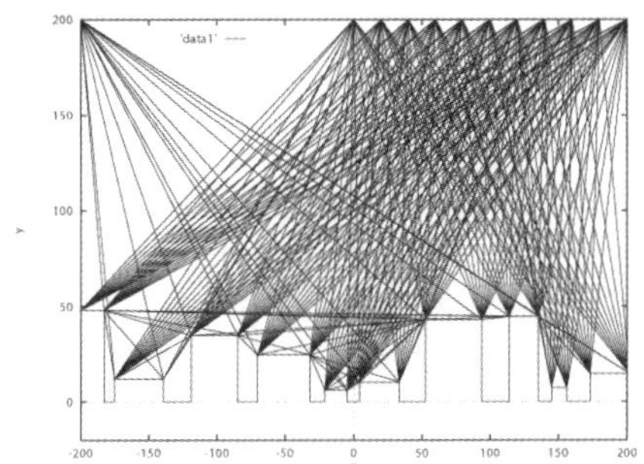

[그림 5.18] 빌딩 표면에 의한 회절 레이

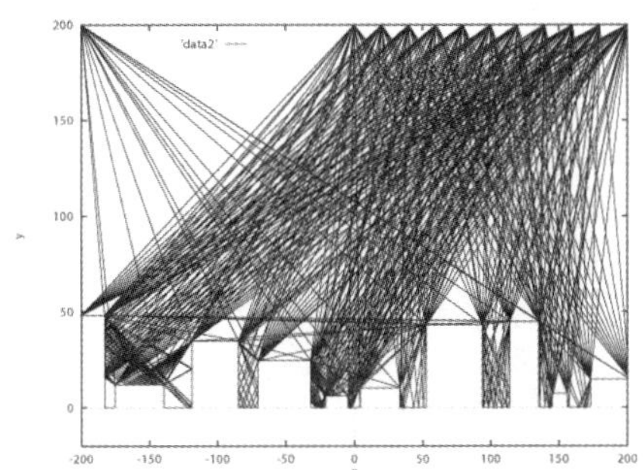

[그림 5.19] 회절 레이에서 반사레이로 변환한 레이

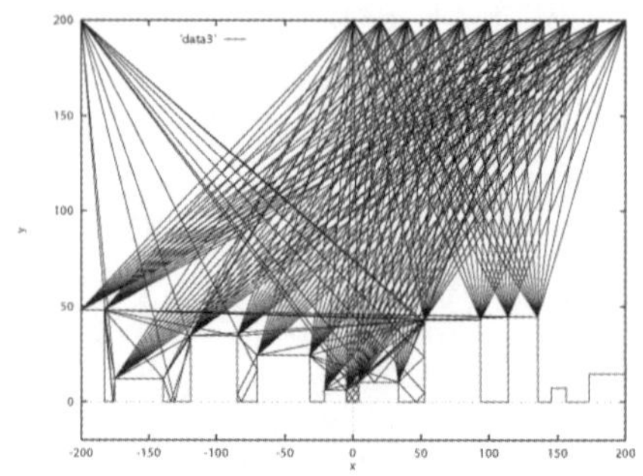

[그림 5.20] 반사 레이에서 회절 레이로 변환한 레이

5.2.3 Delay Spread

시가지의 빌딩 군(群)을 가상하여 빌딩 모양의 불규칙 조면에 관하여, 수신점을 폭 50 m의 도로 위에 설정하여, 좌우 폭 5 km의 빌딩 모양의 불규칙 조면을 생성하였다. 그 때의 수신점의 높이를 지상 1 m 지점에서 200 m까지 변화시켰을 경우의 지연 확산(delay spread)의 변화를 조사하였다. 지연 확산은 생성된 하나의 불규칙 조면에 대하여 최대 반사회수 5회, 회절회수 2회의 조건으로 구해지는 모든 경로의 레이에 대해서 지연시간과 수신 전력을 이용하여 다음 식과 같이 계산한다.

$$S = \sqrt{\frac{\sum_{n=1}^{N} r_n^2 \left|e_n\right|^2 / c^2}{\sum_{n=1}^{N} \left|e_n\right|^2}} \tag{5.30}$$

여기서 c는 빛의 속도이며, 수치계산에는 100 개의 불규칙조면에 대한 평균값을 이용한다. 식 (5.30)에 포함되는 각 레이의 전자계는 다음과 같이 주어진다.

$$e_n = \prod_{k=1}^{K} D_{n,k}^{v,h} \prod_{m=1}^{M} R_{n,m}^{v,h} \frac{e^{-jkr_n}}{r_n} \tag{5.31}$$

수치 시뮬레이션에 있어서 사용된 주파수는 1.0 GHz 이며, 불규칙 조면의 매질은 상대유전율(ε_r)을 7.0으로, 도전율(σ)을 0.0023 (S/m)으로 설정 하였다.

그림 5.21은 전방산란의 원인이 되는 송수신점간의 폭 5 km의 빌딩 군(群)과 후방산란의 원인이 되는 폭 5 km의 우측 빌딩 군(群)에 의한 모든 반사계(reflected field) 및 회절계(diffracted field)를 고려한 경우이다. 그 결과 수신점 100 m 부근에서 지연 확산이 크게 변화하였고, 수신점이 낮은 지점에서는 산란에 의한 회절계의 영향이 주요한 요인으로 작용하여 지연 확산이 일정하다. 또한 수신점이 높아질수록 빌딩 벽면으로 부터의 난반사(incoherent field)의 영향이 점차 감소되고 있음을 표시하고 있다.

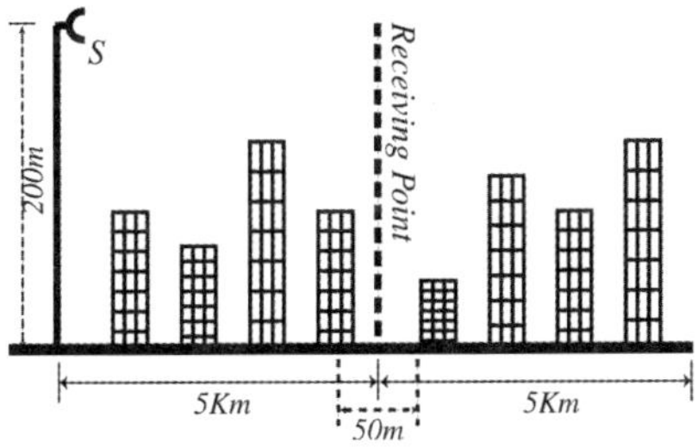

(a) 문제의 구조

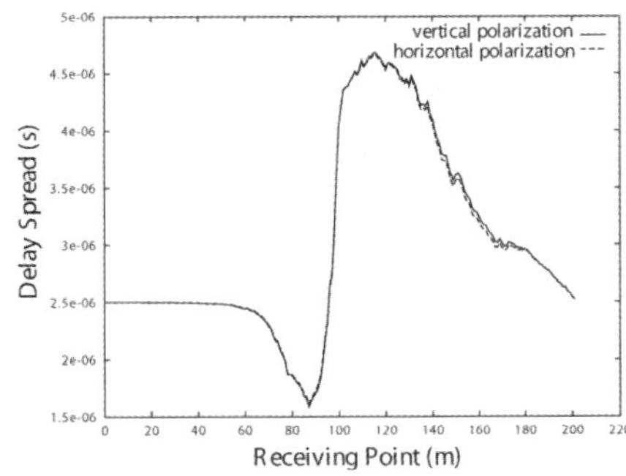

(b) 전 · 후방 산란의 영향

[그림 **5.21**] 수신 안테나 높이에 대한 지연 확산

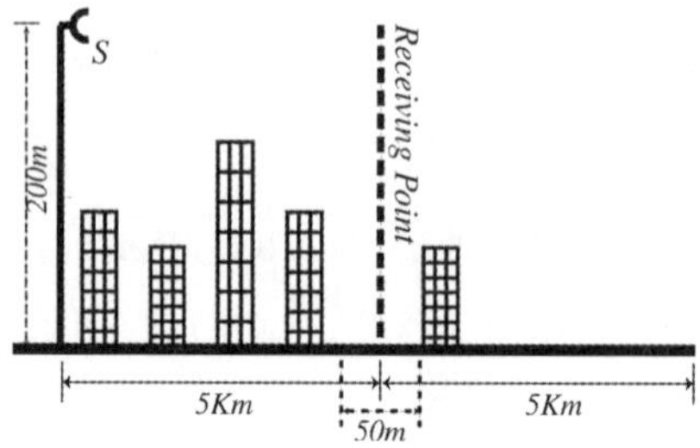

(a) 문제의 구조

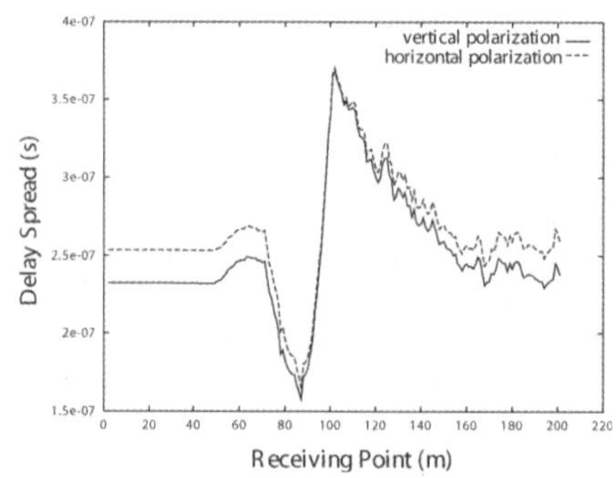

(b) 전방 산란의 영향

[그림 5.22] 수신 안테나 높이에 대한 지연 확산

그림 5.22는 후방산란의 원인이 되는 산란체를 수신점이 위치하고 있는 도로의 우측에 1 개의 빌딩만을 두고 지연 확산의 특성을 조사한 결과를 표시하였다. 그림 5.21의 결과와 비교할 경우, 지연 확산이 후방산란에 강하게 의존하고 있음을 알 수 있다. 이 경우, 수신점 우측의 반사 영향이 강하게 나타나며 그림 5.21과 비교해서 편파의 차이가 크게 나타나는 것을 알 수 있다. 이러한 수치결과는 수신안테나의 지향성을 높여 후방산란의 영향을 줄인다면 지연 확산을 줄일 수 있다는 것을 보여주고 있다.

5.2.4 큰 규모의 불규칙 조면에 의한 전자파 전파 특성

사용주파수 대역의 파장보다 규모가 큰 불규칙 조면과 같은 외부공간에 의한 전자파 산란 특성을 조사하는데 ray tracing 기법을 적용하였다. 불규칙 조면을 전파환경 모델로 하여 파도 모양의 표면과 빌딩 모양의 표면에 의한 산란 특성을 수치적으로 계산하였다. 또한 프레넬의 회절계수와 반사계수를 사용하여 전자계를 계산하여, 각 전파경로에 대한 모든 레이를 image method를 이용하여 정확하게 조사 하였으며, 빌딩과 같은 불규칙 조면의 산란 특성 및 지연 확산 특성에 대해서도 수치계산 결과를 제시하였다. 따라서 외부공간에 의한 산란 특성을 수치적으로 해석하는데 ray tracing 기법의 유효성을 입증하였다.

이러한 결과를 기초로 하여 향후 2차원 전파환경모델들에 대한 전파특성을 추정하는 수치 시뮬레이션을 개발하는데 효과적으로 이용할 수 있을 것이다.

5.3 전자계 해석을 위한 FVTD-LTS 기법

최근 컴퓨터의 급속한 발전과 보급에 의해서 전자계의 수치적 모델링 기법 중 시간영역에서의 해석 방법인 FVTD (finite volume time domain)와 FDTD (finite difference time domain)는 Maxwell 방정식의 직접해를 구하여, 전자파의 전파현상을 정확하게 해석 할 수 있는 장점을 가지고 있다. 이 방법들은 셀의 사이즈가 작으면 작을수록, 다시 말하면, 1파장을 구성하는 셀의 수가 많으면 많을수록 정확한 결과를 얻을 수 있다. 그러나 시뮬레이션 하는데 소요되는 계산 시간이나 계산기의 메모리를 많이 필요로 하는 단점을 지닌다. 일반적인 FDTD법에서는, 계산 영역 내의 최소 파장에 대해 셀의 한 변을 1/10~1/15 파장 정도로 최대의 FDTD의 셀 사이즈를 요구하고 있다. 셀 사이즈를 결정하는 부분에서, 가장 큰 문제는 유전체 내부에서는 자유공간에 비해 파장이 짧아지기 때문에 유전체 영역을 고려하여 셀 사이즈를 작게 결정 할 필요가 있다. 비교적 큰 유전율을 가지는 산란체와 자유공간이 혼재하는 경우에는 유전체 영역에 작은 셀을 적용하여 사용한다면, 계산 시간이나 메모리의 소비를 절약 할 수가 있다. 최근 이러한 연구에 대한 관심이 높으며, 많은 연구가 이루어지고 있다. 이러한 기법에서는 해석 영역 내에 일부분만 존재하는 구조체나 또는 그 표면 형상이나 유전체를 효율성 있게 모델화하는 방법으로서 해석 대상물 근방에 특별한 셀을 사용해 모델화 하는 local subcell method, 또는 해석 산란체를 포함하는 소영역을 주위의 셀 사이즈보다 작은 셀로 분할하는 local subgriding method, 임의형상의 경계치문제에 있어서 유리한 FVTD와 FDTD에 의한 hybrid method 등이 있다.

기존의 FVTD법을 이용하여 해석 영역 내에 존재하는 비교적 유전율이 높은 유전체의 산란특성 문제를 효율성 있게 해석할 수 있는 새로운 FVTD 알고리즘에 대해 검토한다. 기존의 기법과는 달리 전체 계산영역을 스텝 사이즈가 크고 거친 격자로 분할하여. 유전체 영역을 비유전율의 평방근에 의존하는 국부 시간 세분화 방법을 제시하였다. 이 기법을 유전체 도파관의 전자계 계산에 적용하여 수치해의 정확도와 타당성을 검토하였다. 그 결과 기존의 FVTD법과 비교 하였을 때, 계산 소요시간 및 메모리 소비량을 절약하면서도 정확한 수치해를 구할 수 있었다.

5.3.1 FVTD 관계식 및 FVTD-LTS 법

◉ 2차원 FVTD 관계식

계산의 편리를 위해 자유공간의 고유임피던스로 정규화된 자계를 이용하며, 수평편파의 FVTD 관계식을 정리하면 다음과 같이 주어진다.

$$H_x^{n+1}(i,j) = \Xi^{i,j} H_x^n(i,j) - \Gamma_y^{i,j} A^{i,j}[E_z^n(i,j+1) - E_z^n(i,j-1)] \tag{5.32}$$

$$H_y^{n+1}(i,j) = \Xi^{i,j} H_y^n(i,j) - \Gamma_x^{i,j} A^{i,j}[E_z^n(i+1,j) - E_z^n(i-1,j)] \tag{5.33}$$

$$\begin{aligned} E_z^{n+1}(i,j) = \Omega^{i,j} E_z^n(i,j) & - \Gamma_y^{i,j} B^{i,j}[H_x^{n+1}(i,j+1) - H_x^{n+1}(i,j-1)] \\ & + \Gamma_x^{i,j} B^{i,j}[H_y^{n+1}(i+1,j) - H_y^{n+1}(i-1,j)] \end{aligned} \tag{5.34}$$

수직편파의 FVTD 관계식은

$$\begin{aligned} H_z^{n+1}(i,j) = \Xi^{i,j} H_z^n(i,j) & - \Lambda_y^{i,j} A^{i,j}[E_x^n(i,j+1) - E_x^n(i,j-1)] \\ & + \Lambda_x^{i,j} A^{i,j}[E_y^n(i+1,j) - E_y^n(i-1,j)] \end{aligned} \tag{5.35}$$

$$E_x^{n+1}(i,j) = \Omega^{i,j} E_x^n(i,j) + \Gamma_y^{i,j} B^{i,j}[H_z^{n+1}(i,j+1) - H_z^{n+1}(i,j-1)] \tag{5.36}$$

$$E_x^{n+1}(i,j) = \Omega^{i,j} E_x^n(i,j)$$
$$+\Gamma_x^{i,j} B^{i,j} [H_z^{n+1}(i+1,j) - H_z^{n+1}(i-1,j)] \tag{5.37}$$

으로 표현되며, 위의 관계식들에 포함된 step parameters 는 다음과 같이 정의 된다.

$$\Xi^{i,j} = \exp(-\alpha_{mi,j}) \tag{5.38}$$

$$\Lambda_{x,y}^{i,j} = \frac{c\Delta t}{2\mu_{ri,j}\Delta x, y} \tag{5.39}$$

$$A^{i,j} = \frac{1-\exp(-\alpha_{mi,j})}{\alpha_{mi,j}} \tag{5.40}$$

$$\Omega^{i,j} = \exp(-\alpha_{i,j}) \tag{5.41}$$

$$\Gamma_{x,y}^{i,j} = \frac{c\Delta t}{2\varepsilon_{ri,j}\Delta x, y} \tag{5.42}$$

$$B^{i,j} = \frac{1-\exp(-\alpha_{i,j})}{\alpha_{i,j}} \tag{5.43}$$

$$\alpha_{mi,j} = \frac{\sigma_{mi,j}\Delta t}{\mu_0\mu_{ri,j}} \tag{5.44}$$

$$\alpha_{i,j} = \frac{\sigma_{i,j}\Delta t}{\varepsilon_0\varepsilon_{ri,j}} \tag{5.45}$$

여기서 Δx와 Δy는 spatial increment 이며, Δt 는 time difference를 표시한다. 또한,

$$c = 1/\sqrt{\epsilon_0\mu_0} \tag{5.46}$$

는 자유공간의 전파속도를 나타낸다. 유한 영역 내에서의 수치 해석을 위한 흡수경계조건은 PML(perfectly matched layer)의 흡수경계 조건을 적용하였다.

◉ FVTD-LTS(local time subdivision)

셀 사이즈를 결정함에 있어서 가장 큰 문제는 유전체 영역에서는 식

(5.47)과 같이 자유공간에 비해 파장이 짧아지기 때문에 정확도 높은 수치 해석을 위해서는 반드시 유전체 영역을 고려한 셀 사이즈가 결정되어야 한다.

$$k = \begin{cases} \omega\sqrt{\varepsilon_0\mu_0} = k_0 \\ \omega\sqrt{\varepsilon_0\mu_0} = k_0\sqrt{\varepsilon} = \dfrac{2\pi}{\lambda/\sqrt{\varepsilon}} \end{cases} \tag{5.47}$$

두 매질의 고유 임피던스가 같을 때 FVTD 표현식 (5.42)은 공간 셀의 위치 i,j 에 따라 달라진다. 이처럼 각 매질중의 전자파의 전파속도와 공간 셀 사이즈가 부정합을 일으키게 된다. 따라서 자유 공간에 의한 셀 사이즈를 Δx, Δy 로 놓을 경우, 매질정수 $\varepsilon_{ri,j}$ 를 가진 유전체 영역의 셀 사이즈 $\Delta x_{i,j}$ 와 $\Delta y_{i,j}$ 는 다음과 같이 선택 할 필요가 있다.

$$\Delta x_{i,j}, \Delta y_{i,j} = \frac{\Delta x, \Delta y}{\sqrt{\varepsilon_{ri,j}}} \tag{5.48}$$

식(5.48)은 유전 매질 중에 있어서 전자파의 파장이 $1/\sqrt{\epsilon_{ri,j}}$ 로 단축되는 것에 대응하여, 유전체 중의 공간 셀 사이즈를 단축해야 된다는 의미를 표시하고 있다. 이처럼 공간 셀 사이즈를 비유전율의 평방근에 의존하도록 조정하면 자유공간과 같은 정도의 공간격자로 계산 할 수 있다. 그러나 세분화된 셀 경계에는 전자계의 접속이 필요하며, 특히 임의 형상의 경계치 문제에서는 그 계산이 복잡하게 전개 될 수밖에 없다. 그래서 셀 경계에서의 전자계의 접속, 즉 공간적인 세분화는 고려하지 않고, 그림 1처럼, 유전체 중에 자유공간에 비교하여 단축되는 식(5.48)의 $\sqrt{\epsilon_{ri,j}}$ 만큼을 시간영역에서 세분화하는 방법을 제안한다.

이 방법은 세분화되는 영역에 대하여 특별한 정식화는 요구되지 않는다. 기술된 FVTD 알고리즘을 그대로 적용하여 간단히 구현 할 수 있다. 그러나 시간영역에서 세분화되는 셀 내의 유전율이 다르기 때문에, 수치계산에 있어서 불안정이 발생할 가능성이 있다. 이것을 해결하는 방법으로 식(5.49)와 같은 보정 계수를 이용하여 시간세분화영역에 적용하면, 수치계산에서 발생되는 불안정성을 해소 할 수 있다.

$$\alpha = \sqrt{\frac{\varepsilon_{ri,j} - 1}{\varepsilon_{r\max}}} \tag{5.49}$$

이상의 과정을 시간영역에 따른 전자계 데이터의 흐름을 그림 1에 표시하였다. 제안하는 기법의 간단한 알고리즘은 다음과 같다.

i) 세분화영역을 포함한 전 영역에 속하는 전자계

$E_{n(i,j)}$, $\mathbf{H}_{n(i,j)}$의 계산

ii) 세분화되는 영역의 분할

iii) 식(5.49)의 보정계수를 이용한 세분화영역의 e,h의 계산을 N 회 반복 계산.

iv) N은 다음과 같이 주어진다.

$N = \sqrt{\epsilon_{ri,j}}$ 의 정수부

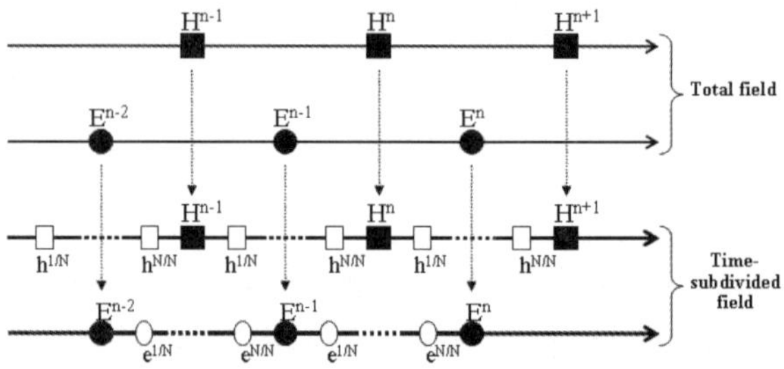

[그림 5.32] 시간세분화에 따른 전자계의 흐름도

5.3.2 수치계산 결과 및 분석

서로 다른 매질의 경계면을 가지는 2차원 도파관 구조에 대해, 본 논문에서 제안하는 유전체 영역을 시간 세분화하는 기법과 기존의 기법을 비교하기 위해 채용한 시뮬레이션 환경을 그림 5.33에 표시 하였다. 여기서는

그림 5.33처럼 셀 경계면이 변화가 없는 일정한 경우를 가정하여, 이 계산 영역 내에 있어서 에너지의 반사율(reflectivity), 투과율(transmissivity) 및 엄밀해(rigorous solution)를 계산하여, 기존의 FVTD법에 의한 수치해석 결과와 시간세분화에 의한 FVTD(이하 FVTD-LTS)법의 계산 결과를 비교 하였다. FVTD시뮬레이션에 있어서 계산영역은 7.68 m × 1.2 m의 유전체를 가지는 도파관으로 가정하여, 주파수 1.0 GHz인 정현파가 사용되었고, 유전율(permittivity:εr)을 50으로 설정 하였다. 계산영역을 유한한 범위로 정하기 위해서 상하에는 PML흡수경계조건을 사용하였다.

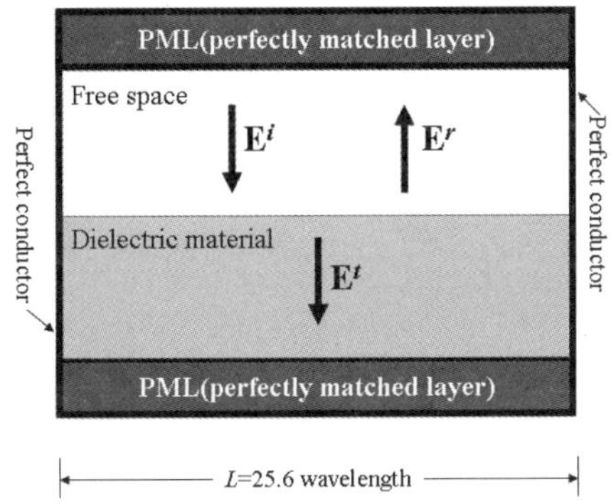

[그림 5.33] 시뮬레이션 환경 1

FVTD-LTS의 안정해(安定解)를 얻기 위한 조건으로 spatial increment(Δ=Δx=Δy)와 time difference(Δt)는 다음과 같은 Courant의 조건을 만족해야 한다.

$$\Delta t = \frac{2\Delta}{c\sqrt{2}} \tag{5.50}$$

이때 실제의 FVTD-LTS 계산에서는 Δ=Δx=Δy=1λ/20, Δt=5.0 ns 로 정하였다. 이 기법의 정확성을 평가하는 방법으로서 도파관 내의 에너지 진달을 표시하는 양으로 포인팅 전력(P)을 식(5.51)에 의해 구하고, 식(5.52) ~ (5.54)와 같이 에너지의 반사율 및 투과율을 구하였다. 에너지 보존의 법칙에서 R1+T1=1의 관계가 성립해야 된다. 이러한 평가량을 사용하여 그림 5.33에서 제시한 시뮬레이션 환경 1 에서의 반사율과 투과율의 엄밀해를 구하여, 기존의 FVTD 기법과 본 논문에서 제안하는 FVTD-LTS에 관한 수치계산 결과를 비교하였다.

$$P = \int_s (E \times H^*) \cdot ds \tag{5.51}$$

$$n = \frac{\sqrt{\varepsilon_{r1} - (\lambda / L)^2}}{\sqrt{\varepsilon_0 - (\lambda / L)^2}} \tag{5.52}$$

$$R_1 = \left(\frac{E_r}{E_i}\right)^2 = \left(\frac{1-n}{1+n}\right)^2 \tag{5.53}$$

$$T_1 = \left(\frac{E_t}{E_i}\right)^2 = \left(\frac{2\sqrt{n}}{1+n}\right)^2 \tag{5.54}$$

우선 FVTD법에 의한 수치 계산의 안정된 결과를 얻기 위하여, 셀 사이즈의 변화에 의한 수치해의 수속성을 검토 하였다. 식 (5.55)와 같이 기존의 FVTD법의 계산에서는 자유공간의 파장에 대해 셀의 수를 20~160 까지 변화를 주었고, FVTD-LTS법의 계산에서는 전체 계산영역의 공간격자를 1 λ/20 으로 일정하게 두었다.

$$\Delta x = \Delta y = \frac{\lambda}{N}\ ,\ (N = 20, 80, 160) \tag{5.55}$$

두 방법에 의한 수치해의 안정도를 비교하기 위하여, time step의 변화에 따르는 유전체 내의 전력을 계산하였다.

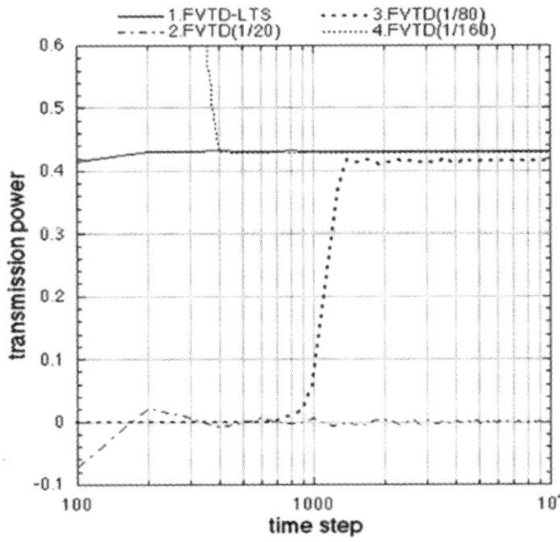

[그림 5.34] 시간 스텝에의한 투과 전력의 수속성

그림 5.34는 투과전력의 계산 결과에 대한 수속 특성을 비교하였다. 그림 3에서 FVTD-LTS의 결과(실선)를 보면 기존의 FVTD에 의한 결과와 비교해서 수치해의 수속성이 매우 빠르며 안정되어 있음을 알 수 있다. 기존의 기법을 사용한 결과에서는 FVTD-LTS에서 사용한 동일한 셀 사이즈(1λ/20)에서는 유전체 내의 투과 전력이 존재하지 않고, 셀 사이즈가 1λ/80 이하 인 경우에 time step이 어느 정도 경과한 후에 수치해가 안정되어 가는 것을 볼 수 있다.

다음으로 제안하는 기법의 정확성을 비교하기 위해 그림 5.33와 같은 시뮬레이션 환경에서 도파관 내의 에너지 반사율(R_1) 및 투과율(T_1)을 계산하여, 기존의 FVTD와 FVTD-LTS에 의한 수치계산 결과를 비교하여 표 5.1에 제시 하였다. 셀 사이즈를 1λ/160으로 설정한 FVTD법의 결과와 FVTD-LTS에 의한 계산 결과는 표 1에서와 같이 엄밀해와 잘 일치 하고 있음을 알 수 있다. 기존의 FVTD법에서는 유전체 영역을 고려할 때, 전체 영역을 1λ/160 정도(유전체 공간 셀 사이즈: 1λ/22)로 셀 사이즈를 정하였을 때, 정확도 높은 계산 결과를 구할 수 있었다. 한편, FVTD-LTS에서는 전체 계산 영역을 1λ/20 정도의 스텝 사이즈가 큰 셀로 설정하였지만 정확한 수치계산 결과를 얻을 수 있었다.

표 5.2에는 이러한 수치계산 결과를 얻기 위해 필요한 계산 시간과 메모리 소비량을 표시 하였다. 사용된 계산기는 COMPAQ ALPHA STATION XP 1000 이며, 표 5.2에서와 같이 기존의 FVTD법의 계산에서는 정확한 결과를 얻기 위해서는 대량의 계산시간과 메모리양이 필요하다는 것을 알 수 있다. 본 논문에서 제안하는 FVTD-LTS의 방법을 사용하면 계산시간과 메모리 소비를 절약할 수 있다는 것을 알 수 있다.

[표 5.1] 셀 사이즈 변화에 따른 반사율 및 투과율

cell size (λ)	R_1	T_1	cell size in dielectric (λ)
1/20	0.99997	0.00003	1/2.8
1/40	0.99821	0.00179	1/5.7
1/80	0.50487	0.49964	1/11.4
1/160	0.57863	0.42162	1/22.8
1/20(FVTD-LTS)	0.56898	0.42524	-
rigoroussolution	0.56678	0.43321	

[표 5.2] 실행 시간 및 메모리 소비량

cell size (λ)	run time (m:s)	memory (Mbyte)	cell size in dielectric (λ)
1/20	0:04	2.3	1/2.8
1/40	1:05	6.5	1/5.7
1/80	6:06	15	1/11.4
1/60	38:01	38	1/22.8
1/20(FVTD-LTS)	0:12	2.3	-

그림 5.35와 5.36에서는 전체 셀 사이즈를 1λ/20 으로 하여, FVTD-LTS법과 FVTD법에 의한 전계분포를 계산하였다. 그림 5.35의 FVTD-LTS에 의한 수치해석 결과에서는 유전체 영역 내에 투과파가 존재하고 있으나, 그림 5.36의 FVTD법의 결과에서는 손실이 없는 유전체 도파관 모델에도 불구하고 유전체 영역 내에 전자파가 전파되고 있지 않다는 것으로 설명될 수

있다.

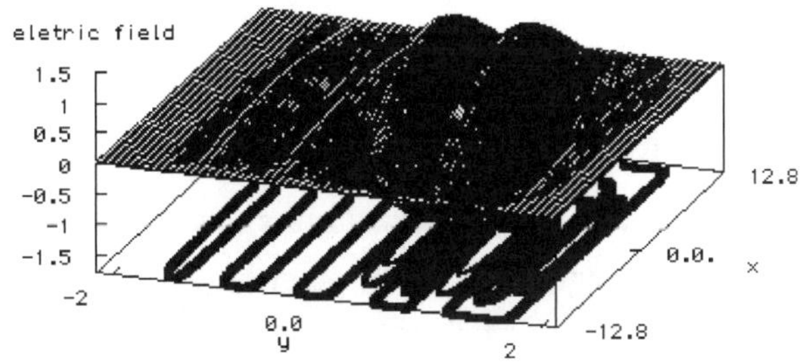

[그림 5.35] **FVTD-LTS** 시뮬레이션에 의한 전계 분포

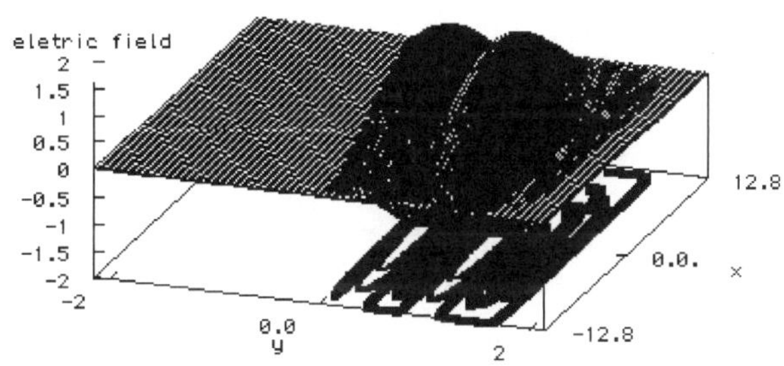

[그림 5.36] **FVTD** 시뮬레이션에 의한 전계 분포

마지막으로 그림 5.37은 2차원 도파관 내에 두께 1 λ의 평면 유전체를 삽입 한 예를 표시하였다. 수치계산에 사용한 조건은 앞의 그림 5.33의 시뮬레이션 환경과 동일하게 설정하였다. 계산영역 내의 에너지 반사율과 투과율 및 엄밀해를 계산하여 표 5.3에 그 결과를 제시 하였다. 그림 5.37의 시뮬레이션 환경과 같은 구조에서도 FVTD-LTS 기법에 의한 수치계산의 결과는 엄밀해와 잘 일치하는 것을 알 수 있다.

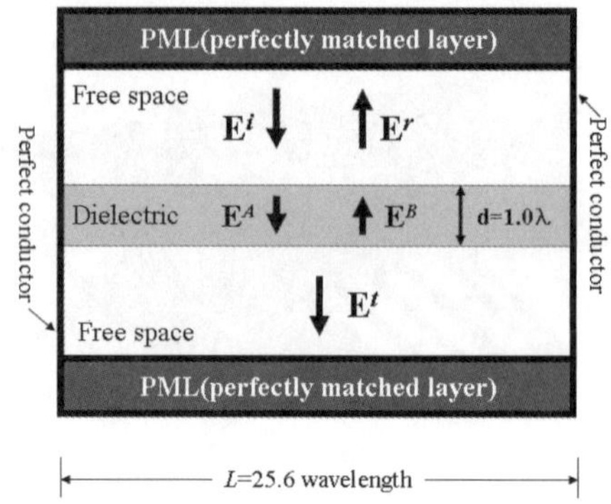

[그림 5.37] 시뮬레이션 환경 2

[표 5.3] 셀 사이즈 변화에 따른 반사율 및 투과율

cell size (λ)	R_1	T_1	cell size in dielectric (λ)
1/20	0.9968	2.9×10^{-7}	1/2.8
1/160	0.8836	0.1163	1/22.8
1/20(FVTD-LTS)	0.8818	0.1181	-
rigoroussolution	0.8837	0.1162	

5.3.3 큰 유전율을 가지는 유전체의 전자계 해석

FVTD를 이용하여 전자계의 수치계산에 있어서 계산시간과 메모리양을 줄이면서도 정확한 계산 결과를 구할 수 있는 방법으로 FVTD-LTS 기법을 제안하였다. 비교적 큰 유전율의 유전체를 가지는 도파관 모델을 사용하여 유전체 영역에 시간 세분화 기법을 적용하여 기존의 방법에 의한 수치해석 결과와 비교 하였다. 기존의 FVTD법을 사용하여 전자계의 수치해석을 하는 경우, 정확도가 높은 수치해석 결과를 얻기 위해서는 산란체 내부의 유전율을 고려한 셀 사이즈의 선택이 중요하다. 특히, 계산 영역 내의 최소 파장에 대해 셀의 한 변을 1/20 파장 정도로 배치한다면, 전체 계산영역에 해당하는 셀의 수가 증가하게 되어 수치계산에 소요되는 계산시간 및 메모

리 소비량이 증가하게 된다. 이러한 문제에 대해서 FVTD-LTS 기법은 전체 계산영역을 거친 격자로 설정하고, 유전체 영역에 국부 시간 세분화 기법을 적용하여, 계산시간과 메모리양을 줄이면서도 정확도가 높은 수치계산 결과를 얻을 수 있었다. 앞으로 셀의 경계면이 임의형상인 모델 등으로 그 적용 범위의 확장 가능성에 대한 연구가 필요할 것으로 판단된다.

제 6 장

RFID

6.1 RFID의 시스템의 개념
6.2 RFID 시스템의 구성
6.3 RFID 시스템 H/W 주요 기술
6.4 RFID 시스템 S/W 주요 기술

제6장 RFID

6.1 RFID의 시스템의 개념

6.1.1 RFID의 개념

일반적으로 많이 사용하는 식별 시스템으로는 바코드, OCR, 비디오 영상 방식 등이많이 알려져 왔다. 각기 방식별 장단점을 가지고 있지만, 통신 방식을 이용한 식별 시스템의 연구가 확대되어가고 있다.

그 중 대표적인 기술로 RFID(Radio Frequency Indentification)는 무선 주파수를 이용한 인식 장치 기술을 통칭하는 것으로 유비쿼터스 센서 네트워크(Ubiquitous Sensor Network)의 핵심이 되는 기술이다.

RFID 기술은 비, 눈, 안개 등과 같은 자연적인 제약을 받는 기존 식별 시스템과 차별화하여 수 mm ~ 수백mm 이내에 이동하는 물체에 대한 인식이 가능한 기술로 공정관리, SCM, 공장자동화, 출입통제, 보안, 운송/창고관리, 주차, 유통, 물류, 전자화폐 등 산업전반에 걸쳐 그 사용범위가 확대되고 있다.

[그림 6.1]처럼 RFID는 가청 주파수 대역인 무선 주파수(RF, Radio frequency)와 제품에 붙이는 전자태그(Tag)에 생산, 유통, 보관, 소비의 전 과정에 대한 정보와 연동되는 식별자인 전자 칩을 이용하여 물체(물건, 사람 등)를 식별할 수 있는 기술로써 자체 안테나를 갖추고 있으며, 리더로 하여금 이 정보를 읽고, 인터넷과 이동통신망이나 인공위성 등의 다양한 유 · 무선 네트워크를 통해 정보시스템과 통합하여 사용되는 시스템을 말한다.

RFID 기술은 궁극적으로 여러 개의 정보를 동시에 판독하거나 수정, 갱신할 수 있는 장점을 가지고 있기에 물류, 보안 분야 등 현재 여러 분야에서 주목받고 있다. RFID시스템은 하드웨어(태그, 리더기, 안테나, 호스트컴퓨터)와 소프트웨어(운영체계, 미들웨어, 호스트 어플리케이션)로 구성된다.

RFID 시스템의 하드웨어 구성은 트랜스폰더(Transponder ; 태그), 리더기

(reader)와 안테나(결합장치 ; coupling device)로 구성된다.

RFID시스템은 ISM(Industrial, Scientific, and Medical) 주파수 대역에서 135kHz, 13.56MHz, 433MHz, UHF(860~960MHz), 2.45GHz 대역의 주파수를 사용한다.

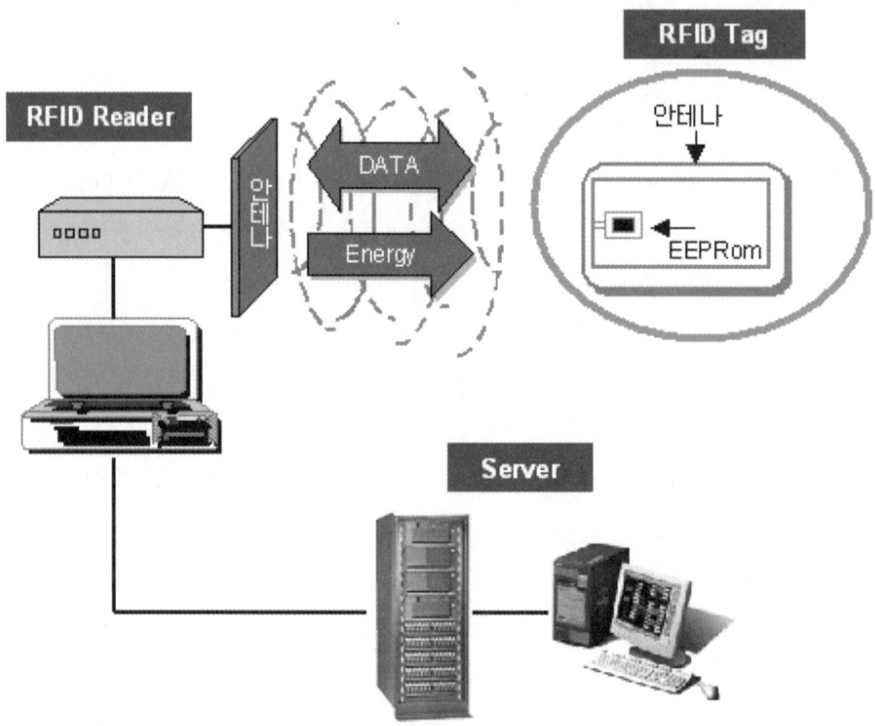

[그림 6.1] RFID 시스템

6.1.2 다른 인식 시스템과 RFID 시스템의 비교

용도 및 형태에 따라 RFID, 무선 주파수 인식 시스템, 전자태그 등 다양한 명칭으로 불리고 있다. 다른 인식 시스템과의 RFID 시스템과의 여러 조건에 따라 관계를 [표 6.1] 에 나타내었다.

[표 6.1] 다른 인식 시스템과의 **RFID** 시스템과의 비교

시스템항목	바코드	OCR	음성인식	생체인식	스마트카드	RFID시스템
데이터크기 (byte)	1-100	1-100	-	-	16-64k	16-64k
데이터 밀도	낮음	낮음	높음	높음	매우 높음	매우 높음
기계적인 인식률	좋음	좋음	낮음	낮음	좋음	좋음
사람에의한 인식	제한적	간단함	간단함	어려움	접촉식의 경우 가능함	불가능
오염물질에 의한 영향	매우 높음	매우 높음	-	-	-	영향이 없음
시야 가림에 대한 영향	완전 차단	완전 차단	-	가능	-	영향이 없음
방향과 위치에 의한 영향	낮음	낮음	-	-	단방향성	영향이 없음
마모성	제한적	제한적	-	-	접촉에 의함	중간
가격	매우 낮음	중간	매우 높음	매우 높음	낮음	없음
운용비용	낮음	낮음	없음	없음	중간(접촉식)	
비인가 복사/수정 가능성	약간	약간	가능(오디오 테이프)	불가능	불가능	불가능
인식 속도 (데이터 운반 포함)	낮음 ~4초	낮음 ~3초	매우 낮음 >5초	매우 낮음 >5-10초	낮음 ~4초	매우빠름 ~0.5초
최대 인식거리	0~50cm	<1cm 스캐너	0-50cm	직접 접촉	직접 접촉	0-5m, 마이크로파

6.1.3 RFID 시스템의 구분

[표 6.2]처럼 태그가 송신하는 전파의 에너지원(전원)을 얻는 동작 방법에 따라 수동형(passive)과 능동형(active)으로 구분하고, 수동형은 리더기로부터 수신되는 전파에서 송신 전원을 얻고, 능동형은 별도의 배터리에서 송신 전원을 얻는다. 리더기는 수집된 정보를 네트워크를 통해 센터에 전달한다.

[표 6.2] RFID 시스템의 주파수 구분

주파수	저주파	고주파	극초단파		마이크로파
	125kHz,135kHz	13.56MHz	433.9MHz	860~930MHz	2.45GHz
인식거리	60Cm 미만	60Cm까지	50~100m	3.5~10m	~1m이내
일반특성	•비교적 고가 •환경에 의한 성능 저하 없음	•저주파보다 저가 •짧은 인식거리와 대중 태그인식이 필요한 응용 분야에 적합	•긴 인식거리 •실시간 추적 및 컨테이너 내부 습도, 충격 등 환경 센싱	•IC기술발달로 가장 저가로 생산 가능 •다중태그인식거리와 성능이 가장 뛰어남	•900대 태그와유사한 특성 •환경에 대한 영향을 가장 많이 받음
동작방법	•수동형	•수동형	•능동형	•능동형/수동형	•능동형/수동형
적용분야	•공정자동화 •출입통제/보안	•수화물관리 •대여물품 관리 •교통카드 •출입통제/보안	•컨테이너 관리 •실시간 위치 추적	•공급망 관리 •자동통행료 징수	•위조방지

6.1.4 RFID 시스템의 중요성

RFID 기술에 대한 관심이 최근 몇 년 동안에 크게 늘어났으며 많은 기업과 정부 기관들이 RFID 기술을 차세대 핵심 기술 분야로 선정하여 집중 투자하고 있는데 그 이유는 유비쿼터스 컴퓨팅을 위한 핵심 기술 확보 및 제조, 물류, 유통 등의 산업 분야의 업무 효율 향상을 위한 핵심 기술 확보와 새로운 국제 표준에 대한 대비 등이다.

(1) 유비쿼터스 컴퓨팅을 위한 핵심 기술 확보

RFID 기술은 인간의 중요한 가치 향상을 위해서 컴퓨터 능력을 활용하는 유비쿼터스 컴퓨팅의 실현을 위한 핵심 기술로서 제품의 자동 인식, 현황 파악, 상품 정보 관리 등에 쓰일 핵심 기술이다.

RFID 기술을 확보하는 것은 곧 유비쿼터스 컴퓨팅 실현을 위한 핵심 기술을 확보하는 것으로 이를 통해 우리나라가 IT 선도 국가로서의 위치를 더욱 확고하게 할 수 있다.

(2) 제조, 물류, 유통 등의 산업 분야의 업무 효율 향상을 위한 핵심 기술 확보

RFID는 비접촉형 인식, 긴 도달거리, 다른 통신망과의 연계 및 통신 가능성 등에 의한 확장성으로 인해 물류, 유통, 제조 등 다양한 비즈니스 영역에서 킬러 어플리케이션으로서 파급효과가 매우 클 것으로 예상된다.

제조, 물류, 유통 등의 산업 분야가 총 망라된 Visibility의 확보로 금융 분야 등과 의 긴밀한 협업체계가 확립되고 이에 따라 전 산업에 걸친 비즈니스 시너지가 발생할 것으로 예상된다.

(3) 새로운 국제 물류 시장에 대비한 표준화

RFID 기술은 작게는 바코드를 대체할 새로운 상품 인식 기술로서 차세대 국제표준으로 자리 잡을 것이 확실시되며 넓게는 세계 물류의 핵심 표준이 될 것으로 예상된다. 따라서 RFID 기술 표준에 대한 대비는 향후 원활한 수출입 물류와 함께 국내 상품 라이프 사이클 관리에도 매우 중요하다.

6.2 RFID 시스템의 구성

RFID 시스템은 하드웨어(태그, 리더기, 안테나, 호스트컴퓨터)와 소프트웨어(운영체계, 미들웨어, 호스트 어플리케이션)로 구성된다.

6.2.1 RFID 시스템의 H/W 구성

RFID 시스템은 데이터를 송신 및 수신방식에 따라, 태그의 종류에 따라, 작동주파수에 따라 구분된다. RFID 시스템은 제품이나 사물을 식별할 수 있는 식별자에 해당하는 태그와 식별자를 읽고 쓰는 역할과 상위 시스템으로 데이터를 전송하는 리더, 그리고 태그와 리더를 무선으로 통신할 수 있는 안테나로 구성된다.

RFID 시스템에서 공통적인 4가지 하드웨어 구성요소는 다음과 같다.

. 태그(트랜스폰더 ; Transponder)

. 리더기(reader)

. 안테나(결합장치;coupling device)

. 호스트 컴퓨터

RFID시스템의 하드웨어 구성은 [그림 6.2]처럼 구성된다.

활용분야	원리
 [태그]	• 상품에 부착되며 데이터가 입력되는 IC 칩과 안테나로 구성 • 리더와 교신하여 데이터를 무선으로 리더에 전송 • 배터리 내장 유무에 따라 능동형과 수동형으로 구분됨
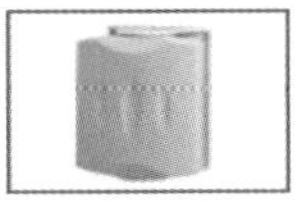 [안테나]	무선주파수를 발사하며 태그로부터 전송된 데이터를 수신하여 리더로 전달함 • 다양한 형태와 크기로 제작 가능하며 태그의 크기를 결정하는 중요한 요소임
 [리더기]	• 주파수 발신을 제어하고 태그로부터 수신된 데이터를 해독함 • 용도에 따라 고정형, 이동형, 휴대용으로 구분 • 안테나 및 RF회로, 변/복조기, 실시간 신호처리 모듈, 프로토콜 프로세서 등으로 구성
 [호스트]	• 한개 또는 다수의 태그로부터 읽어들인 데이터를 처리함 • 분산되어 있는 다수의 리더 시스템을 관리함 • 리더부터 발생하는 대량의 태그 데이터를 처리하기 위해 에이전트 기반의 분산 계층 구조로 되어 있음

[그림 6.2] RFID 시스템 하드웨어 구성 요소

(1) 리더기

리더기에는 태그로부터 송, 수신되는 신호를 처리하여 메모리에 저장하거나 향후 송신 할 수 있도록 마이크로프로세서를 내장한다.

RFID 리더기에 필요한 기술은 기존의 무선 및 이동통신용 단말기 기술과 매우 유사하다. 이러한 단말기 기술은 크게 하드웨어 기술과 하드웨어를 제어하기 위한 펌 웨어 기술을 포함한 소프트웨어 기술로 구분할 수 있다.

그러나 RFID 리더는 기존의 무선통신 및 이동통신 단말기와 비교하여 매우 단순한 기능을 갖는다. 따라서 RFID 리더기술은 리더를 구성하는 하드웨어의 저가화, 저전력화, 고성능화, 고기능화를 제공하는 리더 칩 기술 개발에 주목하고 있다.

RFID 리더기는 수동형 태그가 동작할 수 있는 전력과 명령어를 무선 반송파 신호로 태그에 전송하고 태그로부터 응답을 수신하여 신호를 복원하는 기능을 수행한다. RFID 리더기 시스템은 RF/아날로그부와 디지털 신호처리 제어부로 구성된다.

RF/아날로그부는 안테나로 전력과 데이터를 전달하기 위한 전력 증폭기와 주파수 상향 혼합기, 태그로부터 안테나에 수신된 응답 신호를 복원하기 위한 저잡음 증폭기(LAN : Low Noise Amplifier)와 아날로그 신호처리 (Analog Baseband)부로 구성된다.

디지털 신호처리 제어부는 디코더, 인코더, 클럭 발생회로, 메모리, 프로세서 및 호스트 인터페이스부 등으로 구성된다.

이러한 RFID 리더기의 RF/ 아날로그부와 디지털 신호처리 제어부는 주로 단일 칩 혹은 다중 칩의 형태로 구성되며, 또한 RFID 리더에서 이러한 리더 펍 이외에 안테나와 RF 정합을 위한 정합 회로부, 대역통과 필터 및 서큘레이터 등이 이외에 안테나와 RF 정합을 위한 정합 회로부, 대역통과 필터 및 서큘레이터 등이 전체 RFID 리더 시스템을 구성하고, 각각 리더 구성부가 리더의 요소 기술에 해당한다.

특히 860MHz~930MHz의 UHF 대역 RFID 리더 시스템에서 실제로 고주파 신호의 처리를 하는 부분은 주파수 상 . 하향 변화기, 전력 증폭기, 저잡음 증폭기, 국부 발진기 등이고, 대부분의 디지털 회로는 10MHz 내외의 클럭 주파수 부근의 주파수 대역에서 동작한다.

따라서, 안테나와 RF 정합을 위한 정합 회로부, 대역통과 필터 및 서큘레이터 등을 제외한 UHF RFID 리더는 CMOS 공정 기술을 이용하여 칩화 혹은 단일 SoC(System on Chip)형태의 개발이 가능하다.

이러한 RFID 리더부의 칩 공정기술에 디지털부에는 0.35 m급 CMOS 공정기술이 사용되며, 아날로그 RF 부에서는 저잡음 증폭기와 전력 증폭기의 특성 및 사양이 칩 제작공정을 결정하는 중요한 요소로서, 데이터를 반송파로 ASK(Amplitude Shift Keying)나 FSK(Frequency Shift Keying)로 변조하여 안테나 단으로 전송해야 하는데, RFID 반송파가 UHF 주파수 대역일 경우 최대 930MHz이므로, 최소 0.25 m 급 CMOS 공정 기술이 요구된다.

한 개의 단말기로 13.56MHz, 900MHz, 2.45GHz 대역의 RFID를 인식할 수 있는 리더기, PDA 등에 부착되는 휴대형 리더기 다양한 RFID 제품을 인식할 수 있는 멀티프로토콜 리더기 등 향후 복합 기능을 갖는 제품들이 등장할 것으로 전망한다.

그러나 RFID 리더기는 태그와의 무선접속 방식에 따라 태그에 공급하여야 하는 RF 반송파 전력과 태그로부터 수신되는 RF 반송파 전력이 차이가 나고, 또한 인식 거리에 따라서도 이러한 RF 반송파 전력이 차이가 난다.

상호유도 방식은 근거리(1m 이내), 전자기파 방식은 중장거리용 RFID 시스템에 적용되며, 상호유도 방식은 코일 안테나를 이용하며, 전자기파 방식은 고주파 안테나를 이용해서 서로 무선접속을 한다. 상호유도 방식의 태그는 거의 수동으로 작동된다.

즉 태그의 IC 칩이 동작하는 데 필요한 모든 에너지는 리더에 의해 공급된다. 따라서 리더의 안테나 코일은 주변지역에 강한 자기장을 발생한다. 방출된 자기장의 이 부분이 리더와 떨어져 있는 태그의 코일 안테나에 유도성 전압을 발생, 정류된 후 IC를 위한 에너지로 공급된다. 이러한 리더기로부터의 RF 반송파 출력 전력 레벨에 따라 디지털부와 다른 형태의 반도체 칩 공정 기술, 즉 BiCMOS나 GaAs 등과 같은 화합물 반도체 기술이 아날로그 RF부를 구현하기 위한 칩 제작 공정으로 사용될 수 있다.

리더기는 RFID태그의 동작에 필요한 고주파 전력을 송출하고, 또한 태그에 필요한 명령어를 보내고, 데이터를 기록하며, 태그로부터 반사파에 실려 온 정보를 수신하고 분석 한다. RFID 시스템의 태그 및 리더기의 블록도는 [그림 6.3]과 같이 나타낼 수 있다.

RFID 시스템에서 리더기는 CW 신호를 계속해서 송출하고 태그는 리더기와의 통신 영역 구역 내에 도달하면 RF power 검출 회로에 의해 저전력 절전 모드(sleep mode)에서 정상동작 모드로 절환(wake-up)되어 자신의 존재를 알리는 데이터를 리더기에 송출한다.

리더기는 태그로부터 송출된 태그 존재 신호를 수신하면 변조된 RF신호를 태그에 송신하게 되고 태그는 수신된 RF 신호를 쇼트키 다이오드를 통하여 검파, 복조하여 내부의 디지털 회로부에 저장된 데이터를 전송한다.

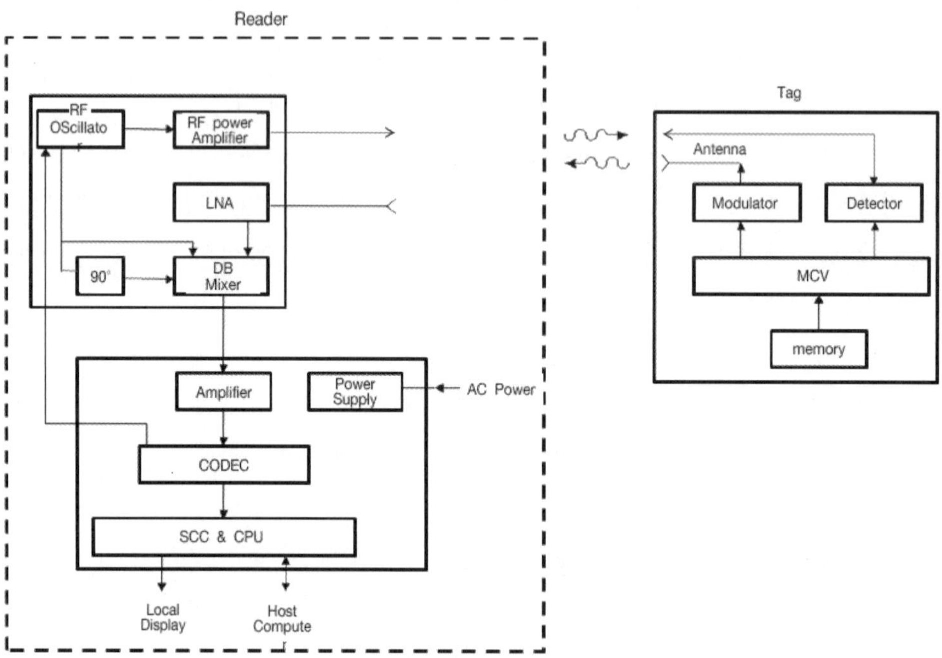

[그림 6.3] RFID 시스템의 구성

이때 리더기는 태그에 CW파 또는 비변조파를 조사하여 태그로부터 후방 산란되는 정보를 수신하게 된다. 이 경우에 태그의 인코더와 스위치 드라이버는 태그의 안테나 상태를 다른 상태로 부하 전환한다. 그 결과로 태그로부터 반사되는 약한 신호는 변조되며, 이 변조된 신호가 리더기의 수신기에서 탐지된다.

이러한 방식으로 리더기와 태그는 태그 자체의 송신기 없이 리더기에서 발생되는 RF 신호만으로 상호 통신하게 된다.

즉 ID 후방 산란 신호는 리더기 측 마이크로스트립 패치 안테나에 의해 수신되고 ID 후방 산란 변조된 RF 신호는 리더기의 쇼트키 다이오드에 의해 복조되어 디지털 회로부로 데이터를 전송한다.

디지털 회로부는 ID데이터를 디코딩하여 외부 연결 장치를 통하여 display된다.

이상과 같이 간단한 구조의 태그에 의해 상호 RF통신이 이루어지려면 통신회로 구조 상 몇 가지 제약사항이 요구된다.

즉 태그 수신회로가 간단하려면 리더기의 송신방식은 보통 ASK방식이 사용된다. 태그의 변조회로는 복잡성을 피하기 위하여 단순 스위칭 회로가 사용된다.

그러므로 태그의 수신 검파회로는 쇼트키 다이오드 회로가 사용되고 변조회로는 PIN 다이오드 또는 트랜지스터 스위치 회로가 사용된다.

리더기는 보통 PC에 연결되어 운용되며 응용목적에 따라 운용 소프트웨어에 의해 RFID 리더 시스템을 제어한다.

현재 대부분의 수동형 RFID 시스템은 배터리가 없이 동작하는 태그로서 주로 133kHz 및 13.56MHz 저주파 RFID 시스템에서 사용된다.

저주파 RFID시스템은 에너지와 데이터가 유도성 결합방식, 즉 자계의 에너지로 전달된다. 이 방식은 트랜스포머의 동작원리와 동일하다.

리더기의 안테나가 자계를 발생하면 태그의 코일에 전압이 유기되어 에너지를 전달한다. 리더기로부터 태그로의 데이터 전송은 전송 자계신호의 파라미터(세기, 주파수, 위상)를 변화시켜 전달된다.

태그로부터의 데이터 반송은 자계의 부하를 변화시켜 전송된다. 저주파 유도성 RFID 시스템이 다음에 설명하는 UHF 및 마이크로파 RFID 시스템과 다른 점은 안테나의 근거리 자계에서 동작하는 것이다.

그러므로 감지거리는 대략 전송안테나의 직경이내가 되며 이 거리 이상에서는 자계의 세기가 거리의 3승에 반비례하여 감소하며 요구되는 전송전력은 거리의 6승에 반비례하여 감소한다.

UHF 및 마이크로파 RFID 시스템과 또 다른 점은 자계장은 물, 인체에 흡수되지 않기 때문에 수분에 의한 영향은 무시할 정도이나 금속재질에 의한 차폐 및 반사에 의한 영향은 크다. 자계장은 벡터 특성을 갖기 때문에 태그의 방향에 민감하므로 이러한 방향성 문제를 해결하기 위하여 전송안테나가 회전자계가 발생하도록 설계한다.

유도성 RFID 시스템에서는 리더기와 태그 자계장에 의해 결합되어 있어 전송신호의 자계의 세기는 태그와 리더기의 방향에 따라 1/d3 로 1/d4 로 감소한다.

수신되는 전송에너지 밀도는 주파수와는 무관하고 리더기 안테나의 크기, 코일의 회전수에 비례한다.

UHF 대역 또는 마이크로파 대역 RFID시스템은 데이터 전송방식이 무선전파이므로 전파의 자유공간 전파손실이 자계의 자유공간 전파 손실률 보다 작기 때문에 저주파 RFID 시스템보다 감지거리가 길다.

UHF 및 마이크로파 RFID 시스템은 전자파에 의해 데이터 통신이 이루어지며 수동(passive) 태그에서는 전송에너지도 전자파로 전달된다. 전자파 RFID 시스템에서는 전파가 구면파 형태로 전송되는 영역에 태그가 위치한다. 진행 전자파 영역에 있는 태그는 전파영역에서 에너지를 획득한다. 태그에 가용한 에너지는 송신부에서부터 특정한 거리 d에 있는 태그의 경우에 1/d2 로 표현된다. 전파전달 공간에 있는 태그는 전파를 반사하여 태그 데이터를 리더기에 전송하게 된다. 태그가 수신하는 에너지 밀도는 안테나의 개구(aperture) 크기와 관련된다. 즉 파장과 관련되어 있다. 즉, 300MHz 시스템은 600MHz 시스템보다 4배 커야 한다. 주파수가 높으면 태그의 크기를 작게 할 수 있으나 태그에서 수신하는 전파에너지는 안테나 크기, 대역폭에 따라 적절히 선정되어야 한다. 실제로 감지거리는 리더기의 송신전력, 동작주파수 및 태그 안테나 크기에 의해 결정된다.

[그림 6.4]는 마이크로파 RFID 시스템 구성도로서 리더기는 무선 태그가 동작영역에 들어오면 태그는 동작전원에너지를 판독기의 반송파 RF전파 에너지를 DC로 정류하여 갖게 된다.

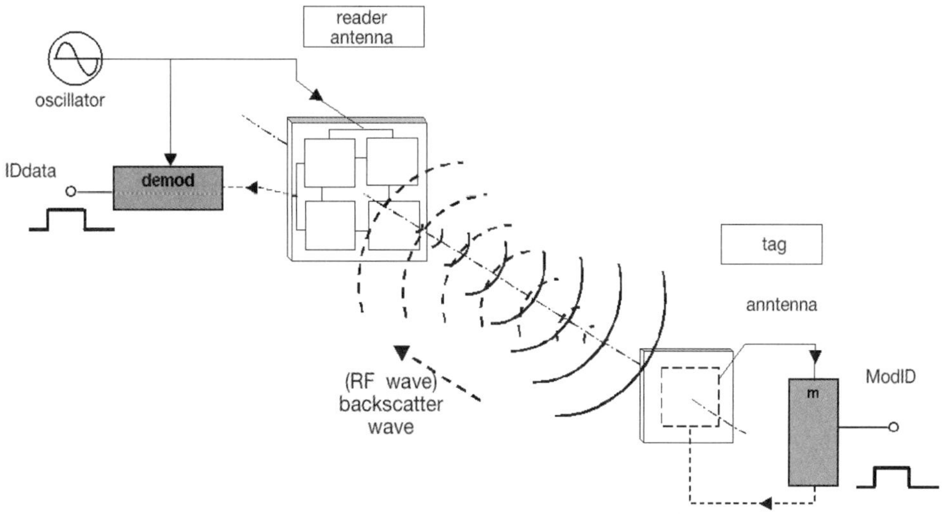

[그림 6.4] 마이크로파 **RFID** 시스템 구성도

(2) 리더기의 RF부

현재 관심을 갖고 있는 UHF, 마이크로파 대역 전파전송 방식 RFID 리더기의 RF부는 [그림 6.4]와 같이 마이크로스트립 안테나, RF회로부, 변복조 회로부, CPU를 포함한 디지털 보드(digital board)로 구성된다.

디지털 보드(Digital board)는 PC와 연결되며 운영 프로그램에 의해 RFID시스템을 제어하게 된다.

RF 회로부는 circulator, LNA, double-balanced mixer, hybrid 결합, power divider, power combiner, oscillator 및 변복조 회로부로 구성된다.

Circulator는 송신반송파가 수신부에 직접적으로 주입되는 것을 막고 적당한 isolation을 유지하기 위한 목적으로 사용되기 때문에 송수신 안테나를 겸용으로 사용할 경우에는 필히 요구되며, 송신안테나와 수신안테나를 별도로 사용하는 경우에는 제외된다.

오실레이터(Oscillator) 또는 VCO에 의해 발생한 국부발진(LO)신호는 wilkinson power divider에 의해 분배되어 2개의 하이브리드(hybrid)결합에 인가된다.

LNA에 의해 증폭된 RF수신신호는 하이브리드(hybrid)결합의 다른 단자에 LO신호와 90° 위상차를 갖도록 하여 double balanced mixer에 인가되며 180° 위상차를 갖는 출력 검파신호가 2개의 혼합기(mixer)에서 출력되어 combine된 후에 IF 증폭단에 인가된다.

[그림 6.4]는 이러한 개념의 RFID 리더 RF front-end에 해당하는 리더 down-converter 상세 블럭도를 나타낸다. RFID 리더는 매우 안정된 주파수 스팩트럼이 요구되기 때문에 LO신호 발생원으로는 주파수안정도가 우수한 VCO나 DRO가 사용되어야 한다.

(3) 태그

태그에는 용도에 맞게 만들어진 리더와 통신을 제어하는 IC 칩이 있으며, 칩 내의 기억 장치에는 관련 정보에 대한 데이터를 저장한다. 태그가 안테나의 전자기장 내를 통과하면 리더로부터 신호를 감지, 태그 내에 저장된 데이터를 리더에 송신하고 태그로부터 데이터를 수신한 리더는 디지털신호로 변환하여 정상적인 데이터인지를 검증, 정상적인 경우에는 RS-232, RS-422, RS485 등을 통하여 컴퓨터나 다른 컨트롤러에 전송한다.

① 기억정보/전원방식에 따른 분류

기억정보에 따른 분류는 정보 식별형(수 10바이트), 분류 데이터베이스(수 k 바이트) 및 주파수별로 AM라디오에 가까운 대역인 장파 (125-135kHz; FA용), FM라디오나 텔레비전에 가까운 대역인 중파(13.56MHz, 433.92MHz; IC카드형), 무선LAN이나 블루투스, 지그비에 이용되는 대역인 UHF 또는 마이크로파로 구분할 수 있다.

태그의 액세스 방식에 따른 분류는 대략 3가지로 분류되는데 읽기만(read-only), 한 번 쓰고 읽기만(WORM : write once read many) 및 항상 읽고 쓰기(read/write) 태그로 구별 된다.

[표 6.3] 기억정보, 전원방식별 분류

RFID 방식별 구분		주요 특성
태그 읽기/쓰기 능력	읽기 전용	• 제조 시 프로그래밍, 정보내용은 변경 불가 • 가격 저렴하고 바코드와 같이 단순인식 분야 사용
	한번 쓰고 읽기전용	• 사용자가 데이터를 프로그래밍하며 프로그래밍한 후에는 변경이 불가
	읽기/쓰기	• 몇 번이고 프로그래밍 및 데이터 변경 가능 • 고가이나 다양한 분야에서 고도의 활용이 가능
태그 전원유무	능동형 (Active)	• 태그에 배터리 부착, 수십m 원거리 통신용 • 가격 고가, 수명 제한, UHF 대역 이상에서 사용
	수동형 (Passive)	• 태그에 배터리가 없으며, 10m 이내 근거리 통신용 • 가격이 저렴하고 수명 반영구적(약 10년 이상)

초저가 태그를 위한 기술로 인피니온 등에서 개발 중인 폴리머 반도체에 의한 플라스틱 트랜지스터, 미국 Inkoda의 종이나 플라스틱에 매우 얇은 금속 파이버를 내재하여 전파의 투과와 산란을 만들어 내어 고유한 식별이 가능한 1센트 이하의 무칩(chipless) 태그, 그리고 표면탄성파를 이용하여 무선센서와 RFID를 결합한 SAW 태그 등이다.

RFID 태그는 공급전원이 내부에 전원을 가지고 있는지 그렇지 않는지에 따라 크게 능동형과 수동형, SAW(Surface Acoustic Wave)타입으로 구분할 수 있다.

가. 능동형 태그

능동형 태그는 자체에 내부 전원을 가지고 있어서 먼 거리까지 송신이 가능하다. 그러나 내부의 전원사용으로 인하여 전원을 교체해야 하고, 소형태그를 만들기에는 부적합하다. 능동형 태그는 자체 배터리를 통해 전원을 공급받아 동작하는 태그로서 '읽기/쓰기'(Read/Write : Write Many, Read Many)가 가능하고 수m~수십m까지의 식별거리를 제공하고, 대용량 메모리를 사용하여 다양한 데이터 저장이 가능하다.

나. 수동형 태그

수동형 태그는 자체에 전원을 가지고 있지 않으며, 태그를 동작할 수 있는 에너지를 리더로부터 공급받는다. 무선인식 시스템에서 에너지를 공급받는 방법은 부하변조(Load Modulation), 밀착 결합(Close Coupling), 유동성 결합(Inductive Coupling)방법이 있다.

부하변조 방법이나 밀착 결합 방법은 근접한 거리에서 인식을 하기 때문에 인식 거리는 한계가 있다. 수동형 태그는 리더로부터 전자파를 공급받아 태그 내부회로에 의해 전원으로 사용하여 동작하는 태그로서 감지거리가 짧고 구조가 간단하며 '읽기' (Read-Only)만 가능하거나 '읽기/쓰기'(WORM : Write Once, Read Many)가 가능하다. 수동형 태그의 데이터 전송방식은 후방 산란 변조방식을 사용하며 동작 원리는 리더에서 방사된 RF 신호로부터 태그의 칩을 구동시킬 수 있는 직류 정류하여 자체 칩을 구동시키고 리더가 원하는 응답을 하는 방식이다.

이때, 태그의 안테나와 칩이 정합되었을 경우, 칩으로 공급되는 전력은 반사되는 전력과 동일하게 수신 전력의 절반이 되고, 태그의 안테나부가 단락되었을 경우 입사전력과 반사전력이 같은 위상이 되어 수신 전력의 2배가 반사된다. 이와 같은 형태로 ASK 데이터 변조를 구현할 수 있고, 부하변조회로를 구현하여 FSK와 같은 데이터 변조도 구현 가능하다. 이러한 방법으로 태그는 데이터를 전송하며 이러한 기술을 후방 산란 변조 방식이라 한다.

다. SAW 태그

SAW 태그는 자체에 전원을 가지고 있지는 않지만, 압전(Piezo Electric)효과를 이용하여 리더에서 태그에 RF SAW파를 사용한다. 태그의 안테나는 RF파를 받아서 변환기(IDT, interdigital transducer)로 보내면 RF파를 표면 탄성파로 바꾸어 변사기(wave reflector)로 보낸다. 변사기는 표면 탄성파에 반응하고 이를 다시 변환기로 보내면 RF파로 변환하여 안테나를 통해 리더로 보낸다.

SAW 기술은 핸드폰, 칼러TV, 레이저 등에도 사용된다. 주요특징은 수동형 읽기만(Read-only)으로 30미터까지 읽을 수 있고 리더의 전력이 적게 소요되고 핸드홀더 리더기가 많이 사용되고 2.45GHz에 작동하고 가격이 저렴하면서 태그의 메모리 크기는 32~256비트이고 액체나 금속 투과성이 좋은 특징을 갖고 있다.

② 주파수대역에 따른 분류

주파수별로 AM라디오에 가까운 대역인 장파 (125-135kHz; FA용), FM라디오나 텔레비전에 가까운 대역인 중파(13.56MHz, 433.92MHz; IC카드형), 무선 LAN이나 블루투스, 지그비에 이용되는 대역인 UHF 또는 마이크로파로 구분할 수 있다.

각 주파수 대역별 활용 분야는 RFID 시스템의 주파수는 ISM 주파수 대역에서 135kHz, 13.56MHz, 433MHz, UHF(860~930MHz), 2.45GHz 대역의 주파수를 사용하고, 주파수별 응용 분야는 [표 6.4]와 같다.

[표 6.4] 주파수 대역별 분류

RFID 방식별 구분		주요 특성
무선 주파수 대역	135kHz이하	• FA용, 동물인식 등 근거리 용도로 활용 • 시스템 가격이 저렴하다.
	13.56MHz	• IC 카드, 신분증 등 1m 이내에 활용 가능 • 데이터 전송상의 신뢰성이 높음
	UHF	• 433MHz(능동형),860~930MHz 대역을 이용 • 마이크로파 대역에 비해 무선인식 성능이 우수 • EPC태그 등 국제적으로 활성화 전망
	마이크로파	• 2.45GHz ISM 대역 이용 • 소형/저가의 태그/리더 기능 • UHF대역에 비해 수분, 금속 환경에서 인식율 저하
기타		• 응용 분야에 따라 어플리케이션 전송(데이터/메시지), 통신층(태그/리더 간 통신), 전송층(우선 주파수 대역)의 3가지 계층으로 구분 가능

③ EPC와 ISO/IEC 방식 태그 구분

현재 각 주파수 대역별 태그는 기본적으로 ISO/IEC의 표준을 따르고 있지만, UHF 대역의 태그는 EPC Global에서 제안한 EPC와 ISO/IEC에서 제안한 2가지 방식으로 나눌 수 있다.

가. EPC

EPC의 기본은 고유의 데이터가 입력된 수동형 태그이며, 능동형 까지 포함하여 6가지의 클래스 (0~5)가 있다. Auto-ID 센터는 '클래스 0'과 '클래스1' 태그의 프로토콜을 개발하였으며, 두 가지 형태의 클래스의 태그는 현장 실험과 운용시험을 마쳤으나, 다른 클래스 태그의 규격은 아직 개발이 완료되지 않은 상태이다.

과거에는 제조업체가 서로 다른 태그와 리더 사이의 교신이 불가능하였다. 그러나 현재는 상호 운용이 가능한 태그와 리더들이 생산되고 있다. 클래스 0과 클래스 1의 프로토콜을 통합하는 작업이 진행 중에 있는데 이를 '클래스 1 버전 2'라 부른다. 이 새로운 프로토콜은 두 클래스 규격의 장점만 취합하는 것이며, 하나의 리더로서 두 클래스의 태그를 모두 읽을 수 있게 된다. 현재 두 가지를 모두 판독할 수 있는 리더가 있으나, 이는 두 번을 각각 판독하는 것으로써 단기적 해결책에 불과하다.

또한 프로토콜 제정의 또 다른 이점은 태그와 리더, 그리고 프로토콜이 점차 높은 클래스로 발전하더라도 이를 수용할 수 있는 인프라의 구축이 쉬어진다는 점을 들 수 있다.

즉 모든 기반 시설을 교체할 필요없이 리더 펌웨어의 업그레이드만으로 써 새로운 클래스를 수용할 수 있게 되는 것이다.

[표 6.5] EPC 클래스 발전 현황

클래스	설 명
클래스 0	읽기 전용, 칩 메이커 고유 ID, 수동형 태그
클래스 1	읽기 전용, 사용자 ID 쓰기 가능, 수동형 태그
클래스 2	수동형, 일부 부가기능 있음(예: 메모리, 암호화)
클래스 3	반(Semi) 수동형 RFID 태그 수동
클래스 4	능동형 태그, 리더 그리고 동일주파수 대역의 다른 태그와 교신
클래스 5	기본적으로 리더와 동일 기능, 클래스 1,2,3 태그에 전원을 공급해 줄 수 있으며 클래스 4와도 교신할 수 있고, 클래스 5의 다른 태그와도 교신 가능함.

비록 통합 프로토콜이 이러한 장점을 가지고 있지만, 실제로는 각 기업이 필요로 하는 EPC 태그 클래스를 선택하여 사용할 수 있는 융통성이 확보되어야 한다. 판독장비는 상위 클래스에 대하여 호환성을 가져야 할 것이다. 현재 기업

에서 시험적으로 사용할 수있는 것은 클래스 0과 클래스 1이다. 태그와 리더의 구매 가격은 표준화가 이루어지고 대량 수요가 발생하게 되면 경쟁력 있는 수준으로 낮아질 것이다.

나. ISO/IEC에서 제안한 태그

ISO/IEC에서 제안한 태그는 읽기(Read)만 가능한 Type A와 읽기/쓰기(Read/Write)가 가능한 Type B로 구분된다. Type A는 최초에 식별 코드를 입력한다. 이는 제조사나 각 업체에서 가능하며, 입력된 식별코드는 더 이상 기능을 할 수 없는 형태가 된다. Type B는 EPC의 클래스 1과 같은 기능을 하고 있다. ISO/IEC에서 제안한 방식과 EPC Global에서 제안한 방식의 두드러진 차이점은 쓸 수 있는 메모리의 크기와 변복조, 코딩 방식에 차이가 있다. 다음은 ISO/IEC의 Type A, B를 나타낼 것이다.

④ 태그의 형태와 크기에 따른 분류

RFID 태그는 형태와 크기에 따라 원판형, 원통형, 라벨형, 카드형, 상자형으로 분류되며, 주요 특징은 다음과 같다.

[표 6.6] 태그 형태 및 크기

RFID 태그 구분	주요특성	
태그 형태 및 크기	원판형 (수mm~수십mm)	• 의류 등의 관리 • 레저용 리스트 태그 • 장치 속 내장 가능
	원통형 (수mm~수십mm)	• 동물 관리 • 팔레트 관리
	라벨형 (수십mm×수십mm)	• POS 정산용 제품 태그 • 서류, 화물 관리
	카드형 (85×54×수mm)	• 승차권, 정기권, 전화카드 • 입퇴장 관리 ID 카드
	상자형 (50×50×10mm)	• FA • 차량, 컨테이너 관리

⑤ 태그의 물리적인 형태

태그의 형태 요소란 크기, 구성, 또는 물리적 형태 등을 말한다. 태그를 기업에서 사용하기 위해서는 태그의 형태에 대하여 보다 진지한 고민이 있어야 할 것이다.

가. 형태와 크기

태그가 부착되는 상품이 점차 소형화됨에 따라(컨테이너에서 팔레트, 케이스, 그리고 앞으로는 낱개 상품에 이르기까지) 태그의 형태와 크기를 다양하게 할 필요가 있다. 태그가 상품의 외관을 해쳐서도 안 되고 취급에 장애가 되어서도 안 된다. 그러면서도 정확하게 판독되어야 한다.

나. 부착

태그를 상품에 어떻게 부착할 것인가 하는 방법에 대해 고민해야 한다. 특히 컨테이너나 팔레트에는 작업 중에 훼손되지 않도록 부착하는 것이 중요하다. 케이스라면 비교적 조심스럽게 취급되므로 접착제로 부착할 수도 있으나, 그래도 공급체인에서의 험한 취급을 충분히 견딜 수 있어야 한다. 개별 상품에도 접착제로 부착이 가능하지만, 외관을 중시하는 품목에서는 제품의 포장과 일체화되어야 할 것이며, 이 점은 포장재 생산자가 해결해야 될 부분이다.

다. 견고성

태그는 다양한 취급 환경에 노출될 수 있다. 따라서 태그 제조 업체는 태그 자체 또는 커버가 상품 이동이 끝날 때까지 손상되지 않도록 각별한 주의를 기울어야 한다.

라. 상품 특성의 고려

액체나 금속성 등 제품의 물리적 특성은 태그의 판독에 상당한 영향을 미친다. 각종 상품에 대한 태그판독 성능실험 결과에 의하면 액체나 금속성 제품의 경우 판독에 장애를 유발할 가능성이 있으므로 태그 제조업체들은 상품의 물리적 특성에 구애받지 않고 판독이 가능한 태그를 저렴하게 생산하기 위한 연구를 계속하고 있다.

⑥ 태그의 기능

태그에는 다음과 같이 유용한 기능들을 다양하게 부가할 수 있다. 몇 가지 예를 들면 다음과 같다.

가. 유효 기간 등의 데이터 추가 입력

나. 온도, 고도, 습도, 충격 등에 대한 각종 센서 기능

EPC 이외의 부가 데이터를 가지고 있는 태그는 별도의 상품정보 DB와의 연결이 불가능할 경우 특히 유용하게 사용될 수 있다. 예를 들면 약국이나 병원에서 긴급하게 특정 약품에 관한 모든 정보를 즉석에서 판독하여 처방할 필요가 있을 때 이용할 수 있을 것이다.

각종 물리적 환경을 측정할 수 있는 센서를 내장할 태그는 현재도 사용되고 있다. 이러한 종류의 태그는 다양한 용도로 사용되고 있는데. 대개 능동형이고 포장용기에 부착되며 가격이 높은 편이다.

아이스크림 냉동 포장용기에 아이스크림의 보존에 중요한 환경 요소인 온도와 습도를 측정하는 센서가 부착되어 사용되고 있는 것이 좋은 예이다.

Auto-ID Lab과 태그 제조업체에서는 이 분야의 연구를 계속 수행할 것이다. 그리고 EPC Global에서는 모든 태그 클래스에 대한 무상 공개 표준의 개발과 보급을 위한 노력을 계속 할 것으로 보인다.

(4) 안테나

일반적으로 안테나라 하면 리더에 유선으로 연결되어 있는 것이 많지만 태그의 일부분인 안테나를 뜻하는 것은 아니다.

안테나는 한 개의 리더에 여러 개가 연결되어 리더와 태그간의 전파 연락을 담당한다.

안테나는 생산될 때의 형태에 따라 다이폴 안테나, 야기우다 안테나, 평판 안

테나(혹은 마이크로스트립 안테나 또는 패치 안테나로 칭함), 슬롯 안테나로 나누고 설치하는 형태에 따라 터널형 안테나도 있다.

6.2.2 RFID 시스템의 S/W 구성

RFID 시스템의 소프트웨어 구성요소는 응용시스템의 요구사항에 따라 형태와 기능에 따라 다음과 같이 분류할 수 있다.

. RFID 시스템 소프트웨어
. RFID 미들웨어(Middleware)
. 호스트 어플리케이션

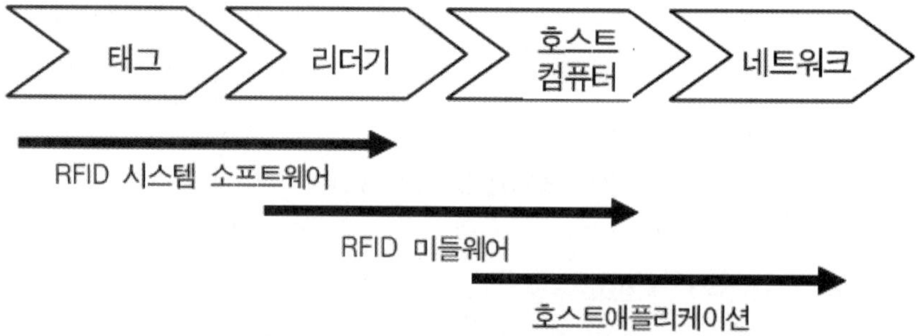

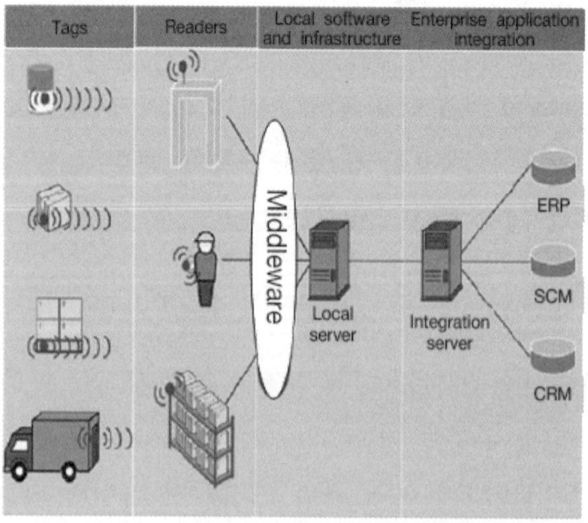

[그림 6.5] RFID 시스템 S/W 구성요소

(1) RFID 시스템 소프트웨어

RFID 시스템 소프트웨어는 태그와 리더기사이의 기본적인 통신을 가능하게 하는 기능을 제공한다. 이러한 통신은 전파 신호를 처리하는 것이다. 따라서 이러한 통신 기능을 하기 위해서는 하드웨어와 낮은 계층의 소프트웨어인 (펌웨어;firmware)와 함께 태그와 리더기 사이에 이동하는 데이터를 관리하기 위한 고급 시스템 소프트웨어가 필요하다.

일반적인 시스템 소프트웨어의 기능은 읽기 및 쓰기 기능, 충돌방지(anti-collision)기능, 오류 감지 및 수정기능, 암호화 및 인증기능 등이 있다.

(2) RFID 미들웨어

RFID 미들웨어는 RFID 시스템 구성요소(태그와 리더)와 호스트 어플리케이션을 연결 해 주는 소프트웨어이다. 이 미들웨어의 기능은 리더의 상태 모니터링과 RFID 시스템 구성요소(태그와 리더)와 데이터 흐름의 관리하는 기능 즉, 태그에서 리더기로 전송된 데이터를 호스트 어플리케이션과 통합하기 위한 부호(encoding), 수집(collection), 처리(processing), 필터링(filtering), 군집화(aggregation)를 수행한다.

(3) 호스트 어플리케이션

호스트 어플리케이션은 일반적으로 재고관리나 창고 관리 시스템과 같이 이미 존재하는 기업의 소프트웨어 프로그램이다. 태그로부터 전달된 데이터는 리더기와 RFID 미들웨어 소프트웨어가 처리하여 표준화된 형식으로 호스트 어플리케이션에 전달된다.

[표 6.7] RFID 요소기술

기술 영역	요소기술		기 술 내 용		
태 그 (칩)	초소형안테나 기술		프리팅 안테나	센서태그용	On-chip 형
	칩 기술		단일대역 CMOS (Flip Chip 기반)	초저가 CMOS (FSA 기반)	Polymer Chipless
	패키징 기술		Paper-thin	환경내성 패키징	응용적합
	변복조 기술	능동	협대역 디지털방식	임펄스방식	가변방식
		수동	무하변조	저전력 변조 고효율 전력 변환	MEMS 스위칭
	주변정보감지 기술		사물인식	센싱기능통합	자율제어
리 더	안테나 기술		단일대역	다중대역	초광대역
	RF 기술		433/900MHz/2.4GHz		초광대역
	충돌방지 기술		100태그/초4 Gkbps	200태그/초 100kbps	300태그/초 200kbps
	변복조 기술		협대혁 디지털변조	임펄스 변조	가변변조
	간섭회피 기술		지향성	다중액세스	공간 다중 엑세스
	주변정보 인식		위치형식	상황인식상	황자율대체
미들웨어	기기 모니터링/ 관리		중앙 집중	분산 제어	지능형 제어
	데이터 모니터링/ 관리		ID 데이터	이력 데이터	센서 데이터
	객체 정보 관리		정적 정보	이력 정보	센서 정보
	애플리케이션 통합		데이터 통합	내무프로세스 통합	B2B 프로세스 통합

6.3 RFID 시스템 H/W 주요 기술

6.3.1 태그 요소기술

태그 요소 기술에 대해 세부적으로 살펴보면 다양한 물품에 부착되는 RFID 태그는 칩과 안테나로 구성되고, 칩에는 사물의 유일 식별코드나 정보를 저장하며 리더의 조정에 의해 또는 상황에 따라 스스로 외부에 자신의 정보를 전송하거나 수신하며 적용 분야에 따라 다양한 형태 및 재료로 구현된다. RFID 태그는 작은 한 개의 IC 칩과 안테나로 구성되지만, 그 작은 칩을 구성하는 요소기술을 살펴보면 아래와 같이 다양한 기술들로 구성되어 있다.

① 정류기술(Rectifier)

수동형 태그에서 리더로부터의 전자파 에너지가 태그의 안테나를 통하여 임피던스 정합회로를 경유하여 칩으로 수신되면 이 전자파 에너지를 다이오드와 콘덴서 등으로 구성된 정류회로를 통하여 IC 칩의 동작용 전원으로 이용될 수 있도록 직류전원으로 만드는 기술이다. 전자파 에너지로부터 직류전원으로 변화하는 기술은 그 효율이 중요하며, 현재 기술로는 대략 10~15% 정도의 효율을 얻고 있다.

② 검출기술(Detection)

RFID 태그에서 리더로부터 명령어나 데이터를 인식하여 명령어를 검출하는 기술이다.

리더로부터의 변조된 신호는 고주파전력을 On/Off하는 형태의 ASK(Amplitude Shift Keying)변조를 하고 있어 태그의 안테나 단에서 다이오드와 같은 비선형소자를 이용하여 리더로부터의 고주파 신호레벨의 변화를 비교 검출하는 회로로 구성되며, 지능적인 태그를 구현하기 위해서는 중요한 요소기술이다.

③ 변조기술(Modulation)

태그의 메모리로부터 태그고유의 ID 정보나 메모리에 있는 데이터를 리더에 보내기 위해서는 리더로부터의 고주파 반사파의 정보와 일치하는 변화가 일어나도록 하는 부분으로 태그의 안테나와의 정합회로에 On/Off소자를 두어서 보내고자 하는 데이터에 따라서 On/Off에 의한 안테나 정합회로의 임피던스를 변화시킴으로써 반사파의 진폭이 변화하도록 하는 구성되어 있다.

④ 부호화 기술(Coding)

태그의 메모리에 저장된 ID 정보 또는 데이터를 바로 변조할 경우 넓은 주파수 스팩트럼이 요구되어 리더에서 높은 인식률을 보장하기 어려우므로, 두 개의 주파수 스팩트럼이 발생될 수 있는 Bi- Phase 형태의 맨체스트(Manchester)코드 또는 FM0 코드로 만드는 부분으로 Exclusive OR 게이트 등의 논리회로로 구성되는 요소 기술이다.

⑤ 충돌 방지기술(Anti Collision)

한 리더의 인식 영역에 존재하는 수많은 태그들의 일괄 인식을 위한 충돌방지 기술로 무선통신에서 사용되는 Aloha 기술을 응용하여 태그 IC회로에 임의 숫자 발생기(Random Number Generator) 회로를 구성하고, 태그가 리더로부터 전력을 받아 워크업(Wake up)된 후 곧바로 데이터를 출력하지 않고 태그들이 각각 서로 다르게 생성된 난수만큼 지연한 후 데이터를 송출하게 하여 태그끼리의 충돌을 방지하게 하거나 리더로부터 Silent 명령을 받아 다음 명령 때까지 Silent mode로 들어가 충돌을 방지 하도록 하는 요소기술이다.

⑥ 초기화 기술(Power on Reset)

전력의 공급이 불규칙적인 고주파로부터 태그의 동작전원을 수급하게 됨으로써 불안전한 전원전압에서 로직 회로가 동작하여 노이즈(Noise) 성의 데이터 송출을 방지하여 다른 태그의 통신을 방해하지 않도록 하기 위하여 일정 전압 이상이 되면 태그회로가 리셋이 되어 초기화가 되도록 하고, Threshold 이하가 되면 태그회로의 동작을 정지 키는 요소기술이다.

⑦ 메모리 기술(Memory)

태그의 고유 ID 또는 사용자 정보 등을 기록 저장하는 부분으로 공장(Factory)에서 한번만 기록하고 읽기만 가능한 방식, 읽기와 쓰기가 가능한 방식 등이 있으며, 저전압, 저소비전력으로 설계하는 기술을 요구된다.

⑧ 오류감지 기술(Error Detection)

읽기/쓰기 태그에서 리더로부터의 명령 또는 데이터를 수신하였을 때 완전한 데이터를 수신하였는지의 검증을 위하여 리더에서는 데이터 다음에 CRC 데이터를 첨부하여 보내게 되며, 이의 확인을 위한 CRC의 비교계산을 위한 논리회로 설계의 요소 기술이 필요하다.

6.3.2 리더기의 요소기술

리더기는 태그를 활성화시키고 태그와의 통신 시퀀스를 구성하며 어플리케이션 소프트웨어와 태그 간의 데이터를 전송하는 역할이 리더기의 주기능이다. 무선 통신의 모든 특징인 통신 주체간의 연결과 충돌방지 및 인증과정의 수행 등이 리더에 의해 관리된다.

리더기는 [그림 6.6]처럼 무선 인터페이스와 제어 유니트로 구성된다.

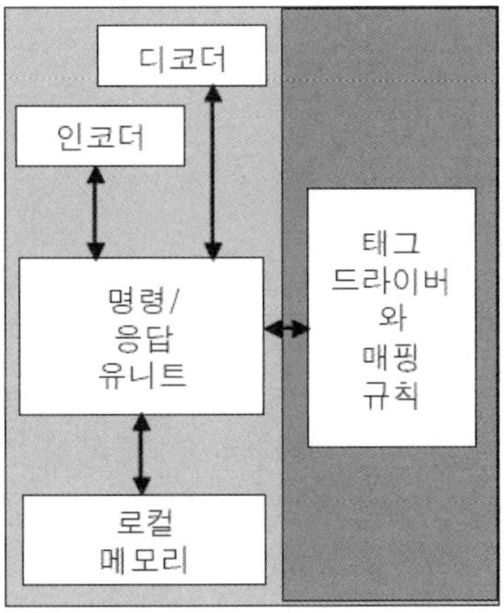

[그림 6.6] 리더기의 구성

(1) 무선 인터페이스

무선 인터페이스는 태그와의 통신의 기능을 다음과 같이 수행한다.

. 태그를 활성화시키기 위한 전송 전력 발생과 태그로의 전원을 공급한다.

. 태그에게 데이터 전송을 위한 전송 신호의 변조한다.

. 태그로부터 전송된 신호의 수신과 복조로 표현한다.

(2) 제어 유니트

제어 유니트는 다음과 같은 기능을 수행한다.

. 어플리케이션 소프트웨어와의 통신과 어플리케이션 소프트웨어로부터의 명령실행

. 태그와의 통신 제어

. 신호의 부호화(coding)과 복호화(decoding)

. 충돌 방지 알고리즘의 실행

. 태그와 리더기 간에 전달될 데이터의 암호화의 해독

. 태그와 리더기 간의 인증 수행 등의 기능을 수행

(3) 리더기의 요소기술

호스트 컴퓨터와의 데이터 전송을 담당하는 리더의 요소기술은 다음과 같다.

①고주파회로(RF Transmitter) 기술

고주파회로 기술은 태그에 고주파 전력을 송출하고 정보를 반송하기 위한 신호를 생성하는 기술로 안정된 고주파신호의 발진회로, 불필요한 전파의 송출을 억제하는 필터회로, 필요한 전력레벨까지 신호를 키워주는 증폭회로, 그리고 송출을 담당하는 안테나와의 정합회로 등으로 구성된 고주파회로 설계기술을 요구한다.

② 변조(Modulation) 기술

변조기술은 리더로부터 태그에 필요한 명령을 전달하기 위해 RF Transmitter 회로에 연결되어 리더의 CPU로부터의 데이터에 따라 송출되

는 고주파전력의 출력을 On/Off하는 방식의 변조회로로 주파수 스팩트럼 외의 불필요한 전파 발사를 억제하기 위하여 필터회로 등이 부가된 요소기술이다.

③ 검출(RF Receiver) 기술

검출기술은 리더의 송신부로부터 송출되어진 고주파 전력신호에 태그가 공유의 ID 정보에 따라 반사파의 신호레벨에 변화를 주어 실어 보내온 정보를 수신하고 필터링한 다음 복조(Demodulation)하는 요소기술이다.

④아날로그와 디지털(Analog & Digital) 기술

아날로그/디지털 기술은 RF 수신부로부터 복조된 태그의 정보를 해석하기 위한 부분으로 미약한 수신 아날로그신호를 증폭하고, 필터링하고, 트리밍하여 디지털신호로 해석 가능하도록 정형화하여 디지털 신호로서 정보를 분석하고 CRC 등의 비교를 통하여 정확한 정보를 취득하여 저장 또는 호스트에 보내는 요소 기술이다.

⑤ 호스트 인터페이스(Host Interface) 기술

호스트 인터페이스기술은 태그로부터 수신하고 분석된 정보를 응용프로그램에서 활용 될 수 있도록 호스트에 접속하는 기술로 지금까지는 주로 직렬통신방식인 RS-232나 RS-422 등의 인터페이스를 이용하여 하이퍼 터미널로 기본적인 접속이 될 수 있도록 하였지만, 앞으로는 이더넷 드라이버(Ethernet Driver) 등의 호스트 인터페이스를 제공하게 함으로써 TCP/IP 네트워크를 이용한 인터넷과의 쉬운 접속을 통한 데이터를 이용할 수 있게 하는 요소기술이다.

⑥ 충돌방지(Anti Collision) 기술

충돌방지 기술은 하나의 리더에서 여러 개의 태그를 동시에 인식할 수 있도록 하기 위해서는 단순한 프레임 알로하(Frame Aloha) 기법으로는 한계가 있으므로 리더에 인식을 완료한 태그에 대하여는 Silent 명령어 등을 이용하여 불필요한 정보의 송출로 다른 태그의 정보전송에 방해를 주지 못하도록 하여 최대 1,000개 이상까지도 일괄 인식할 수 있게 하는 요소기술이다.

⑦ 안테나(Antenna) 기술

안테나 기술은 리더로부터 생성된 고주파 신호를 원하는 방향에 최대의 효율로 송출하기 위한 장치로 용도에 따른 크기와 구조를 가질 수 있으며 UHF대역 이상에서는 송출되는 전파임의 지향성을 형성할 수도 있고, 수직편파, 수평편파, 원형편파 등 자유공간에 최대의 효율로 전파가 되도록 하는 특정한 파장에 대한 최대전력전달 임피던스 정합을 요구하는 요소기술이다.

6.3.3 Air interface 요소기술

RFID 시스템의 무선 주파수(RF) 결합방식은 전자파를 이용하는 결합방식과 자장을 이용하는 결합방식이 있다.

무선 주파수방식은 정의된 공진 주파수를 조정하는 LC공진회로에 기반을 둔다. 리더기는 무선주파수 범위에서 교류자계를 발생시킨다.

RFID 태그와 리더기 시스템은 상호유도(Inductively coupled) 방식과 전자기파(Electromagnetic wave) 방식 두 가지의 형태로 무선 통신을 수행한다.

태그는 자체정보를 무선송신하기 위한 에너지로서 리더기의 반송파 RF에너지를 활용하는 특징을 갖는 것이 일반적인 양방향 무선 송수신방식과 다르다. 즉 물체 또는 사람에게 부착된 태그는 리더기에서 송신하는 RF반송파 신호를 태그 또는 태그 안테나에서 수신한다. RFID 시스템의 감지거리는 태그가 소모하는 에너지가 적어야 제한된 리더기의 RF출력 범위에서 인식거리가 길어진다. 즉 태그는 소모전류를 어떻게 최소로 하느냐가 기술의 핵심이다. RF전파의 정류는 쇼트키 다이오드가 사용되는데 지금까지는 정류효율이 우수한 GaAs구조의 쇼트키 다이오드를 CMOS Silicon 구조에 집적하는 것이 어려워 수동(passive) 태그 제조에 어려움이 있었으나 최근 쇼트기 다이오드를 실리콘 IC내에 집적이 가능하여 초소형의 RF태그 구현이 가능하게 되었다.

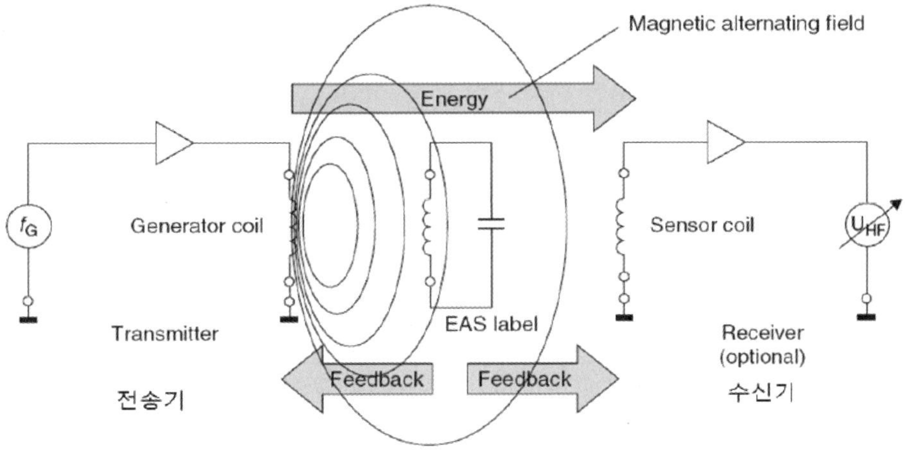

[그림 6.7] RFID의 무선주파수 방식

(1) 상호 유도 방식

상호유조방식은 자장을 이용하는 결합(magnetic coupling ; 상호 유도 결합, inductive) 방식으로 현재 대부분의 저주파 RFID에서 적용되는 원리로서 전원에너지 및 데이터 전송이 코일 루프 안테나 전류에 의해 형성되는 자계에너지에 의해 전송된다.

즉, 구동전류에 의해 리더의 안테나에서 발생한 전력에너지는 자장을 형성하며 자장 영역에 위치한 태그는 자장의 변화에 의한 전류가 유기되어 이로 인한 전압이 발생한다. 이 경우에 태그는 요구되는 최소 전력을 리더기에서 수신하게 된다.

수신된 전력에 의해 동작하는 태그는 자체 데이터 송출을 동일한 원리에 의해 리더기에 전달하게 되는데 태그에 흐르는 전류는 미약 전류이므로 리더기에 전송하는 거리는매우 근거리이다.

대부분의 현재의 저주파 RFID는 이 원리에 의해 동작하므로 감지거리 또는 데이터 전송거리는 수cm 이하로서 감지거리가 짧아 활용성이 제한적이다.또한 이러한 저주파 RFID는 133kHz 또는 13.56MHz로서 주파수가 낮기 때문에 데이터 전송속도가 느리고 전송 데이터량이 제한적이다.

상호 유도 방식은 근거리, 전자기파 방식은 중장거리용 RFID로 사용되며 상호유도 방식은 코일 안테나를 이용하며 전자기파 방식은 고주파 안테나를 이용해서 서로 무선접속을 한다. 상호 유도 방식의 태그는 거의 수동형태로 작동된다.

즉, 태그의 IC 칩이 동작하는 데 필요한 모든 에너지는 리더기에 의해 공급된다. 따라서 리더기의 안테나 코일은 주변지역에 강한 자기장을 발생한다. 이때 방출된 자기장의 일부분이 리더기와 떨어져 있는 태그의 코일 안테나에 유도성 전압을 발생, 정류된 후 IC 칩을 위한 에너지로 공급된다.

상호유도 방식의 시스템은 리더기의 안테나 코일과 태그의 안테나 코일 사이에 변화기 형태 결합(Transroformer type Coupling)을 기본으로 하고 있으므로 코일 사이의 거리가 0.16.(여기서 .은 전파의 파장)를 넘지 않을 때만 일어난다. 만약 태그가 리더기 안테나의 교류 자기장에 위치한다면, 이것은 자기장으로부터 에너지를 끌어들인다.

태그에 추가된 전력은 리더기의 안테나에 공급된 전류를 통해 리더기 안의 내부저항에서의 전압강하로 측정할 수 있다.

리더기의 안테나에서 부하(load)의 스위칭 On/Off는 리더기의 안테나에 전압 변화를 초래하여 진폭 변조의 효과를 갖는다.

만약, 데이터의 내용에 따라 부하저항의 스위칭 On/Off가 조절된다면, 이 데이터는 태그로부터 리더기로 전송될 수 있다. 이런 종류의 데이터 전송을 부하변조 (Load Modulation)라고 한다. 일반적으로 태그에 의한 리더기의 전압 변동은 리더기의 출력 전압보다 매우 적다.

태그의 추가적인 부하저항이 On과 Off 상태를 바꾸면 이러한 On/Off 시간에 의한 두 개의 스펙트럼이 리더기 전송 주파수 (f0)에서 ±fs의 거리에서 생긴다. 이것은 쉽게 검색 될 수 있고 이 두 개의 스펙트럼을 부반송파라고 부른다.

(2) 전자파 결합방식

전자파를 이용하는 결합(electric coupling ; 후방 산란 결합)방식은 RF전파 방식으로서 전파통신, 레이더 등에서 RF 전파전달 원리를 적용한 것이다.

즉, 리더에서 전송되는 마이크로파 전자파 신호를 태그가 반사하며, 반사된 신호를 리더가 수신하는 레이더의 원리와 유사하다. 이 경우에 태그에서 반사하는 신호는 리더의 반송파 주파수신호를 태그ID 데이터정보에 의해 변조하여 후방 산란하게 되면 리더는 변조되어 반사된 신호를 복조하여 태그의 ID정보를 해독한다.

이 경우의 RF주파수는 마이크로파대역 신호로서 데이터 전송속도가 높고 전송 데이터량도 많고 감지거리도 저주파 RFID와 달리 크게 증가한다.

태그의 동작전원은 원거리에서 수신된 RF전파를 정류하여 사용하려면 리더출력이 매우 커야 하므로 수동형으로 부적합하다.

전자기파 방식 태그는 IC칩을 구동하기 위한 충분한 전력을 리더기로부터 공급을 받지 못하므로 추가적인 전지를 포함한다. 이 전지의 불필요한 손실을 막기 위해 IC 칩은 일반적으로 전력 다운 또는 대기 모드를 갖는다.

대기모드에서의 전력 손실은 몇 μA 보다 크지 않으며, 만약 태그가 리더의 유효영역을 벗어난다면, 칩은 자동적으로 전력다운인 대기 모드로 들어간다.

IC 칩은 리더기로부터 효과적인 강한 신호를 받기까지 동작하지 않고, 받으면 보통의 동작으로 돌아온다. 이러한 에너지전달 및 데이터 송수신은 상호 접속시간의 유지방식에 따라 Full Duplex, Half Duplex, 시퀀셜(Sequential) 방식으로 구분된다. 전자기파 방식에서 태그의 응답은 전자기파가 파장의 반보다 큰 크기를 갖는 물질에 의해 반사된다는 RADAR(Radio Detection and Ranging) 기술을 응용한 Modulated Reflection Cross Section방식(변조된 후방 산란)을 이용한다.

리더와 태그는 여러 가지 디지털 방식의 부호화를 이용하여 기저대역의 데이터를 처리 한다. 그중 NRZ(Non Return to Zero), 맨체스터(Manchester), 변조된 밀러(Modified Miller) 부호화 방식이 주로 쓰인다.

NRZ 방식은 논리상태 1을 신호의 높은 상태, 논리 상태 0을 낮은 상태로 표현하며 주로 FSK 및 PSK 변조방식과 함께 쓰이며, 맨체스터 방식은 논리상태 1을 반 비트 동안 고에서 저로의 변화로, 논리 상태 0을 반 비트 동안 저에서 고로의 변화로 표현하며 주로 태그에서 리더로의 통신에 쓰인다. 변조된 밀러 부호화 방식은 주로 리더에서 태그로의 통신에 쓰인다.

이와 같이 크게 세 가지 방식으로 태그와 리더 사이의 무선신호는 세 가지 형태의 데이터 변조방식(ASK, FSK, PSK)을 이용하여 기저신호를 고주파 신호로 변화하여 전송된다.

그러나, 특정 주파수 대역(미국의 UHF 대역)에서는 전자파의 인체영향이나 다른 통신 시스템과의 간섭을 줄이기 위하여 특정 변조방식만을 쓰도록 요구되는데 가장 많이 쓰이는 것이 주파수 확산(Spread Spectrum. SS) 방식이다.

주파수 확산방식은 CDMA(Code Division Multiple Access)모바일 폰이나 무선랜에 이용되는 직접 시퀀스(Direct Sequence, DS)와 블루투스에 이용되는 주파수 호핑(Frequency Hopping, FS)이 주로 사용된다.

그러나 이러한 변조방식을 태그에 적용하려면 그만큼 복잡한 회로가 필요하여 가격이 상승하므로 실제적으로는 리더만이 어라한 변조방식을 사용하고, 태그는 주파수 확산방식의 전체 주파수를 커버하도록 광대역으로 만들어 ASK 등을 이용하여 신호를 전송한다.

기타 데이터 정보의 신뢰성을 높이기 위한 여러 신호처리가 수행되는데, CRC(Cyclic Redundancy Check) 등의 방법을 사용하는 에러율 감소 방법, 여러 개의 태그를 구별하기 위하여 무선랜 등에서 사용되는 Aloha나 CSMA(Carrier Sense Multiple Access)와 비슷한 방식을 사용하는 충돌 방지(Anti Collision)방법, 데이터의 보호를 위하여 대칭 또는 비대칭 암호 알고리즘을 사용하는 데이터 보안 방법 등이 적용된다. 특히 이러한 신호처리는 태그 메모리의 기능성에 의존한다.

(3) 전자매체 방식에 따른 분류

RFID 시스템은 무선접속 방식에 따라 상호 유도(Inductively coupled) 방식과 전자기파(Electromagnetic wave) 방식으로 구분되며, 상호 유도 방식은 근거리(1m 이내), 전자기파 방식은 중장거리용(3~10m)으로 사용한다.

상호유도 방식은 코일 안테나를 이용하며, 태그의 IC칩을 동작시키기 위해 필요한 모든 에너지는 리더기로부터 공급되는 수동형이다. 전자기파 방식은 고주파 안테나를 이용해서 서로 무선접속을 하며, IC칩을 구동하기 위한 충분한 전력을 리더기로부터 공급을 받지 못하므로 장거리 인식을 위한 추가적인 전지를 포함하는 경우(능동형)도 있다.

[표 6.8] 전도매체에 따른 분류

항 목	종 류	내 용
전도 매체 방식	전자 결합방식	상호유도
	정전 결합방식	정전유도
	전자유도방식 135kHz~13.56MHz	유도전자계 • 비, 얼음, 먼지, 철분 등 악 환경 조건에서도 사용 가능 • 안테나의 지향성이 넓고 교신 범위가 넓음 • 비도전체(인체 · 유리 · 목재 등)에의 침투성이 강함 • 무선랜, 블루투스와의 간섭 문제 • 금속에 의한 반사 및 물의 흡수 • 외래 노이즈에 영향을 받고 쉬움
	마이크로파방식 433MHz 900MHz 2.45GHz	방사전자계 • 외래 노이즈가 많아, 교신 거리가 김(특히 전지 있는 경우) • 지향성이 있어, 교신에 리터의 한정이 비교적 용이 • 무선랜, 블루투스와의 간섭 문제 • 금속에 의한 반사 및 물의 흡수
	광 방식	근접 적외광선

[표 6.9] 결합방식의 비교

방식	전자기 결합 방식	전자기유도 방식	마이크로파 방식	광 방식	비고
사용 주파수	400k~530 kHz 등	120k~ 135kHz 13.56MHz	2.45GHz	적외선 (파장 670nm)	광의에서는 전자기 결합 방식은 전자기유도 방식에 포함
최고교신거리 (수동식의 이론치)	△ (7cm 정도)	○ (70cm 정도)	◎ (1.5m 정도)	○ (30cm 정도)	주로 읽을 경우의 거리
교신속도	×	△	◎	○	기본적으로는 주파수에 의존
교신 지향성	—	저	중	고	기본적으로 주파수에 의존
반사/간섭문제	◎	△	×		리더나 태그 사이에서 간섭함
내전자기장 노이즈성	◎		◎	◎	인버터와 모터, 전원 등
내광 노이즈성	◎	◎	◎		태양광이나 형광등 등
내수성/내유성	◎	◎	△	×	원리 · 구조상
더러움이나 유리, 수지에 의한차폐에의 내성	◎	◎	○	×	원리 · 구조상, 교신 거리의 감퇴를 포함함
FA현장에의 대응성	◎	△	○	○	현장 노이즈에 강한지 어떤지
국내전파법에의 대응	◎	◎		◎	UHF대역은 현재 이용할 수 없다.
해외전파법에의 대응	○	◎	○	◎	미국은 FCC, 유럽은 R&TTE 지령
주요 용도	FA 등	폭넓다	폭넓다	FA 등	

6.3.4 안테나와 패키지(Antenna & Package) 기술

(1) 태그용 안테나 기술

태그의 크기 또는 부착위치, 대상, 태그의 모양, 용도 등에 따라 다양한 형태의 안테나 설계기술을 필요로 하며, 특히 저가형 태그제작을 위하여 제작비용을 최소로 하는 설계를 요구하며, 필요에 따라 칩 속에 안테나를 실장하는 기술도 개발되고 있다.

(2) 패키지 기술

RFID 태그를 다양하게 만드는 기술로 소형태그, 금속 부착형 태그, 고온에서 사용되는 태그, 다양한 기후환경에 사용될 수 있는 태그 등이 개발 될 수 있으며, 이때 다양한 안테나와의 탑재(Mounting) 기술, 그리고 용도에 따라 내구성 있게 칩을 보호하고 칩과 안테나의 접속부분을 보호할 수 있는 다양한 패키지기술을 요구한다.

(3) 태그 안테나 소재

① 코일 와인딩 방식 : 구리 (주로 수입품에 의존하고 있다.)

② 에칭 방식 : 알루미늄이나 구리(가격이 비싼 구리보다는 알루미늄을 더 보편적으로 사용하고 있다.)

6.4 RFID 시스템 S/W 주요 기술

RFID 소프트웨어 기술은 크게 표준화 객체 또는 상품에 대한 글로벌 표준 식별코드기술, RFID 미들웨어 기술, 글로벌 객체 정보 레졸루션(Resolution)구조와 제품 정보 제공을 위한 제품정보서비스로 구성되는 객체 정보 검색서비스 기술로 구분될 수 있다. [그림 6.8]은 소프트웨어 측면의 구성 개념도를 나타낸 것이다.

일반적으로 리더에 읽혀진 태그 및 센서의 데이터는 유무선 네트워크를 거쳐 데이터 처리를 담당하는 호스트 컴퓨터(Server)의 미들웨어로 전달되어 처리된 후 해당 어플리케이션에 의하여 사용된다.

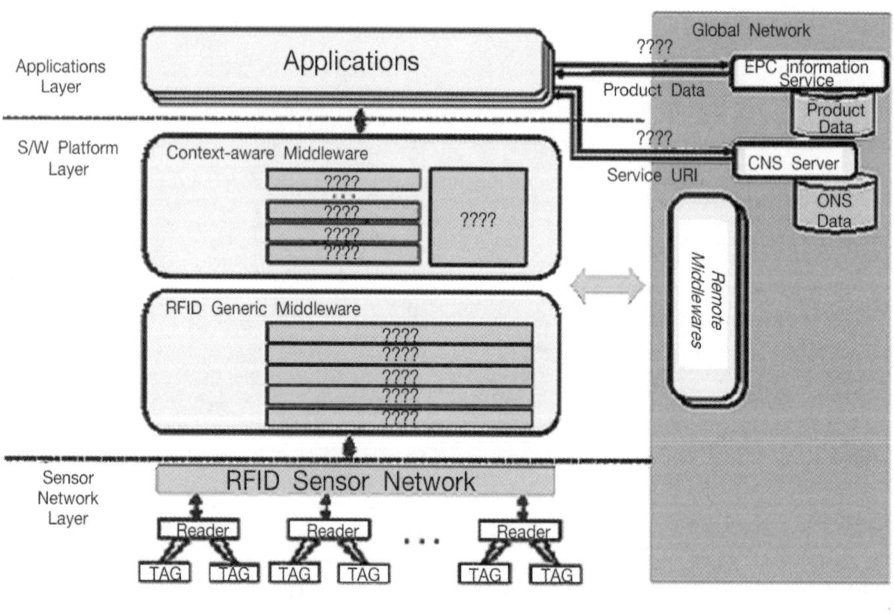

[그림 6.8] RFID 소프트웨어 플랫폼 개념도

6.4.1 RFID 미들웨어의 특징 및 구성

미들웨어라는 RFID 시스템의 구조상에서 중간계층을 담당한다. 일반적으로 미들웨어란 두개 이상의 시스템 혹은 프로그램 사이에서 둘 사이를 중재하는 프로그래밍 서비스를 의미한다. 미들웨어는 애플리케이션 프로그램과 네트워크 운영체제의 중간 영역에 위치하며, 공통된 인터페이스와 서비스를 제공한다. 즉, 분산처리 시스템에서의 하부에 놓여진 복잡성이나 이질성을 감추어 준다.

RFID 응용소프트웨어는 성격상 분산처리 시스템이고, 기업이나 산업 현장에 분산되어 설치된다. 이러한 구성은 연동되는 장치들의 이질성과 복잡성으로 인해 시스템 구축에 있어 복잡도가 증가하게 되고, 이러한 복잡도를 효과적으로 관리할 수 있는 RFID 미들웨어의 필요성이 대두된다.

RFID 미들웨어는 리더기 등의 장비를 관리하거나, 이기종의 RFID 환경에서 발생하는 대량의 가공되지 않은 데이터를 수집, 필터링하여 의미 있는 정보로 변환하여 응용 소프트웨어 등에 필요한 정보를 제공하는 소프트웨어 플랫폼으로 정의할 수 있다.

따라서 RFID 응용에서 미들웨어는 아주 중요한 역할을 담당한다. 미들웨어의 한쪽 끝은 리더기 등과 같은 하드웨어와 인터페이스하고, 다른 한쪽 끝은 기업용 솔루션과 같은 기업용 응용 소프트웨어와 연계된다. 몇몇 RFID 미들웨어는 데이터 수집 및 전달과 같은 단순한 라우터로서의 역할을 하며, 다른 RFID 미들웨어는 미들웨어의 가치를 향상시키며, 또한 기업용 애플리케이션과 인터페이스를 제공해주는 보다 지능화된 기능을 포함하기도 한다.

RFID 시스템이 기존에 사용되는 경우에는 바코드 시스템과의 통합도 염두에 두어야 할 것이다. 이 경우 RFID 미들웨어는 바코드 시스템과의 연계 기능도 함께 제공할 필요성이 있다. 또한 상황 인지에 따라 처리가 필요한 경우에는 다른 센서 시스템과의 인터페이스 기능도 포함하는 경우가 있다.

6.4.2 미들웨어의 기능 및 사양

RFID 미들웨어의 기능은 다음과 같이 크게 3가지로 구분한다.

① 리더 인터페이스 층 : 리더와의 인터페이스를 제공하며, 데이터 수집과 관련된 층

② 데이터 처리 층 : 데이터 필터링, 데이터 요약 및 전달 등을 담당하는 층

③ 외부 시스템 인터페이스 층 : ERP, SCM, WMS와 같은 레거시(Legacy) 시스템으로의 데이터를 전달 할 수 있는 고 기능의 인터페이스 층

글로벌 RFID 환경에서 수집 및 활용되는 데이터는 객체에 대한 정적 데이터 및 이력 데이터, 센서로부터 얻는 실시간 데이터를 포함할 수 있으므로 어플리케이션은 이를 활용한 상황인식 기반의 지능화된 서비스를 제공한다,

국내외에서 글로벌 RFID 네트워크 구축을 위해 다양한 기술개발이 진행되고 있고, 대부분의 기술개발은 RFID 미들웨어를 포함한 글로벌 RFID 소프트웨어 플랫폼에 대한 연구를 중요한 부분으로 포함하고 있다. 글로벌 RFID 시스템을 위한 소프트웨어 플랫폼의 기술개발 수준은 매우 초보적인 실정이다.

Microsoft 등의 대기업에서는 기존에 사용하던 제품군을 단순히 통합하는 패키지 형태로 RFID 시스템을 구성하고 있으며 이러한 상용화 미들웨어들은 소규모 RFID 시스템들의 통합적인 구축 및 운영에 초점을 두고 있으며. 응용 범위는 협소하다.

Auto-ID Lab에서는 EMS(Event Management System), TMS(Task Management System), RIED(Real time In memory Event Database)의 세 가지 컴포넌트로 구성된 Savant 미들웨어와 태그 식별 코드인 표준화 지향 EPC 코드 및 DNS 기반 제품정보 서비스 레졸루션 서비스 등과 같은 RFID 네트워크를 위한 소프트웨어 플랫폼을 제공하고 있다. 하지만, 그 응용 영역을 물류시스템이라는 한정적인 분야에 초점을 두고 있으므로 유비쿼터스 환경의 다양한 응용 영역에 사용하기에는 알맞지 않다.

위와 같은 제한성으로 인하여 기존의 RFID 소프트웨어 플랫폼 기술만으로는 이러한 유비쿼터스 컴퓨팅 환경에 적합한 응용영역의 도출이 어려운 것이므로

보다 다양하고 보편적인 유비쿼터스 응용 영역에 활용될 수 있는 글로벌 RFID 소프트웨어 플랫폼의 개발이 필요하다.

이러한 글로벌 소프트웨어 플랫폼은 다양한 사물을 인지하고 이를 가상공간에 연동시키며, 또한 상황을 인지함으로써 사용자에게 적응할 수 있는 응용의 구현에 요구되는 제반 요구 사항을 만족시킬 수 있어야 한다.

6.4.3 글로벌 RFID 소프트웨어

글로벌 RFID 소프트웨어 플랫폼의 요구 사항은 아래와 같다.

RFID 기반 USN을 위한 대표적인 소프트웨어 기술인 RFID 자동식별 미들웨어는 어플리케이션과 리더기 사이에 위치하며 어플리케이션이 리더기의 데이터 수집 및 가공에 요구되는 제반 기능을 제공하여 RFID 어플리케이션 구축을 용이하게 하며 성능을 향상시키는 역할을 갖는다.

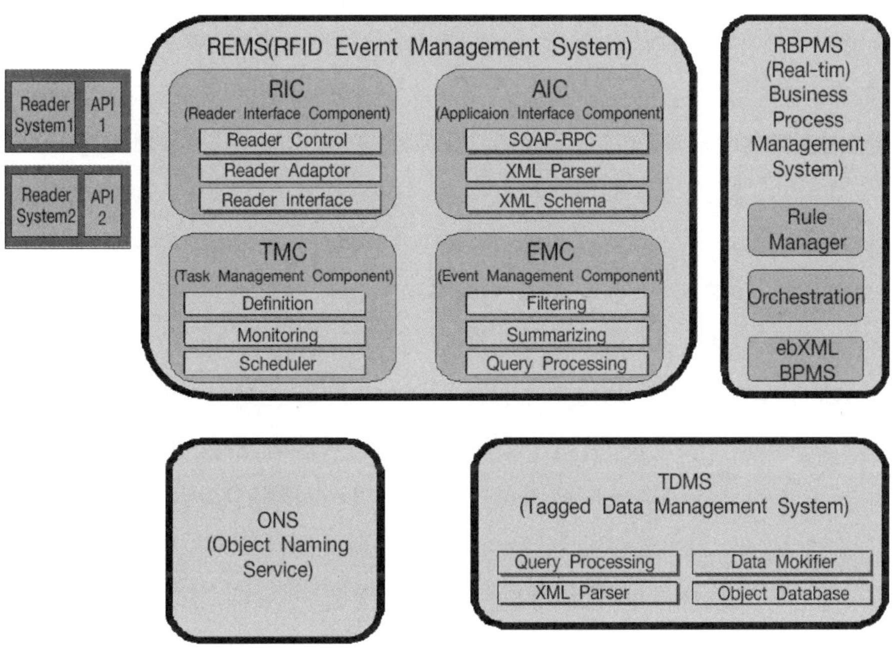

[그림 6.9] 미들웨어 구성도

6.4.4 RFID 자동식별 미들웨어의 주요 요소기술

RFID 자동식별 미들웨어의 주요 요소기술은 다음과 같이 요약될 수 있다.

① 표준화 기반 개방형 미들웨어 설계 기준

개방형 자동식별 미들웨어 설계 기술이란 이 기종 전자태그 환경에서 기존 자동식별 시스템의 상호 운용성을 보장하기 위하여 표준화된 코드, 정보 표현, 교환규약을 준수하고 정보 교환을 위한 메시징 기술을 적용한 것이다. 이를 위해서는 EPC(Ver 1.1), ISO 표준, 웹 서비스, ebXML 등과 같은 참조 표현을 준용하고 멀티리더 프로토콜(EPC, ISO 15961, Alien 등)을 지원할 수 있는 통합 리더 인터페이스의 설계 및 구현이 요구된다.

② 실시간 이벤트 처리 기술

USN상의 지능형 정보처리의 실현에 필수적으로 요구되는 주요 기술로는 산술제어, 실시간 처리 기술이 있다. 사물제어란 사물의 환경정보를 바탕으로 상황 인식을 수행한 후 이를 이용하여 사물 구동 환경 또는 상태를 자율적으로 제어 할 수 있는 기능을 말하며, 일반적으로 사물제어에 있어서는 상황도출 및 제어와 외부 서버에 의해 처리되는 방식과 센서 네트워크 내에서 자체적으로 처리되는 방식으로 구분된다. 이러한 사물제어의 구현을 위해서는 상황정보 수집이 선행되어야 하며, 효율적인 상황정보의 수집에는 실시간 이벤트 처리가 필수적으로 수반되어야 한다.

실시간 이벤트 처리기술은 수많은 태그와 센서로부터 발생하는 스트림 데이터의 실시간 처리를 위한 메모리 기반 데이터베이스 기술과 수집된 데이터를 효율적으로 필터링, 군집화, 요약을 통해서 양질의 이벤트를 산출할 수 있는 이벤트 처리기술로 구성된다. 실제로 이러한 기술은 고성능 RFID 자동식별 미들웨어의 필수 구성요소로서 포함되고 있다.

③ 상황인지 엔진 기술

사용자의 환경을 감지하기 위해서는 상황인지 엔진기술이 선행되어야 하고, 이를 위해 상황인식(Context Awareness)기술이 개발되고 있다. 상황인식 기술은 센서 노드의 주변 환경 정보를 객체로 표현하여 위치, 움직임은 물론 수행중인 작업이나 현재 상태정보로 다른 센서노드, 응용계층, 센서 하드웨어가 활용할 수 있는 전달 기능을 수행한다. 상황인지 엔진은 고수준의 상황 정보를 추출하기 이전에 센서로부터 전송되는 데이터를 체계적으로 취합하고 전송하는 기능을 담당한다. 이를 위해 센서를 추상화하는 추상화 모듈, 추상화된 센서로부터 데이터를 수집하는 수집기, 이를 다시 필요한 응용이나 모듈로 전송해 주는 전송기로 구성된 기본 모듈과 상황추론 지원을 위한 모듈로 구성된다.

USN 기반의 상황추론 기법은 주로 태그 이벤트의 시공간적인 변화에 기인하여 이루어지므로 이벤트의 시간적인 변화를 다루는 컴포넌트와 공간적인 변화를 다루는 컴포넌트가 추가로 필요하게 된다. 한편 USN이 구축되고 모든 태그에 대해 개방된 정보 네트워크를 사용한다 하더라도 한 개의 RFID 태그가 주는 정보는 RFID 태그가 기존에 가지고 있던 정적인 정보에 국한된다. 이 기술은 이러한 태그들의 정보를 시 . 공간적으로 조합하여 .현재 사무실은 회의 중이다.와 같은 하나의 고수준의 상황적인 정보로 가공해 낼 수 있는 상황추론 기술이 세부기술로 요구된다.

④ 대규모 미들웨어 네트워킹 기술

글로벌 RFID 환경에서는 미들웨어 간 이벤트의 라우팅과 이벤트의 생성, 공지, 모니터링, 알림 프레임워크가 요구된다. 이러한 프레임워크를 기반으로 각종 응용 서비스에서 단말 미들웨어로부터 이벤트들을 효과적으로 처리할 수 있게 된다. 또한, RFID 리더 관리 및 태그 데이터 수집 등과 같은 하드웨어 계층의 인터페이스와 객체 정보 관리 및 검색 서비스에 대한 표준화 인터페이스를 제공하며 그 구성 개념도는 [그림 6.10]과 같다.

RFID 자동식별 미들웨어를 사용할 경우 [표 6.10]과 같은 장점을 얻을 수 있다.

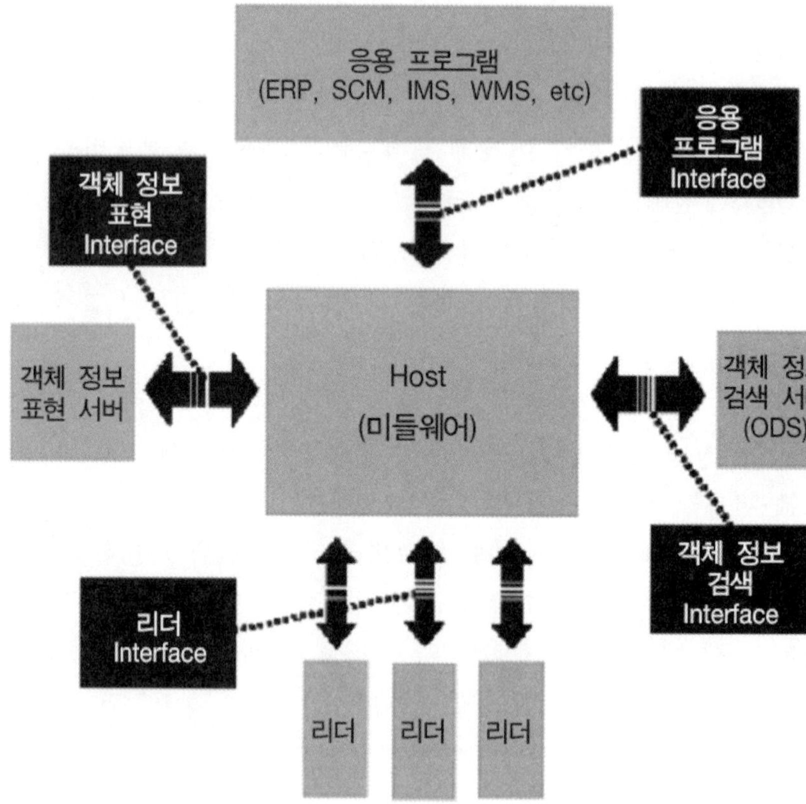

[그림 6.10] RFID 자동식별 미들웨어와 표준인터페이스

[표 6.10] 자동식별 미들웨어의 장점

구분	내 용
단일 이미지 리더	다양한 어플리케이션과 다양한 리더들의 표준화된 인터페이스를 미들웨어가 제공함으로써 어플리케이션이 리더에 대해 하나의 이미지를 가질 수 있도록 해준다.
선처리 지원	지속적으로 읽혀지는 태그들에 대해 사전처리를 가능하게 해준다. 여기서 사전처리는 필터링과 에서 수습 등을 포함한다.
Light weight 응용	리더에 대한 액세스나 처리 및 제반 RFID 네트워크 관련 서비스들은 응용 프로그램 개발로부터 분리가 되게 되므로 개발자는 이에 대해 전혀 고려하지 않고 응용 프로그램을 개발할 수가 있게 된다.
실시간 태그 DB의 제공	리더로부터 읽혀지는 태그들은 하나의 스트림을 형성하여 계속 입력되게 되는데 이의 빠른 처리를 위해서는 미들웨어 자체적으로 고성능의 DB를 지원할 필요가 있다. 보통 메모리 DB를 사용하게 된다.
글로벌	글로벌 RFID 시스템 통합화에 기여하게 된다.

6.4.5 RFID 미들웨어의 중요성

(1) 타 시스템과의 연동 및 통합의 편의성

RFID 도입이 성공을 거두기 위해서는 서로 다른 플랫폼의 엔터프라이즈 애플리케이션들이 통합되어야 하고 데이터 수집, 저장, 분석이 가능한 새로운 소프트웨어도 개발되어야 한다. RFID 미들웨어는 기존 엔터프라이즈 데이터와의 통합과 다른 애플리케이션과의 연동을 가능케 하는 기능을 수행함으로써 솔루션 통합, 데이터 처리 . 공유를 통한 부가가치 창출을 한다.

(2) 뛰어난 범용성

다양한 애플리케이션과 다양한 리더들의 표준화된 인터페이스를 미들웨어가 제공함으로써 다양한 이기종간의 리더기를 쉽게 연결할 수 있는 범용성을 가진다.

(3) 개발의 용이성

RFID 미들웨어는 컴포넌트 구조로 되어 있어 응용서비스에 적합한 새로운 알고리즘과 기능을 손쉽게 적용, 추가할 수 있으며 리더에 대한 접근이나 처리, 제반 RFID 네트워크 관련 서비스들은 응용프로그램 개발로부터 분리가 됨으로 개발자는 이에 대해 전혀 고려하지 않고 응용 프로그램을 개발할 수 있다.

(4) 태그로부터 수집되는 원시 데이터의 의미 있는 재구성

방대한 원시 데이터를 실제 의미있는 정보와 데이터로 재구성하여 데이터량을 줄이는 기능을 수행한다. 또한, 하드웨어에 의존하지 않고 데이터를 통합, 관리하고 태그, 리더에서 수집되는 방대한 동적인 스트리밍 데이터를 효과적으로 전달하기 위한 필터링, 요약, 교환 처리 기능을 수행한다.

(5) 이벤트의 실시간 감지로 자동적인 후속작업 진행

RFID 시스템이 설치된 환경 하에서 재고부족 또는 물량의 증가 등 이러한 이벤트가 발생되면 실시간으로 미들웨어가 감지하여 대처할 비즈니스 프로세스를 자동적으로 실행하여 제어하는 기능을 수행한다.

6.4.6 RFID의 응용분야

RFID는 상황, 환경의 인식기술이나 필요한 정보의 추출, 분석기술에 의해 다양한 사회의 경제활동에 있어서 이용자 요구에 보다 가까운 고도화된 서비스를 제공할 수 있다. 이에 따라 공공행정, 경제 산업, 개인생활 분야의 각종 생산, 수요, 공급과정에서 이용자 상황이나 환경에 입각한 IT 이용의 고도화를 도모할 수 있다. 이러한 특징에 따라 응용분야를 분류하면 [그림 6.11]과 같다.

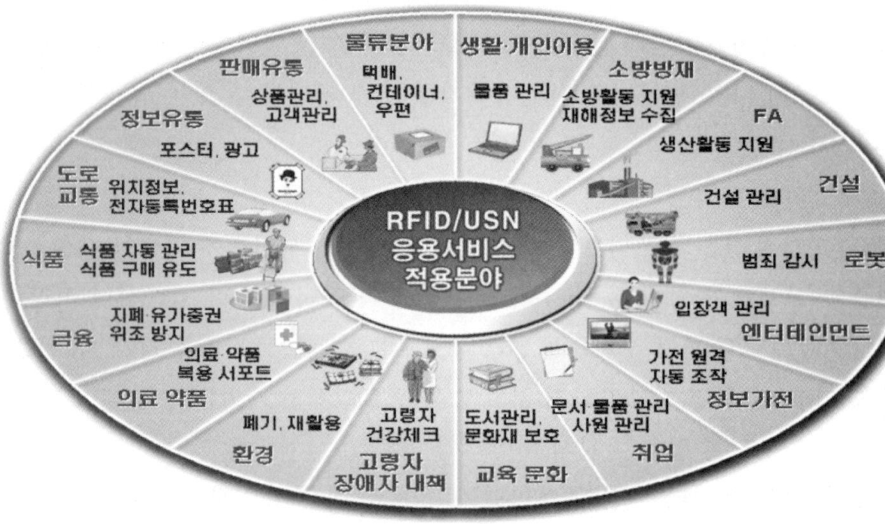

[그림 6.11] RFID/USN응용서비스 적용분야

참 고 문 헌

[1] S. O. Rice, "Reflection of electromagnetic wave from slightly rough surfaces," Commun. Pure Appl. Math., vol. 4, pp. 351-378, 1951.

[2] G. R. Valenzulea, J. W. Wright, and J. C. Leader, "Comments on 'The relationship between the Kirchoff approach and small perturbation analysis in rough surface scattering theory'," IEEE Trans. Antennas Propagat., vol. AP-20, pp. 536-539, July 1972.

[3] E.I. Thoros, "The validity of the Kirchhoff approximation for rough surface scattering using a Gaussian roughness spectrum," J. Acoust. Soc. Am., vol. 83, No. 1, pp. 78-92, Jan. 1988.

[4] C. H. Chan, L. Tsang, Q. Li, "Monte Carlo simulations of large-scale one-dimensional random-rough surface scattering at near-grazing incidence: penetrable case," IEEE Trans. Antennas Propagat., vol. 46, No. 1, pp. 142-149, Jan. 1998.

[5] J. V. Toporkov, R. T. Marchand, G. S. Brown, "On the discretization of integral equation describing scattering by rough conducting surface," IEEE Trans. Antennas Propagat., vol. 46, No. 1, pp. 150-161, Jan. 1998.

[6] Alexander G. Voronovich, Wave Scattering from Rough Surfaces (Springer series on Wave Phenomena), 2nd edition Springer-Verlag Berlin Heidelberg New York 1999.

[7] K. Uchida, T. Matunaga, T. Noda and K.K. Han, "FVTD algorithm and its application procedure," Res. Bull. Fukuoka Inst. Tech., vol.29, No. 1, pp. 121-130, Oct. 1996.

[8] J. P. Berenger, "A perfectly matched layer for the absorption of electromagnetic waves," J.Comp. Phys., vol. 114, No. 2, pp. 185-200, October 1994.

[9] A. Ishimaru, Electromagnetic Wave Propagation, Radiation, and

Scatterimg (Prentice-Hall, Inc. 1991).

[10] K.Y. Yoon, M. Tateiba, and K. Uchida, "A Numerical Study of Low-Grazing-Angle Scattering from Random Rough Surface with Gaussian Roughness Spectrum," Proceedings of 3rd Asia-Pacific Engineering Research Forum on Microwaves and Electromagnetic Theory. pp. 138-147, Dec. 2000.

[11] 윤광렬, "규칙적 또는 불규칙적 구조를 가지는 빌딩벽면에서의 전자파 산란 특성," 한국전자파학회논문지, 제5권 제4호, pp. 428-435, 2004-04-30

[12] E.I. Thoros, "The validity of the Kirchhoff approximation for rough surface scattering using a Gaussian roughness spectrum," J. Acoust. Soc. Am., vol. 83, No. 1, pp. 78-92, Jan. 1988.

[13] J. V. Toporkov, R. T. Marchand, G. S. Brown, "On the discretization of integral equation describing scattering by rough conducting surface," IEEE Trans. Antennas Propagat., vol. 46, No. 1, pp. 150-161, Jan. 1998.

[14] F. D. Hastings, J. B. Schneider, S. L. Broschat, "A Monte-Carlo FDTD technique for rough surface scattering," IEEE Trans. Antennas Propagat., vol. 43, No. 11, pp. 1183-1191, November 1995.

[15] K.Y. Yoon, M. Tateiba, and K. Uchida, "FVTD simulation for random rough dielectric surfacescattering at low grazing angle," IEICE Trans. Electron., vol. E83-C, No. 12, pp. 23-32, Dec. 2000.

[16] K. Uchida,H. Maeda, T. Imai, T. Fujii, and M. Hata, "Analysis of electromagnetic wave scattering by a conducting thin plate image coefficient for ray tracing method," IEICE Trans. Electron., vol. E81-C, No. 6, pp. 993-999, June 1998.

[17] H. Mitsuyasu, Physics of ocean wave (Iwanami Shoten, Publishers.) 1995.

[18] M. W. Chevalier, R. J. Luebbers, and V. P. Cable,"FDTD Local Grid With Material Travers," IEEE Trans. AP., vol45, no.3, pp.411-421, March 1997.

[19] I. S. Kim and W. J. R. Hoefer, "A local mesh refinement algorithm for the time domain finite difference method using Maxwell's equations," IEEE Trans.

Microwave Theory Tech, vol.38, no.6, pp.812-815, June 1990.

[20] S. S. Zivanovic, K. S. Yee, and K. K. Mei, "A subgridding method for the finite domain finite difference method to solve Maxwell's equations," IEEE Trans. Microwave Theory Tech, vol.39, no.3, pp.471-479, March 1991.

[21] D.T Prescott and N. V. Shuley, "A method for incorporating different sized cells into the finite difference time domain analysis," IEEE Microwave and Guided Wave Letters, vol.2, no.11, pp.434-436, Nov. 1992.

[22] K. S. Yee and J. S. Chen, " The finite difference time domain(FDTD) and finite volume time domain(FVTD) methods in solving Maxwell's equations," IEEE Trans. AP., vol.45, no.3, pp.354-363, March 1997.

[23] A. Taflove, Computational Electrodynamics; The finite difference time domain method, Norwood, MA, Atrec House, 1995.

통신 및 전자파 시스템

초판 1쇄 인쇄 | 2012년 4월 6일
초판 1쇄 발행 | 2012년 4월 12일

저 자 | 윤광렬

펴낸이 | 신일희
펴낸곳 | 계명대학교 출판부
704-701 대구광역시 달서구 달구벌대로 1095
전화 053-580-6233
팩스 053-580-6235
등 록 | 1970. 9. 1. (신고번호 제347-1998-1호)

ISBN 978-89-7585-583-2

값 17,000원

* 본 교재는 교육과학기술부의 재원으로 한국연구재단의 지원을 받아 수행된 광역경제권 선도산업 인재양성사업의 연구결과입니다.